統計科学のフロンティア 5

多変量解析の展開

統計科学のフロンティア　5

甘利俊一　竹内啓　竹村彰通　伊庭幸人 編

多変量解析の展開

隠れた構造と因果を推理する

甘利俊一　狩野裕　佐藤俊哉
松山裕　竹内啓　石黒真木夫

岩波書店

編集にあたって
多変量解析の新しい方向

この巻は「多変量解析の展開」と名づけられているが，内容はふつうの多変量解析とはかなり異なっている．

これまでの統計的多変量解析の方法は，大きく分けて2つの分野からなっている．1つは1変量の場合の統計的推測，すなわち推定や検定の理論を多変量(ベクトル変量)の場合に拡張したものであり，ほとんどの場合，多変量正規分布を前提とする線形モデルに関する推定理論が扱われてきた．その中では検定統計量などの分布の正確な表現や，その漸近展開を求めることに多くのエネルギーが費やされる．

もう1つの分野は，多くの変量からなるデータを何らかの形で縮約して，そこから情報を得ようとするものであり，因子分析法や，主成分分析法がその代表である．その場合にも線形空間の中に，データを小さい次元に何らかの方法で射影することが中心であった．この場合，確率モデルが想定されることはあっても，関心はモデルの中の母数の推測よりも，データそのものの構造を見ることにあった．

しかし，このどちらの場合にも，ベクトル変数の各成分は，いずれも形式的に対等なものとして扱われ，それらの変量の間には論理的な前後関係，あるいは因果関係の存在が仮定されていなかった．因果関係が想定される場合には，原因を表す変量は外生変数，または独立変数として，モデルの外で決定されるものとして扱われ，確率的に変動する変量はそれらによって決定される内生変数，または従属変数とされたのである．そうして内生変数の外生変数に対する回帰関係が，因果関係を数量的に表現するものとしてモデル化されたのである．

■因果関係の解析

ところが場合によっては，というよりいろいろな分野の多くの場合に，「因果関係」が観測される変量の間に存在し，しかもそれが最初から明確に与えられているのではなく，データから検出，または検証しなければならないことがある．それが因果性をめぐる問題であり，この巻の 3 つの部でくわしく論じられる．

まず最初に明確にしておかなければならないのは，因果性の非存在，すなわち A の変化が B に影響を及ぼすことはなく，したがって A が B の原因とは考えられないということをデータから検証することはできるが，A と B が仮に同じ方向に動くことが明らかになったとしても，A が B の原因であるか，B が A の原因であるかをデータの上で決めることはできないということである．つまり因果性の存在や，その方向を積極的に確立することは不可能である．このことは統計的方法にのみかかわることではなく，そもそも本質的に「因果性」は経験的事実だけからは言うことができないものなのである．

もちろん A の変化が B の変化に先行することが経験的に明らかになれば，B が A の原因でないことは確かに言えるが，それでも A が B の原因であることが立証されたと言いはることはできない．ここで A を気象の予報値，B を実際の気象の観測値とすれば，予報がよく当たる場合，単に時間的な前後関係だけで因果性を判定すれば，予報が実際の気象の原因ということになってしまう．しかしこのことが馬鹿げていると思うとすれば，われわれは気象予報というものの構造を知っているからであって，もしデータとして予報値と現実の観測値の 2 つの系列しかなく，またその意味について何の説明もなければ，予報値が原因，現実の観測値が結果を表すと判断されることがあっても，とくに不自然ではない．

■因果関係のパターン

A,B，2 つの量の間に何らかの関係があると考えられる場合，その関係には因果性の方向を矢印で表すと次のようなパターンがある．

(a) A → B，(b) B → A，(c) A ⇌ B，(d) $\alpha \begin{array}{l}\to A\\ \to B\end{array}$

ここで(c)は因果関係が双方向であり，その結果として均衡が成立する場合を，(d)は直接観測されない変量 α があって，それが A,B 両者の原因となっているために，A,B の間に相関関係が成立する場合を表している．そこで A,B の間の関係がどのパターンに属するかは理論的に決められることであって，それをデータに照らして検証，あるいは検定することが可能であっても，純粋に経験的に決めることはできない．

前記の気象予報の場合については，次のような構造を考えることができよう．気象に関し，時間的に変化する基礎構造 $X(t)$（たとえば気圧配置など）があって，それが t 時点における気象 B を生み出す．一方，その 1 時点前において，その何らかの特性 A を観測することができる．そうしてそれを手掛りとして B が予測される．すなわち基礎構造における因果系列 $\cdots \to X(t-1) \to X(t) \to \cdots$ を媒介として，A と B の間に相関が生じ，それによって予測が可能になっているわけである．

$$\begin{array}{ccccccc} \cdots \to & X(t-1) & \to & X(t) & \to \cdots \\ & \downarrow & & \downarrow & \\ & \mathrm{A} & \dashrightarrow & \mathrm{B} & \end{array}$$

統計的手法としてはパターン(a),(b)に対応するものは回帰分析である．そしてパターン(a)の場合，A が独立変数，B が従属変数，(b)の場合，A が従属変数，B が独立変数となることはいうまでもない．パターン(c)の典型的な場合は，マクロ計量経済学における同時方程式モデルである．これについては経済システムの中の均衡関係によって決まる内生変数 A,B のほかに，経済システム外部で決まる量 Z があって，それがこのシステムに影響を与えていると考える．すなわち，次のようになる．

$$\begin{array}{c} (\mathrm{A} \rightleftharpoons \mathrm{B}) \\ \uparrow \\ Z \end{array}$$

このような変数 Z を考えなければならないのは，もしこのようなものが存在しなければ，A と B が均衡点に達してしまうとそれ以上変動しなくなるから，A と B の関係を知ることができなくなるからである．

具体的には次のようにモデル化される．内生変数を $y_1, \cdots, y_p$ とし，外生変数を $z_1, \cdots, z_q$ とする．各 y_i は他の $y_1, \cdots, y_n$（y_i を除く）と $z_1, \cdots, z_q$，および偶然的な変動を表す攪乱項 $u_1, \cdots, u_n$ によって決定される．すなわち，

$$y_i = f_i(y_1, \cdots, y_p, z_1, \cdots, z_q, \theta_1, \cdots, \theta_t, u_i), \quad i = 1, \cdots, p$$

ただし $\theta_1, \cdots, \theta_t$ は未知の母数，f_i は既知の関数である．$z_1, \cdots, z_q$ と $u_1, \cdots, u_p$ の値が与えられれば，$y_1, \cdots, y_p$ は上記の連立方程式の解として与えられることになる．このような方程式を構造方程式という．そうして連立方程式の解として与えられる $y_1, \cdots, y_p$ を

$$y_i = g_i(z_1, \cdots, z_q, \theta_1, \cdots, \theta_i, u_i), \quad i = 1, \cdots, p$$

と表すことができる．これを誘導方程式という．

このようなモデル，とくに f_i が線形である場合の母数に関する推測問題は 1950 年代から 60 年代にかけてくわしく研究され，体系的結果が得られている．

また，このようなモデルはマクロ経済学におけるケインズ理論と結びついて，現実の経済予測や経済計画にもしばしば用いられた．しかしその後アメリカ，イギリスなどにおける経済学の主流がケインズ経済学からいわゆる新古典派経済学に移り，「経済計画」の概念も用いられないようになって，マクロ同時計量経済モデルもあまり論じられなくなった．しかし，その統計的理論の有用性はとくにケインズ的経済学にのみ結びついているわけではない．

パターン(d)のモデルは，古典的な因子分析法の考え方にも通じるが，潜在変数モデルという形に表現されることもある．すなわち観測される変数 $x_1, \cdots, x_p$ の背後に，それらを決定する未知の(あるいは観測されない)変数 $w_1, \cdots, w_t$(その個数 t も未知の場合もある)があって，

$$x_i = h_i(w_1, \cdots, w_t, \beta_1, \cdots, \beta_s, u_i)$$

と表されるとするものである．ここで h_i は既知の関数，$\beta_1, \cdots, \beta_s$ は未知母数，u_i は確率的誤差項である．

いろいろな対象分野において複雑な因果関係が存在している場合，2 つの量 X, Y の因果関係をどのように把握するかの問題がおこる．たとえばこれ以外に Z, U が存在し，図のような因果構造が考えられるとしよう．

そこで矢印の数字に対応して次のような関係が成り立つとする．

(1)　$X = \alpha_1 + \alpha_2 U + e_1$

(2)　$Z = \beta_1 + \beta_2 U + \beta_3 X + e_2$

(3)　$Y = \gamma_1 + \gamma_2 Z + \gamma_3 X + e_3$

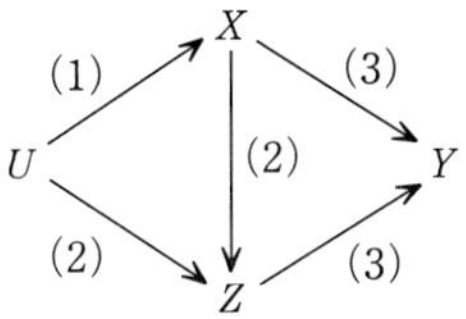

ここに e_1, e_2, e_3 はすべての変数と独立な(ただし互いに相関を持つかもしれない)攪乱項である.

このとき X の Y に対する因果関係の強さをどのように定義したらよいであろうか.

(i) 最も簡単に考えれば，それは Y の X への回帰係数 γ_3 で与えられる.

(ii) しかし X の Y への影響は直接的なもののほかに Z を通じる部分もある．そこで Z の式を代入して

$$Y = (\gamma_1 + \beta_1\gamma_2) + \beta_2\gamma_2 U + (\gamma_3 + \beta_3\gamma_2)X + \gamma_2 e_2 + e_3$$

とすれば，$\gamma_3 + \beta_3\gamma_2$ が X の Y に対する影響の大きさを与えると考えることもできる.

(iii) さらに X も Y も共通の変数 U によって影響されている．そこで X と Y の関係だけに注目して

$$Y = \delta_1 + \delta_2 X + e_4$$

というモデルを想定すれば，係数 δ_2 は U を通じる影響を含むことになる.

このような定義の中でどれが適当であるかは問題による．もし $X \to Y$ を純粋に予測として考えるならば，つまり X の一定量の変化が観測されたとき，それに応じてどれだけが変動すると推定されるかが問題であれば，他の変数すべてと通じる間接的な関係も含めて考えなければならない.

これに対して，制御，つまり X を操作して変化させたとき，Y がどれだけ変動するであろうかが問題であれば，それはそこで他の変数をどのように固定するか，あるいは X の変動に応じて変動することを許すかによって答えが変わってくる.

因果関係は原因変数の操作可能性と結びついて理解されなければならない.

時間的前後関係が含まれる時系列データについては様相はもっと複雑に

なるが，一般に次のような形になる．

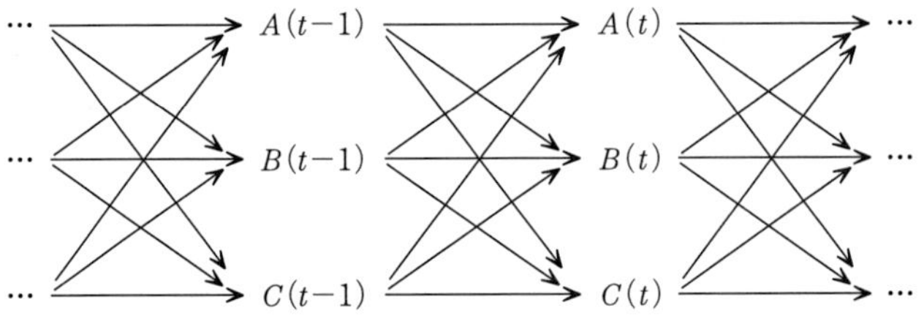

いくつかの時系列変数を，$x_i(t),\ i = 1, \cdots, p,\ t = 1, 2, \cdots$ とすると，一般にモデルは

$$x_i(t) = f_i(x_1(t), \cdots, x_p(t), x_1(t-1), \cdots, x_p(t-1), u_i(t))$$

という形になる．$u_i(t)$ は独立な確率項である．これを $x_1(t), \cdots, x_p(t)$ に関して解けば，

$$x_i(t) = g_i(x_1(t-1), \cdots, x_p(t-1), u_1, \cdots, u_p)$$

という形の誘導形が得られる．これは多変量自己回帰モデルと呼ばれるものである．ただし，この場合も f_i および g_i には未知母数が含まれているが，記号が繁雑になるのでここでは省略してある．このような関係から，$y_i(t)$ の間の時間的前後関係を分析し，因果関係をチェックすることができる．

■正規性と線形性

上記のような問題において，これまでに展開した理論と手法はほとんどすべて，関係の線形性と確率分布の多変量正規性を前提としてきた．それは解析的に明確な答えが得られるのはほとんどそのような場合に限定されるからであり，またそれによって応用上有効な答えが得られる場合も多いからであるが，しかし現実に正規性や線形性が明らかに成立しない場合もある．

そのような場合には，何らかの非線形モデルや非正規モデルを想定しなければならないが，しかしそこには困難がある．とくに構造方程式から誘導形を解析的に導くことは，構造方程式が非線形になると一般に不可能になる．またその場合，解の一意性や連続性も保証されなくなる．構造方程式内の外生変数の連続的な変化に対して内生変数が不連続に変化するような，いわゆるカタストロフィーがおこることもある．そのような場合を含むモデルの統計的解析はきわめて困難である．

しかし逆に，非正規，非線形モデルを想定すると，正規線形モデルを前提にすると求められないような答えが得られる場合がある．たとえば，前述のパターン(a),(b)に対応する 2 変数間の 2 つの線形回帰モデル

$$y = \alpha + \beta x + u \qquad x \text{ と } u \text{ は独立}$$
$$x = \alpha' + \beta' y + v \qquad y \text{ と } v \text{ は独立}$$

は正規分布を仮定すれば区別できない．すなわち，どちらの場合も x, y の同時分布が 2 変量正規分布になるからである．しかし関係が非線形であれば，2 つの関係式，たとえば，

$$y = \alpha + \beta x + \gamma x^2 + u \qquad x \text{ と } u \text{ は独立}$$
$$x = \alpha' + \beta' y + \gamma' y^2 + v \qquad y \text{ と } v \text{ は独立}$$

はまったく別の関係になって，相互に変換されることはない．したがって，このような場合には因果の方向性をデータから知ることができる．

同様なことがいろいろな場合におこることが本書の各部でくわしくのべられている．

（竹内啓）

目　次

I

独立成分分析とその周辺

甘利俊一

目　次

独立成分分析(independent component analysis, ICA)という言葉が 10 年ほど前から登場し，評判になっている．これは，相互に確率的に絡まっている多数の変数を，その実現値を観測するだけで，独立なものに分解する新しい手法である．わかりやすい例は，カクテルパーティ効果である．何人かが同じ部屋で同時に話をしているとしよう．これを部屋に設置してあるいくつかのマイクで録音しておく．マイクに拾われた音は各人の話が混ざり合っているが，これから個々の人の話を分離することである．

これまで多変量解析では，標準的な手法として主成分分析(principal component analysis, PCA)が採用されてきた．また，因子分析(factor analysis, FA)も確率変量を独立な因子に分解する話である．しかし，これらは変量間の相関を主に考えていたために，こうした場合に適用できなかった．無相関と独立とは違うからである．独立なら無相関であるが，無相関であるからといって独立とは限らない．多変量が正規分布(ガウス分布)に従うときにのみ，無相関が独立になる．

独立成分解析は，確率に従うと想定される多変量の新しい分解の方法を与える．これには，理論と手法の新しい枠組みが必要になる．たとえば，神経回路網の学習の手法，相関に代わる高次のキュムラントの利用，情報幾何などである．

また，応用の分野も開けてきている．音声認識はもとより，画像情報の分解と処理，さらには携帯電話などでの混線やエコーの消去などに活躍する．医用情報の分野では，脳の活動を外部から測定する MEG(脳磁計)，fMRI(磁気共鳴画像)などのデータから，脳内の独立な情報を分離して取りだす試みへの応用が有力である．これはさらに心理学的な測定データや，社会科学的な測定データの解析にも応用されよう．

本稿では，独立成分分析の理論の枠組みとその応用にまつわる話をわかりやすく述べてみたい．

1 信号の混合と分離——独立成分分析の枠組み

いくつかの信号源があって，離散時間 $t=1,2,3,\cdots$ にそれぞれ信号 $s_1(t)$, $\cdots, s_n(t)$ を発生するとしよう．信号の個数は n 個である．それぞれの信号は確率的に独立であるとしよう．各信号については，時間的には独立であってもよいし，相関をもっていてもよいが，定常的であるとする．n 人の人が勝手に発話する場合は，各人の音声は時間的に独立ではない．だがしばらくは簡単のため，時間的にも独立であるとしておこう．

1つの部屋で n 人が話をしているとしよう．部屋のどこかにマイクがあると，n 人の話がすべて混合して入り，録音される．話者がマイクから遠ければ，音は減衰するから，混合した音は

$$x(t) = \sum_{i=1}^{n} A_i s_i(t)$$

のように書ける．係数 A_i は話者 i とマイクの距離による．マイクを異なる場所に m 個仕掛けておけば，第 j 番目のマイクに入る音は，

$$x_j(t) = \sum_{i=1}^{n} A_{ji} s_i(t), \quad j = 1, \cdots, m$$

である．マイクの場所が違うから，A_{ji} はそれぞれの距離関係に応じて決まる．これは，空間的に線形な瞬時的な混合である．本稿ではこれを主に扱うが，時間的な混合もある．

1つの信号 $s(t)$, $t=1,2,3,\cdots$ があったとしよう．このとき，信号は時間的に独立であるとする．さて，この信号を携帯電話などの無線で送ろうとすると，電波は山やビルで反射して時間がずれて重なり合う．つまり，受信する信号は

$$x(t) = \sum_{k} A_k s(t-k)$$

のようになって，過去の信号が現在の信号に混ざり合う．これが時間的混

合である．多数の信号が時間的にも空間的にも混ざり合うのが時空間的な混合である．

いま，空間的に混合した信号 $x_j(t),\ j=1,\cdots,m;\ t=1,2,\cdots$ が測定されたとしよう．この情報だけを使って，元の信号 $s_i(t)$ を復元するのが独立成分分析である．混合の行列 $\boldsymbol{A}=(A_{ji})$ は未知である．元の信号 $s_i(t)$ が互いに独立であるということだけが頼りである．

少し問題を数学的に整理してみよう．n 個の信号をまとめてベクトル

$$\boldsymbol{s}(t) = [s_1(t),\cdots,s_n(t)]^T$$

で表すことにする．信号を縦ベクトルで表すことにし，T で転置を表す．測定値もベクトル

$$\boldsymbol{x}(t) = [x_1(t),\cdots,x_m(t)]^T$$

となる．混合の係数をまとめて，$m \times n$ 行列

$$\boldsymbol{A} = (A_{ji})$$

で表そう．このとき，信号の混合は

$$\boldsymbol{x}(t) = \boldsymbol{A}\boldsymbol{s}(t)$$

と書ける．時間混合，さらに時空間混合の場合は

$$\boldsymbol{x}(t) = \sum_k \boldsymbol{A}_k \boldsymbol{s}(t-k)$$

となる．ここで $\boldsymbol{A}_k$ は k 時間遅れた信号との混合を表す行列である．時間混合はフィルターをかけることであるから，時間遅れの混合をコンボリューション $*$ を用いて表し，時空間混合を，

$$\boldsymbol{x}(t) = \tilde{\boldsymbol{A}} * \boldsymbol{s}(t)$$

と書いてもよい．ここで $\tilde{\boldsymbol{A}}=(\boldsymbol{A}_1,\cdots,\boldsymbol{A}_k,\cdots)$ がフィルターの行列である．

信号の混合は線形であるから，分離も線形でできる．そこで，行列 $\boldsymbol{W}$ を用いて測定信号 $\boldsymbol{x}(t)$ を線形変換し，元の信号の候補

$$\boldsymbol{y}(t) = \boldsymbol{W}\boldsymbol{x}(t)$$

が得られるとしよう．（時空間混合の場合は，$\boldsymbol{W}$ はフィルターからなる行列でこれもまたコンボリューションとなる．）$\boldsymbol{A}$ は未知であるから，その逆演算 $\boldsymbol{W}$ も未知である．問題は，測定値 $\boldsymbol{x}(t)$ だけを頼りに，うまい $\boldsymbol{W}$ を見つけ出すことである．

こんなことが可能かといえば，可能である．たとえば，$\boldsymbol{W}$ をいいかげんに選んで $\boldsymbol{y}(t)$ を求めてみる．このとき，$\boldsymbol{y}(t)$ が空間的に，つまりその異なる成分がすべて独立に分布していれば成功であるから，成功するように $\boldsymbol{W}$ を探していけばよい．もちろん，手探りはいけない．なにかうまい探索手法がありそうではないか．

測定データ $\boldsymbol{x}(t)$ を全部集めておいて，一括して $\boldsymbol{W}$ を探そうというのが，バッチ処理である．これに対して，現在の候補 $\boldsymbol{W}(t)$ があるときに，次の時間の測定データ $\boldsymbol{x}(t+1)$ を見て，これを少し変更して次の候補 $\boldsymbol{W}(t+1)$ に改良していくのが，学習とよばれる手法である．これは神経回路網における学習の考えからきているが，統計学的に言えば，逐次推定法である．これは混合行列 $\boldsymbol{A}$ が時間と共にゆっくりと(または突然に)変わるときにも，この変化に追従できるので都合がよい．カクテルパーティでは人は動き回るし，移動携帯電話でも混合フィルターは移動につれて変わるからである．

2 問題の定式化

信号分離の問題を，いちばん簡単な線形瞬時空間混合，しかも $m=n$ の場合に数学的に定式化しておこう．もっと一般の場合も似たような仕方でできる．測定数 m のほうが信号源の数 n より大きいときは簡単であるが，逆の場合は難しい．これについては後にふれる．

信号 s_i の従う確率密度関数を $r_i(s_i)$ としよう．すると，どの時間 t においても，信号のベクトル $\boldsymbol{s}(t)$ の従う確率分布 $r(\boldsymbol{s})$ は積の形の密度関数

$$r(\boldsymbol{s}) = r_1(s_1)\cdots r_n(s_n)$$

で表される．これが独立性の仮定である．では，測定信号 $\boldsymbol{x}(t)$ の分布はどうなっているのだろうか．$\boldsymbol{x}$ と $\boldsymbol{s}$ とは

$$\boldsymbol{x} = \boldsymbol{A}\boldsymbol{s} \tag{1}$$

で結ばれている．逆に，

$$\boldsymbol{W} = \boldsymbol{A}^{-1} \tag{2}$$

とおけば，

$$\boldsymbol{s} = \boldsymbol{W}\boldsymbol{x} \tag{3}$$

である．測定信号 $\boldsymbol{x}$ の確率密度関数を $p(\boldsymbol{x}, \boldsymbol{W})$ とおこう．これは $\boldsymbol{W}=\boldsymbol{A}^{-1}$ に依存する．$\boldsymbol{x}$ と $\boldsymbol{x}+d\boldsymbol{x}$ の間に信号がでる確率は $p(\boldsymbol{x}, \boldsymbol{W})d\boldsymbol{x}$ であるが，これは対応する信号が $\boldsymbol{s}$ と $\boldsymbol{s}+d\boldsymbol{s}$ の間に出る確率に等しい．

$$p(\boldsymbol{x}, \boldsymbol{W})d\boldsymbol{x} = r(\boldsymbol{s})d\boldsymbol{s}$$

ここで，$\boldsymbol{s}=\boldsymbol{W}\boldsymbol{x}$, $d\boldsymbol{s}=|\boldsymbol{W}|d\boldsymbol{x}$ を代入する．$|\boldsymbol{W}|$ は行列 $\boldsymbol{W}$ の行列式である．これより $\boldsymbol{x}$ の確率分布

$$p(\boldsymbol{x}, \boldsymbol{W}) = |\boldsymbol{W}|r(\boldsymbol{W}\boldsymbol{x}) \tag{4}$$

が得られる．

これが，測定データ $\boldsymbol{x}$ の確率密度関数である．これは未知のパラメータ $\boldsymbol{W}=\boldsymbol{A}^{-1}$ を含んでいる．したがって，測定されたデータ $\boldsymbol{x}(1), \boldsymbol{x}(2), \cdots$ をもとに未知の行列 $\boldsymbol{W}$ を推定しようというのは統計モデル式(4)を用いた通常の統計的推定問題に帰着されることがわかる．しかし，この統計モデルはパラメータ $\boldsymbol{W}$ 以外に，未知の関数 $r(\boldsymbol{s})$ を含んでいる．$r(\boldsymbol{s})$ は，各変数の積に分解されることは独立性からわかっているが，成分の n 個の関数 $r_i(s_i)$ は未知である．してみると，確率分布を定める未知のパラメータは，n^2 個の成分をもつ行列 $\boldsymbol{W}$ のほかに n 個の関数を含み，しかも関数は無限大の自由度を含む．このような統計モデルはセミパラメトリック統計モデルとよばれ，たいへん厄介な代物である．

最後に，推定の不定性について触れておこう．われわれは，$\boldsymbol{y}=\boldsymbol{W}\boldsymbol{x}$ により分解された $\boldsymbol{y}$ の成分 y_i の独立性を頼りに $\boldsymbol{x}$ を分解し，そうなるように $\boldsymbol{W}$ を求めるのであった．しかし，独立な成分が得られたとして，どれが 1 番目であり，どれが 2 番目か，これは皆目わからない．独立成分の順番のつけ方は任意である．だから順番のつけ方は不定のままであるが，われわれは成分が得られればよいのだからこれはかまわない．ところで，分解された信号 y_i の平均の大きさはどうだろうか．元の信号 s_i の大きさが 2 倍になっても，未知の行列 $\boldsymbol{A}$ の第 i 列が 2 分の 1 になっていれば測定データ $\boldsymbol{x}$ は同じである．だから，$\boldsymbol{A}$ の各列の絶対的な大きさ，または復元した成分 y_i の絶対的な大きさは，不定のままで残る．しかし，時系列 $s_i(t)$ の

時間波形が復元できれば，全体の大きさは一応気にしなくてよいであろう．このことを数学的にいえば，行列 $\boldsymbol{W}$ は，順番のパーミュテイション(これを行列 $\boldsymbol{P}$ で表す)と，各信号のスケールを決める対角行列 $\boldsymbol{\Lambda}$ の不定性を除いて決まる．つまり得られる答えは，$\boldsymbol{A}$ の真の逆行列を $\boldsymbol{W}$ としたとき，

$$\boldsymbol{W}' = \boldsymbol{P}\boldsymbol{\Lambda}\boldsymbol{W}$$

であることになる．

以後このことは気にせず，どの $\boldsymbol{W}'$ でも真の解であるとする．もちろん，信号の混合過程は物理的に決まる．たとえば，カクテルパーティ効果ならば，$\boldsymbol{A}$ の各成分は距離によって決まり，すべて正である．脳の情報でも，脳内の物理的な配置から，$\boldsymbol{A}$ には自然の制約が入る．こうした情報から不定性を減らすことができる．こうしたサイド情報は，利用できる限り利用したほうがよい．ただ，理論はこうした情報がないときでも成立するアルゴリズムを求める．理論家としてはそれは当然であるが，実際の問題に独立成分分析を使うときは，理論家の勝手ばかりを聞く必要はない．応用すべき問題に即してさらにいろいろな工夫ができるし，理論もそのことを考えて発展させていかなければいけない．

3 独立成分分析，主成分分析，因子分析

多変量の確率変数 $\boldsymbol{x}$ を考えよう．これは確率分布 $p(\boldsymbol{x})$ に従うものとする．$\boldsymbol{x}$ が独立信号の混合として得られる場合には，行列 $\boldsymbol{A}$ を $\boldsymbol{A}=[\boldsymbol{a}_1,\cdots,\boldsymbol{a}_n]$ のように列ベクトル $\boldsymbol{a}_i$ を並べたものとすれば，

$$\boldsymbol{x} = \boldsymbol{A}\boldsymbol{s} = \sum_{i=1}^{n} s_i \boldsymbol{a}_i \tag{5}$$

と書ける．第 i 列のベクトル $\boldsymbol{a}_i$ は第 i 番目の信号 s_i が，測定信号 $\boldsymbol{x}$ にどのような割合で影響するかを示す．式(5)は，ベクトル $\boldsymbol{x}$ を新しい基底 $\{\boldsymbol{a}_i\}$ で表すものとみなせる．このとき成分 s_i は確率的に独立である．

主成分分析は，$\boldsymbol{x}$ が正規分布に従うものと想定することが多い．$\boldsymbol{x}$ の期

待値が 0 であるようにあらかじめ原点をずらしておけば，

$$\boldsymbol{V} = E\left[\boldsymbol{x}\boldsymbol{x}^T\right] \tag{6}$$

は分散行列である．確率密度関数は正規分布なら

$$p(\boldsymbol{x}) = c\exp\left\{-\frac{1}{2}\boldsymbol{x}^T\boldsymbol{V}\boldsymbol{x}\right\}$$

と書ける．c は規格化定数である．

ここで

$$\boldsymbol{y} = \boldsymbol{W}\boldsymbol{x} \tag{7}$$

と線形変換してみよう．このとき，ベクトル $\boldsymbol{y}$ の相関行列すなわち分散行列は

$$\boldsymbol{V}_Y = E\left[\boldsymbol{y}\boldsymbol{y}^T\right] = \boldsymbol{W}E\left[\boldsymbol{x}\boldsymbol{x}^T\right]\boldsymbol{W}^T = \boldsymbol{W}\boldsymbol{V}\boldsymbol{W}^T \tag{8}$$

となる．これが対角行列になっていれば，$\boldsymbol{y}$ の各成分は無相関であり，したがって正規分布の場合には独立である．

主成分分析は，基底 $\{\boldsymbol{e}_i\}$（$\boldsymbol{e}_i$ は i 番目の成分だけが 1 であとの成分は 0）を用いた $\boldsymbol{x}$ の成分表現

$$\boldsymbol{x} = \sum x_i\boldsymbol{e}_i$$

から，新しい基底 $\{\boldsymbol{a}_i\}$ を用いた表現

$$\boldsymbol{x} = \sum y_i\boldsymbol{a}_i$$

へと変換して，新しい成分 y_i が無相関になるようにする．$\boldsymbol{A} = [\boldsymbol{a}_1, \cdots, \boldsymbol{a}_n]$ の逆行列を $\boldsymbol{W}$ とすれば，$\boldsymbol{y}=\boldsymbol{W}\boldsymbol{x}$ である．

新しい基底 $\{\boldsymbol{a}_i\}$ を求めるのに，主成分分析は相関行列 $\boldsymbol{V}$ の固有値と固有ベクトルを求める．固有値と固有ベクトルは，

$$\boldsymbol{V}\boldsymbol{a}_i = \lambda_i\boldsymbol{a}_i$$

を解いて求まる．いま，簡単のため，n 個の固有値 $\lambda_1, \cdots, \lambda_n$ はすべて異なるものとし，これを大きさの順 $\lambda_1>\lambda_2>\cdots>\lambda_n$ に並べる．このとき，固有ベクトル $\boldsymbol{a}_i$ と $\boldsymbol{a}_j$ は直交していて，$|\boldsymbol{a}_i|^2=1$ にとれる．つまり，$\{\boldsymbol{a}_i\}$ は正規直交基底である．このとき $\boldsymbol{A}$ は直交行列で，$\boldsymbol{A}^{-1}=\boldsymbol{A}^T$ であり，対角行列

$$\boldsymbol{\Lambda} = \begin{bmatrix} \lambda_1 & & \\ & \ddots & \\ & & \lambda_n \end{bmatrix} \tag{9}$$

を用いると

$$\boldsymbol{VA} = \boldsymbol{A\Lambda} \tag{10}$$

となる．これより

$$\boldsymbol{A}^T\boldsymbol{VA} = \boldsymbol{\Lambda} \tag{11}$$

であることがわかる．

基底 $\{\boldsymbol{a}_i\}$ を用いたときは，新しい成分 $\boldsymbol{y} = (y_1, \cdots, y_n)^T$ のベクトルは

$$\boldsymbol{y} = \boldsymbol{A}^{-1}\boldsymbol{x} = \boldsymbol{Wx}$$

である．成分 y_i の共分散行列は

$$\begin{aligned} \boldsymbol{V}_Y &= E\left[\boldsymbol{yy}^T\right] \\ &= E\left[\boldsymbol{A}^T\boldsymbol{xx}^T\boldsymbol{A}\right] = \boldsymbol{A}^T\boldsymbol{VA} = \boldsymbol{\Lambda} \end{aligned}$$

と書ける．したがって，$\{\boldsymbol{a}_i\}$ を基底にとり，

$$\boldsymbol{W} = \boldsymbol{A}^T$$

に選べば，$\boldsymbol{y}$ の共分散行列は対角化され，$\boldsymbol{y}$ の各成分は無相関である．正規分布の仮定のもとでは各信号 y_i は独立である．

分散行列 $\boldsymbol{V}$ は未知であるが，$\boldsymbol{x}$ の測定データ $\boldsymbol{x}(1), \cdots, \boldsymbol{x}(T)$ があれば，これを用いて

$$\boldsymbol{V} = \frac{1}{T}\sum_{t=1}^{T}\boldsymbol{x}(t)\boldsymbol{x}(t)^T$$

で代用すればよい．こうして，分散行列の固有値問題を解くことで，独立(無相関)成分が得られる．これが主成分分析である．固有ベクトルは，その固有値 λ_i の大きさの順に番号を付ける．$\boldsymbol{a}_1$ を第 1 主成分方向といい，$\boldsymbol{a}_2$ を第 2 主成分方向，…，y_1 をベクトル $\boldsymbol{x}$ の第 1 主成分，y_2 を第 2 主成分，…という．

ところで，これは混合信号分離の正しい答えになっているだろうか？ どこかおかしい．だいたい，混合行列 $\boldsymbol{A}$ は直交行列ではないのが普通である．

カクテルパーティ効果の場合を考えれば，$\boldsymbol{A}$ の成分は正で，直交行列にはほど遠い．だから，主成分分析ではカクテルパーティ問題は解けない．これはどういうことだろう．問題は，正規分布を暗に仮定したことにあった．正規分布のもとでは，無相関になれば独立である．しかし，一般の分布では，無相関であるからといって，独立ではない．独立ならもちろん無相関ではある．

この事情を見るために，主成分分析で得られた基底 $\boldsymbol{a}_i$ に，その固有値の平方根 $\sqrt{\lambda_i}$ を掛けて

$$\boldsymbol{b}_i = \sqrt{\lambda_i}\boldsymbol{a}_i$$

を新しい基底としてみよう．すると

$$\boldsymbol{B} = [\boldsymbol{b}_1, \cdots, \boldsymbol{b}_n] = \boldsymbol{A}\boldsymbol{\Lambda}^{1/2}$$

の各列は互いに直交しているが，その大きさはもはや 1 ではない．このとき，この基底を用いて表した $\boldsymbol{x} = \sum z_i \boldsymbol{b}_i$ の成分のつくるベクトル $\boldsymbol{z}$ は

$$\boldsymbol{z} = \boldsymbol{B}^{-1}\boldsymbol{x} = \boldsymbol{\Lambda}^{-1/2}\boldsymbol{A}^T\boldsymbol{x}$$

$\boldsymbol{z}$ の分散行列は

$$\boldsymbol{V}_Z = E\Big[\boldsymbol{z}\boldsymbol{z}^T\Big] = \boldsymbol{B}^{-1}\boldsymbol{V}(\boldsymbol{B}^{-1})^T = \boldsymbol{A}^T\boldsymbol{A} = \boldsymbol{I}$$

であるから，単位行列になる．$\boldsymbol{B}$ は直交行列ではない．

こうしておいて，勝手な直交行列 $\boldsymbol{U}$ を用いてこの基底をさらに変換し，新しい基底をつくってみる．これを

$$\boldsymbol{C} = [\boldsymbol{c}_1, \cdots, \boldsymbol{c}_n] = \boldsymbol{B}\boldsymbol{U}$$

としよう．この基底で表した $\boldsymbol{x}=\sum v_i \boldsymbol{c}_i$ の成分を $\boldsymbol{v}$ とし，$\boldsymbol{v}=\boldsymbol{C}^{-1}\boldsymbol{x}$ の分散行列を計算すれば，これは

$$E\Big[\boldsymbol{v}\boldsymbol{v}^T\Big] = \boldsymbol{U}^T E\Big[\boldsymbol{z}\boldsymbol{z}^T\Big]\boldsymbol{U} = \boldsymbol{U}^T\boldsymbol{U} = \boldsymbol{I}$$

より，単位行列のままである．つまり，正規分布ならばこうして得られる成分 v_i も互いに独立である．このとき，

$$\boldsymbol{C} = \boldsymbol{B}\boldsymbol{U} = \boldsymbol{A}\boldsymbol{\Lambda}^{1/2}\boldsymbol{U}$$

とおいた行列 $\boldsymbol{C}$ も直交行列ではない．だから直交とは限らない変換によって，無相関の成分を求めたわけでこれはいいのである．しかし，直交行列 $\boldsymbol{U}$ は無限個存在するから，こうした分解 $\boldsymbol{v}=\boldsymbol{C}^{-1}\boldsymbol{x}$ も無限個存在する．すなわち，正規分布のもとでは，信号 $\boldsymbol{x}$ を独立成分に分解する方法は無限個

存在して，一意に定まらない．主成分分析は，混合または復元の行列を直交行列に限ることで，答えを一意的に定めるのであった．（固有値が縮退した場合は，その張る空間は定まるが固有方向は一意ではない．）

正規分布ではないと仮定すると，話は違ってくる．上記の $\boldsymbol{v}=\boldsymbol{C}^{-1}\boldsymbol{x}$ は，$\boldsymbol{U}$ をどうとっても，

$$E[v_i v_j] = 0 \quad (i \neq j)$$

であった．つまり，v_i と v_j は無相関である．しかし非正規ならこれは独立を意味しない．高次のキュムラント，たとえば

$$E\left[v_i v_j^3\right]$$

を計算してみよう．正規分布のもとでは，これも 0 であるが，正規分布でないと，これは $\boldsymbol{U}$ に依存する．もともと信号 $\boldsymbol{x}$ が独立な成分の混合であった場合は，うまい $\boldsymbol{U}$ に対してはこれは 0 になり，正しい答えを与えるが他の $\boldsymbol{U}$ を用いると，0 にはならない．だから，非正規性の条件のもとでは，$\boldsymbol{x}$ が独立信号の混合である場合には問題は解けて，単に無相関というだけではなくて，独立成分が求まる．これには，分散という 2 次の統計量以外の情報，たとえば高次のキュムラントが必要であった．（あとでふれるが，いろいろな条件のもとでは，2 次の統計量を用いるだけで問題が解けることもある．）

因子分析も同様な手法を用いる．いま，観測されたデータ $\boldsymbol{x}(t)$, $t=1, \cdots, T$ は，独立に分布している因子 $s_1, \cdots, s_n$ と，その因子の影響を表すベクトル $\boldsymbol{a}_i$ を用いて

$$\boldsymbol{x}(t) = \sum s_i(t)\boldsymbol{a}_i + \boldsymbol{n}(t)$$

と書けるとする．その実現値は不規則変動（雑音）を含むので，これを $\boldsymbol{n}(t)$ とする．こうした実現値が $\boldsymbol{x}(1), \cdots, \boldsymbol{x}(T)$ と多数得られたとする．このとき，因子 s_i は独立な正規分布に従うものと通常仮定して，データから $\{\boldsymbol{a}_i\}$ を求め，各実現データ $\boldsymbol{x}(t)$ がどのような因子ベクトル $\boldsymbol{s}(t)$ をもつかを考える．

雑音項を無視すれば，問題は主成分分析に帰着する．ここで，因子 s_i は大きさが 1 で互いに独立な正規分布とすると，答えは，固有ベクトルをスケールしなおして $\boldsymbol{B}=[\boldsymbol{b}_1, \cdots, \boldsymbol{b}_n]$ を基底にとることで求まる．しかし，さ

らに任意の直交行列 $\boldsymbol{U}$ を用いた $\boldsymbol{C}=[\boldsymbol{c}_1,\cdots,\boldsymbol{c}_n]$ でも与えられる．このとき，直交変換 $\boldsymbol{U}$ の不定性が残る．直交変換は基底ベクトルを回転させることだから，これを回転の不定性という．因子分析はさまざまな考察によって，この不定性を解消しようとする．独立成分分析は，非正規性を仮定すれば，この不定性が消えることを示したものともいえる．

4 確率変数の従属性コスト関数

測定データ $\boldsymbol{x}$ の従う分布は，混合のために独立性を失っている．そこで，これを行列 $\boldsymbol{W}$ で変換して

$$\boldsymbol{y}=\boldsymbol{W}\boldsymbol{x}$$

としよう．この結果，$\boldsymbol{y}$ が独立な分布になれば，われわれは正しい $\boldsymbol{W}$，つまり $\boldsymbol{A}^{-1}$ を得たことになる．もちろん，番号の付け替えと，各信号のスケールの不定性は残る．y_i のスケールは元とは違い $y_i(t)=c_i s_i(t)$ となっているかもしれない．それは気にしないことにしよう．

$\boldsymbol{W}$ がきちんと決まるかどうかについては，次の定理が知られている．

同定可能定理　独立な信号 $s_1,\cdots,s_n$ の確率分布は，高々 1 つを除いて正規分布ではないとする．このとき，変換 $\boldsymbol{W}$ によって得られる $\boldsymbol{y}$ の成分が，どの 2 つをとっても独立になっていれば，全体は独立である．こうして復元した $\boldsymbol{y}$ は，成分の順番の並べ替えと，各信号のスケールとを除いて，元の信号に一致する．　▮

それでは，勝手な $\boldsymbol{W}$ によって変換した $\boldsymbol{y}$ が独立からどのくらい遠いか，つまり $\boldsymbol{y}$ の確率的な従属性を計ってみよう．独立からのへだたり，すなわち $\boldsymbol{y}$ の確率的な従属の度合いを表す関数 $L(\boldsymbol{W})$ を導入して，この関数を最小にするような $\boldsymbol{W}$ を求めようというアイデアである．$L(\boldsymbol{W})$ をコスト関数という．

2 つの確率分布 $p(\boldsymbol{y})$ と $q(\boldsymbol{y})$ とがあった場合，この 2 つがどのくらい離れているかを示すのに，Kullback-Leibler のダイバージェンスという量を

用いることができる．これは，

$$D[p(\boldsymbol{y}):q(\boldsymbol{y})]=\int p(\boldsymbol{y})\log\frac{p(\boldsymbol{y})}{q(\boldsymbol{y})}d\boldsymbol{y} \tag{12}$$

で定義される量である．分布 $p(\boldsymbol{y})$ を用いた確率変数 $\boldsymbol{y}$ に関する期待値を E_p と書くことにすると，

$$D[p:q]=E_p\left[\log\frac{p(\boldsymbol{y})}{q(\boldsymbol{y})}\right] \tag{13}$$

とも表せる．これは距離とは違って，p と q に関して対称ではなくて一般に

$$D[p:q]\neq D[q:p]$$

である．しかし，この量は正または 0 であって，0 になるのは，$p(\boldsymbol{y})=q(\boldsymbol{y})$ のとき，このときに限る．

いま，$p(\boldsymbol{y})$ の周辺分布を $p_i(y_i)$ としよう．これは，$p(\boldsymbol{y})$ を y_i 以外の成分について積分した

$$p_i(y_i)=\int p(\boldsymbol{y})dy_1\cdots dy_{i-1}dy_{i+1}\cdots dy_n$$

で得られる．もし，y_i がすべて独立ならば，

$$p(\boldsymbol{y})=\prod p_i(y_i)$$

である．独立でなければ，

$$\tilde{p}(\boldsymbol{y})=\prod p_i(y_i) \tag{14}$$

は，元の $p(\boldsymbol{y})$ とは違う． $\tilde{p}(\boldsymbol{y})$ は $\boldsymbol{y}$ をその周辺分布は変えずに独立化したものである．$p(\boldsymbol{y})$ と $\tilde{p}(\boldsymbol{y})$ とがどのくらい違うかは，計算してみると

$$D[p(\boldsymbol{y}):\tilde{p}(\boldsymbol{y})]=\sum_{i=1}^{n}H[Y_i]-H[\boldsymbol{Y}] \tag{15}$$

と書ける．ここで H はエントロピー関数で，

$$H[\boldsymbol{Y}]=-\int p(\boldsymbol{y})\log p(\boldsymbol{y})d\boldsymbol{y}$$

$$H[Y_i]=-\int p_i(y_i)\log p_i(y_i)dy_i$$

である．これは $y_1,\cdots,y_n$ の相互情報量とよぶ量で，$\boldsymbol{W}$ に依存するから

$$L(\boldsymbol{W})=D[p(\boldsymbol{y}):\tilde{p}(\boldsymbol{y})]$$

とおこう．独立ならこれが 0 になるから，$L(\boldsymbol{W})$ を最小にする $\boldsymbol{W}$ を求め

ればよい．

この量を使うのもよいが，実は周辺分布を求めるのが面倒である．Gram-Charlie 展開または Edgeworth 展開で近似するアイデアもあるが，うまくいくとは限らない．そこで，$p(\boldsymbol{y})$ が本当の元の信号の確率分布 $r(\boldsymbol{y})$ とどのくらい違うかを見ることを考える．

$$L_r(\boldsymbol{W}) = D[p(\boldsymbol{y}) : r(\boldsymbol{y})] \tag{16}$$

とおいてみよう．この量を最小にする $\boldsymbol{W}$ は，測定データをもとにする最尤推定量であることを示しておく．

$\boldsymbol{y}$=$\boldsymbol{W}\boldsymbol{x}$ であるから，$\boldsymbol{y}$ の確率分布 $p_Y(\boldsymbol{y})$ は $\boldsymbol{x}$ の分布 $p_X(\boldsymbol{x})$ とは，

$$p_Y(\boldsymbol{y}) = \left|\boldsymbol{W}^{-1}\right| p_X(\boldsymbol{x})$$

で関係している．以後は $p_Y(\boldsymbol{y})$ の添字 Y は省く．したがって

$$\begin{aligned} L_r(\boldsymbol{W}) &= E[\log p(\boldsymbol{y})] - E[\log r(\boldsymbol{y})] \\ &= -\log|\boldsymbol{W}| - E[\log r(\boldsymbol{y})] + E[\log p(\boldsymbol{x})] \end{aligned}$$

となる．

$$E[\log p(\boldsymbol{x})] = \int p(\boldsymbol{x}) \log p(\boldsymbol{x}) d\boldsymbol{x} = -H[\boldsymbol{X}]$$

は $\boldsymbol{x}$ のエントロピーで $\boldsymbol{W}$ には関係しない．これより

$$\begin{aligned} L_r(\boldsymbol{W}) &= -H[\boldsymbol{X}] - E[\log|\boldsymbol{W}| r(\boldsymbol{W}\boldsymbol{x})] \\ &= -H[\boldsymbol{X}] - E[\log p(\boldsymbol{x}, \boldsymbol{W})] \end{aligned}$$

となっていることがわかる．右辺の $\log p(\boldsymbol{x}, \boldsymbol{W})$ はデータ $\boldsymbol{x}$ の対数尤度である．$p(\boldsymbol{x})$ での期待値を，データ $\boldsymbol{x}(1), \cdots, \boldsymbol{x}(T)$ の算術平均で置き換えれば，

$$L_r(\boldsymbol{W}) = -H[\boldsymbol{X}] - \frac{1}{T} \sum_{t=1}^{T} \log r(\boldsymbol{W}\boldsymbol{x}(t)) - \log|\boldsymbol{W}|$$

となる．第 1 項の $H[\boldsymbol{X}]$ は $\boldsymbol{W}$ によらない．第 2 項と第 3 項の和は，確率分布のモデル，$|\boldsymbol{W}| r(\boldsymbol{W}\boldsymbol{x})$ に関するデータの対数尤度にマイナス符号を付けたものに他ならない．したがって，$L_r(\boldsymbol{W})$ を最小にする $\boldsymbol{W}$ は，確率尤度を最大にする $\boldsymbol{W}$，すなわち最尤推定量である．

ただ，これは元の信号の真の分布 $r(\boldsymbol{s})$ がわかっていないと使えない．そこで，これがわからないときは勝手な独立分布

$$q(\boldsymbol{y}) = \prod q_i(y_i) \tag{17}$$

を用いて,

$$L_q(\boldsymbol{W}) = D[p(\boldsymbol{y}) : q(\boldsymbol{y})] \tag{18}$$

という量を考えてみよう．Kullback-Leibler ダイバージェンスは，実は距離の 2 乗のような量で，ピタゴラスの定理に相当する次の関係式が成立する．

$$L_q(\boldsymbol{W}) = D[p(\boldsymbol{y}) : q(\boldsymbol{y})] = D[p(\boldsymbol{y}) : \tilde{p}(\boldsymbol{y})] + D[\tilde{p}(\boldsymbol{y}) : q(\boldsymbol{y})] \tag{19}$$

これは確率分布の空間に成立する興味ある性質で，情報幾何でよく研究されているが，ここではそれには深入りしない．しかし，これによると L_q は上式のように分解できる．この第 1 項は $\boldsymbol{Y}$ の相互情報量である．$\boldsymbol{W}$ が真の値になったとき，$\tilde{p}(\boldsymbol{y})=r(\boldsymbol{y})$ で最小になる．第 2 項は $r(\boldsymbol{y})$ と $q(\boldsymbol{y})$ との違いを表す量であるから，これは確率分布 q の設定のミスによる分であって仕方がない．結局この $L_q(\boldsymbol{W})$ を最小にする $\boldsymbol{W}$ を求めることで，正しい答えが得られそうである．

さらに詳しく調べると，この $L_q(\boldsymbol{W})$ において，真の $\boldsymbol{W}$ はその極値になってはいるが，必ずしも最小とは限らず，極小であったり，極大であったりする．どんなときに極小になるか，またどのような q を用いたらうまくいくかは，あとで調べることにして，ここでは勝手な q を選んで L_q を最小にすることで解が得られそうであるということを確認しておこう．

$\boldsymbol{W}$ を求めるための基準となるコスト関数としては，このほかに，信号処理の分野から出てきたキュムラント最小化のアイデアもある．キュムラントについて少し説明しておこう．確率変数 y があるときに，t を用いて

$$E[\exp(ty)] = 1 + t\,E[y] + \frac{t^2}{2}E\left[y^2\right] + \cdots$$

という展開式を考えると，t^m の係数が y の m 次のモーメントに関係している．ここで

$$\log E[\exp(ty)] = t\kappa_1 + \frac{t^2}{2}\kappa_2 + \frac{t^3}{3!}\kappa_3 + \cdots$$

と展開してみよう．この係数 $\kappa_1, \kappa_2, \kappa_3, \cdots$ が y のキュムラントであり，これはモーメント列から計算することもできる．たとえば，y の 2 次，3 次のキュムラントは（平均を 0 にしておけば）モーメントと同じである．4 次のキュムラントは

$$\kappa_4[y] = E\left[y^4\right] - 3\left\{E\left[y^2\right]\right\}^2 \tag{20}$$

と書ける．もちろん，多変量の確率変数 $\boldsymbol{y}$ のキュムラントも定義できる．たとえば，y_i, y_j, y_k, y_l の 4 次のキュムラントは

$$\begin{aligned}\kappa_4[y_i, y_j, y_k, y_l] &= E[y_i y_j y_k y_l] - E[y_i y_j]\,E[y_k y_l] \\ &\quad - E[y_i y_k]\,E[y_j y_l] - E[y_i y_l]\,E[y_j y_k]\end{aligned} \tag{21}$$

y_i と y_j の 4 次のキュムラント(y_i について 1 次，y_j について 3 次)は

$$\kappa_4[y_i, y_j, y_j, y_j] = E\left[y_i y_j^3\right] - 3E[y_i y_j]\,E\left[y_j^2\right]$$

のようになる．キュムラントは面白い性質をもっている．正規分布は，3 次以上のキュムラントがすべて 0 になる分布である．中心極限定理を証明するのには，独立で同一の分布をもつ確率変数の n 個の和をとり，この和を $\sqrt{n}$ で割ると，分散つまり 2 次のキュムラントは前と同じで，3 次以上のキュムラントがどんどん 0 に近づいていくことを利用する．独立な確率変数の和が正規分布に近づくということは，3 次以上のキュムラントが小さくなることである．

もっと直接に，独立な確率変数 $s_1, \cdots, s_n$ の重み付きの和

$$x = \sum a_i s_i$$

を考えよう．このとき，

$$\sum a_i^2 = 1$$

に規格化しておく．確率変数 s_i は平均 0，分散が 1 に規格化されているとし，その 4 次のキュムラントを $\kappa_4[s_i]$ とする．簡単な計算によって，x の分散は

$$E\left[x^2\right] = \sum a_i^2 E\left[s_i^2\right] = 1$$

x の 4 次のキュムラントは

$$\kappa_4 = \sum a_i^4 \kappa_4[s_i] + 3\left(\sum a_i^4 - 1\right)$$

となることがわかる．$\sum a_i^2{=}1$ のもとで $\sum a_i^4$ を最大にするのは，どれか 1 つの a_i が 1 であとは 0 のときである．仮に，s_i の 4 次のキュムラントがすべて等しいとすれば，x の 4 次のキュムラントは係数 a_i がどれか 1 つの s_i のところに集中しているほうが大きく，混ぜれば混ぜるほどこれは小さくなることがわかる．信号の 4 次のキュムラントが違っていて，たとえば κ_1 が最大ならば，κ_4 は $a_1{=}1$，あとの a_i は 0 のときが最大である．つまり，

混合は高次のキュムラントの絶対値を減少させる．だから $\boldsymbol{W}$ を用いて信号 $\boldsymbol{x}$ を独立なものに分離すれば分離するほど，分離した高次のキュムラントの絶対値は増加するはずである．

そこでコスト関数として，得られる信号のキュムラントの絶対値の和を用いることが考えられる．たとえば，

$$L(\boldsymbol{W}) = -\sum |\kappa_4[y_i]|$$

とすればよい．もっともこのままだと，$\boldsymbol{W}=0$ とすればよいから，

$$L\mathrm{cum}[\boldsymbol{W}] = -\sum_{i=1}^{n} \frac{|\kappa_4[y_i]|}{\{E[y_i^2]\}^2}$$

とする．この他に相互キュムラント

$$-|\kappa_4[y_i, y_j, y_j, y_j]|$$

の和などを用いることもできる．これらを最小化すれば，正しい $\boldsymbol{W}$ が得られることが予想される．もちろん，キュムラントを求めるときの期待値はデータの算術平均で置き換える．これも 1 つの解法である．実をいうと，どのアイデアからもほとんど同じアルゴリズムが出てくる．

5　最急降下学習法

コスト関数 $L(\boldsymbol{W})$ が与えられたときに，これを最小にする $\boldsymbol{W}$ を求めるのに，最急降下法がある．$L(\boldsymbol{W})$ を変数 $\boldsymbol{W}$ の各成分で偏微分したものを成分とする量を勾配(グラディエント)という．今の場合，$\boldsymbol{W}$ は行列であるから，勾配は

$$\nabla L(\boldsymbol{W}) = \frac{\partial}{\partial \boldsymbol{W}} L(\boldsymbol{W}) \tag{22}$$

と書けて，$\boldsymbol{W}$ の要素を W_{ij} とすれば，∇L は $(\partial/\partial W_{ij})\,L(\boldsymbol{W})$ を要素とする行列である．

空間に正規直交座標系をとるならば，関数 L の勾配 ∇L はその関数が最も急激に変化する方向を示している．いま，関数 $L(\boldsymbol{W})$ を減らしたいのだ

から，L を最も急峻に減らす方向に向けて $\boldsymbol{W}$ を少し変えるのがよさそうである．そこで，いまの $\boldsymbol{W}$ を $\Delta\boldsymbol{W}$ だけ変えて

$$\boldsymbol{W}+\Delta\boldsymbol{W}=\boldsymbol{W}-\eta\nabla L(\boldsymbol{W}) \tag{23}$$

にすることを考えよう．ここに η は減らす大きさを示すパラメータであって，これが大きすぎると変化はゆきすぎであるし，小さすぎるとあまり動かないからほどほどに決めなくてはならない．この決め方は後の話である．

ところで，先にあげたコスト関数はよくみると（$\boldsymbol{W}$ に関係しない定数項を除けば），どれも $\boldsymbol{y}=\boldsymbol{W}\boldsymbol{x}$ の関数の期待値と $\boldsymbol{W}$ のみの関数の和

$$L(\boldsymbol{W})=E[f(\boldsymbol{y})]+k(\boldsymbol{W})$$

のような形をしている．ここに，第 1 項は $\boldsymbol{y}=\boldsymbol{W}\boldsymbol{x}=\boldsymbol{W}\boldsymbol{A}\boldsymbol{s}$ の非線形関数 $f(\boldsymbol{y})$ の確率変数 $\boldsymbol{y}$ に関する期待値，第 2 項は $\boldsymbol{W}$ のみの関数であり，これは $\boldsymbol{W}$ が 0 にならないようにその大きさを規定する．独立な確率分布 $q(\boldsymbol{y})$ を用いる $L_q(\boldsymbol{W})$ の場合なら，エントロピー項は

$$H[\boldsymbol{Y}]=H[\boldsymbol{X}]+\log|\boldsymbol{W}|$$

となっていて，$H[\boldsymbol{X}]$ は $\boldsymbol{W}$ に関係しない定数であるから

$$L_q(\boldsymbol{W})=-H[\boldsymbol{X}]-\log|\boldsymbol{W}|-E[\log q(\boldsymbol{y})]$$

であり，$f(\boldsymbol{y})$ は $-\log q(\boldsymbol{y})$ である．4 次のキュムラントの和を最大にするコスト関数なら，λ_i をラグランジュ乗数として

$$L\mathrm{cum}(\boldsymbol{W})=\sum_{i=1}^{n}\left\{E\left[y_i^4\right]-\lambda_i\left\{E\left[y_i^2\right]\right\}\right\}$$

の形におけばよい．

コスト関数自体は，未知の信号源 $\boldsymbol{s}$ の確率分布に依存する期待値で表されるから，陽に求めることはできない．しかし，データ $\boldsymbol{x}(1),\cdots,\boldsymbol{x}(T)$ があれば，$\boldsymbol{W}$ を用いてそれを変換した $\boldsymbol{y}(1),\cdots,\boldsymbol{y}(T)$ が使える．$E[f(\boldsymbol{y})]$ は，これをデータに関する算術平均で置き換えて

$$E[f(\boldsymbol{y})]=\frac{1}{T}\sum_{t=1}^{T}f(\boldsymbol{y}_t)$$

としてよい．$\boldsymbol{y}_t$ は $\boldsymbol{y}(t)$ のことで，今後もわずらわしい時はこのような略記を用いる．こうすれば，$L(\boldsymbol{W})$ の代用品がデータから求まり，これを微分してグラディエント $\nabla L(\boldsymbol{W})$ が求まる．これには，関数 $f(\boldsymbol{y})$ のグラディ

エントの計算が必要である．こうして式(22)によって $\boldsymbol{W}$ を求めていくのがデータをすべてまとめて使うバッチ処理であり，逐次的に $\boldsymbol{W}$ を変えていくことから，バッチ学習ということもある．

一方，データが逐次的に 1 つずつ得られるときは，すべてをまとめて $L(\boldsymbol{W})$ を計算するわけにはいかない．このときは，現在の候補の $\boldsymbol{W}_t$ をもとに $\boldsymbol{y}_t=\boldsymbol{y}(t)=\boldsymbol{W}_t\boldsymbol{x}(t)$ を計算して，

$$\Delta \boldsymbol{W}_t = -\eta_t \left\{\nabla f(\boldsymbol{y}_t) + \nabla k(\boldsymbol{W}_t)\right\} \qquad (24)$$

だけ $\boldsymbol{W}$ を変える．右辺の期待値をとれば，これは $\nabla L(\boldsymbol{W})$ になる．$\boldsymbol{y}_t$ は確率変数の実現値であるから 1 回 1 回はばらばらではある．しかし，時間がたてばいろいろな $\boldsymbol{y}$ が出現するわけで，時間と共に $\boldsymbol{W}$ をこの方式で変えていけば，それが積み重なって結局期待値をとったグラディエントを計算しているのと同じになることが予想される．形式的に言えば，時系列 $\boldsymbol{s}(t)$ がエルゴード的であれば，時間について順次変化を足していく式(24)は，結局空間平均，つまり期待値をとるのと同じになる．この辺の仕組みは確率近似法とよばれ，詳しく研究されている．学習方式(24)をオンライン確率近似学習，または確率降下学習とよぶ．

では，$f(\boldsymbol{y})$ のグラディエントを直接に計算してみよう．$\boldsymbol{W}$ が行列なので，偏微分も一見面倒である．そこで，$\boldsymbol{W}$ が $\boldsymbol{W}+d\boldsymbol{W}$ に変化したときの関数 $f(\boldsymbol{y})$ の変化分

$$df(\boldsymbol{y}) = f\left\{(\boldsymbol{W}+d\boldsymbol{W})\boldsymbol{x}\right\} - f(\boldsymbol{W}\boldsymbol{x}) = \sum \frac{\partial f(\boldsymbol{y})}{\partial W_{ij}} dW_{ij}$$

を計算しよう．この式の右辺の dW_{ij} の係数が，f の W_{ij} による偏微分である．$f(\boldsymbol{y})$ の y_i による微分を $\nabla f=(\partial f/\partial y_i)$ とすると，

$$df = \sum dy_i \frac{\partial f}{\partial y_i} = d\boldsymbol{y}^T \nabla f(\boldsymbol{y})$$

と計算が進み，ここで

$$d\boldsymbol{y} = d\boldsymbol{W}\boldsymbol{x}$$

を使う．すると

$$df = \boldsymbol{x}^T d\boldsymbol{W}^T \nabla f$$

これを成分で書き下せば

$$df = \sum_{k,j} (\partial f / \partial y_k)\, dW_{kj} x_j$$

となるではないか．また，

$$\begin{aligned} d \log |\boldsymbol{W}| &= \log |\boldsymbol{W} + d\boldsymbol{W}| - \log |\boldsymbol{W}| \\ &= \log \left| \boldsymbol{I} + d\boldsymbol{W}\boldsymbol{W}^{-1} \right| = \mathrm{tr}\Big(\boldsymbol{W}^{-T} d\boldsymbol{W}^{T} \Big) \end{aligned}$$

も出る．ここで，$\boldsymbol{W}^{-T} = \left(\boldsymbol{W}^{-1}\right)^T$，tr は行列のトレースである．ここで，

$$\varphi_k(\boldsymbol{y}) = \frac{\partial f}{\partial y_k}$$

とおこう．コスト関数が $L_q(\boldsymbol{W})$ の場合なら，$f(\boldsymbol{y}) = -\sum \log q_i(y_i)$ だから，

$$\varphi_i(y_i) = -\frac{d}{dy_i} \log q_i(y_i) \tag{25}$$

とおいて，ベクトル

$$\boldsymbol{\varphi}(\boldsymbol{y}) = [\varphi_1(y_1), \cdots, \varphi_n(y_n)]^T \tag{26}$$

を用いる．また，キュムラントを使うことにして $f(\boldsymbol{y}) = \dfrac{1}{4} \sum y_i^4$ とおけば，

$$\varphi_i(y_i) = y_i^3$$

である．$\boldsymbol{W}$ の大きさまたは y_i の大きさを制御する項は別に付け加えればよい．

とにかく以上をまとめて整理すれば，

$$df = \mathrm{tr}\left\{ d\boldsymbol{W}^T \boldsymbol{\varphi}(\boldsymbol{y}) \boldsymbol{x}^T \right\}$$

したがって，$-\log |\boldsymbol{W}|$ の項も加えると

$$\nabla L_q = E\Big[-\boldsymbol{W}^{-T} + \boldsymbol{\varphi}(\boldsymbol{y}) \boldsymbol{x}^T \Big] \tag{27}$$

データが 1 つずつ入ってくるオンライン学習方式ならば，いまきた $\boldsymbol{x}$ をもとに $\boldsymbol{y} = \boldsymbol{W}\boldsymbol{x}$ を計算し，

$$\Delta \boldsymbol{W} = \eta \Big(\boldsymbol{W}^{-T} - \boldsymbol{\varphi}(\boldsymbol{y}) \boldsymbol{x}^T \Big) \tag{28}$$

が得られる．すべてのデータを用いるバッチの場合は，右辺の第 2 項を

$$\frac{1}{T} \sum_{t=1}^{T} \boldsymbol{\varphi}(\boldsymbol{y}_t)\, \boldsymbol{x}_t^T$$

で置き換えるだけである．これからは，主としてオンライン学習を例として話を進めよう．

さて，最急降下法による学習については，学習アルゴリズムに含まれる

関数 $\boldsymbol{\varphi}(\boldsymbol{y})$ をどう選んだらよいのか，これで本当に正しい分離解に収束するのか，そのときの誤差はどのくらいなのかという問題が残る．さらに，勾配でよいのか，もっと広い立場がないかということもある．これは後にじっくりと検討することにして，以下では「最急降下」方向が勾配でよいかをまず検討しよう．

6　自然勾配学習法

まず，座標系 $\boldsymbol{w}$ をもつパラメータ空間に，関数 $f(\boldsymbol{w})$ があるとしよう．われわれの場合，パラメータは行列 $\boldsymbol{W}$ であるが，とりあえずベクトル $\boldsymbol{w}$ で考える．$\boldsymbol{w}$ を $\boldsymbol{w}+d\boldsymbol{w}$ に変えたときの変化を表す微小ベクトル

$$d\boldsymbol{w} = (dw_1, \cdots, dw_n)^T$$

の大きさの 2 乗は，座標系 $\boldsymbol{w}$ がユークリッド空間の正規直交系ならば，ピタゴラスの定理によって

$$|d\boldsymbol{w}|^2 = \sum (dw_i)^2 = d\boldsymbol{w}^T d\boldsymbol{w}$$

である．しかし，斜交座標系や曲線座標系を用いれば，一般には大きさの 2 乗は 2 次形式

$$|d\boldsymbol{w}|^2 = d\boldsymbol{w}^T \boldsymbol{G}(\boldsymbol{w}) d\boldsymbol{w} = \sum G_{ij} dw_i dw_j \tag{29}$$

で与えられる．ここに $\boldsymbol{G}(\boldsymbol{w})$ は正値行列で，G_{ij} はその要素である．

もっと一般に，空間は曲がっているとしよう．ただし，座標系 $\boldsymbol{w}$ でその微小要素 $d\boldsymbol{w}$ の大きさは，上と同じ 2 次形式で与えられるものとする．つまり，1 点 $\boldsymbol{w}$ の近くで考えれば，そこでは距離の仕組みはユークリッド空間と同じで 2 次形式(29)で与えられる．ただ，曲がった空間の場合 $\boldsymbol{G}$ は必ず $\boldsymbol{w}$ に依存している．このような空間をリーマン空間という．ユークリッド空間では座標系を正規直交系にとりさえすれば，$\boldsymbol{G}$ は場所によらずにどこでも単位行列 $\boldsymbol{I}$ になり，ベクトルの大きさはピタゴラスの定理で表される．しかし，一般のリーマン空間にあっては，距離を定める行列 $\boldsymbol{G}$ がどこでも単位行列であるようにするようなうまい座標系は存在しない．この $\boldsymbol{G}$

をリーマン空間の計量行列という．リーマン空間の簡単な例は，球面である．これは 2 次元の空間であるが，ここには正規直交座標系はない．だから，2 次元のユークリッド空間である地図帳に，長さをそのまま保存した形での地図が画けないのである．リーマン曲率を調べると，空間が本質的に曲がっているかどうかがわかる．

さて，関数 $f(\boldsymbol{w})$ の最急変化方向はどう表せるのだろう．いま，$\boldsymbol{w}$ をいろいろな方向に「同じ大きさ」だけ動かしてみよう．つまり，$\boldsymbol{w}$ を $\boldsymbol{w}+d\boldsymbol{w}$ にするが，$d\boldsymbol{w}$ の大きさは同じにする．ε を小さい定数として

$$||d\boldsymbol{w}||^2 = d\boldsymbol{w}^T \boldsymbol{G}(\boldsymbol{w}) d\boldsymbol{w} = \varepsilon^2$$

の条件のもとで，どの方向に動かしたら f の変化

$$df = f(\boldsymbol{w}+d\boldsymbol{w}) - f(\boldsymbol{w}) = \nabla f^T d\boldsymbol{w}$$

が最大かを調べるのである．ラグランジュの未定係数法を用いて

$$F = \nabla f^T d\boldsymbol{w} - \lambda d\boldsymbol{w}^T \boldsymbol{G} d\boldsymbol{w}$$

を最大にする $d\boldsymbol{w}$ を求めれば，答えは，

$$d\boldsymbol{w} \propto \boldsymbol{G}^{-1} \nabla f \tag{30}$$

で与えられる．これが曲がった空間における関数の最急変化方向である．

$$\tilde{\nabla} f = \boldsymbol{G}^{-1} \nabla f \tag{31}$$

を真の勾配または自然勾配とよぶ．ここで，$\boldsymbol{G}=\boldsymbol{I}$ となるユークリッド空間で正規直交座標をとったときを考えれば，勾配も自然勾配も同じで，

$$\tilde{\nabla} f = \nabla f$$

が最急変化方向で，今まで普通に考えていたものになっている．

ではわれわれの議論している行列 $\boldsymbol{W}$ の空間では，計量を表す $\boldsymbol{G}$ はどんな形になっているのだろう．また最急変化方向はどうなるのだろう．これをリー群の観点から導く．正則な行列 $\boldsymbol{W}$ の全体は，掛け算に関して閉じている．さらに，単位行列 $\boldsymbol{I}$ はどの行列に掛けても $\boldsymbol{IW}=\boldsymbol{W}$ のままで，算術での 1 のような役割をする．さらに，どの行列 $\boldsymbol{W}$ に対しても，逆行列 $\boldsymbol{W}^{-1}$ があって，

$$\boldsymbol{W}\boldsymbol{W}^{-1} = \boldsymbol{I}$$

である．これは，正則な行列 $\boldsymbol{W}$ の全体が群をなすことを示す．これを n 次一般線形群という．さらに，正則行列の全体は，その要素 W_{ij} を座標系

としてもつ多様体，つまり n^2 次元の空間と考えてよい．このような群の構造をもつ多様体をリー群という．

リー群では，点 $\boldsymbol{W}$ に右から $\boldsymbol{W}^{-1}\boldsymbol{W}'$ を掛けることによって点 $\boldsymbol{W}'$ に移る．つまり群の操作によってどの点も互いに移り合うことができる．点 $\boldsymbol{W}$ において，これを $d\boldsymbol{W}$ だけ変化させたとき，$d\boldsymbol{W}$ の長さの 2 乗を定義したい．そこで，$\boldsymbol{W}$ と $\boldsymbol{W}+d\boldsymbol{W}$ の両方に，$\boldsymbol{W}^{-1}$ を右から掛けてみる．すると，$\boldsymbol{W}$ は単位行列 $\boldsymbol{I}$ に，$\boldsymbol{W}+d\boldsymbol{W}$ は行列

$$(\boldsymbol{W}+d\boldsymbol{W})\boldsymbol{W}^{-1} = \boldsymbol{I}+d\boldsymbol{W}\boldsymbol{W}^{-1} = \boldsymbol{I}+d\boldsymbol{X}$$

に移る．ここで $d\boldsymbol{X}{=}d\boldsymbol{W}\boldsymbol{W}^{-1}$ とおいた．長さを測る物差しは，互いに移り合う変換に対して不変であることを要請しよう．つまり，点 $\boldsymbol{W}$ における微小変化 $d\boldsymbol{W}$ の長さは，点 $\boldsymbol{I}$ での対応する微小変化 $d\boldsymbol{X}$ の長さと同じであると考える．

さて，原点(単位行列)における $d\boldsymbol{X}$ の大きさを

$$|d\boldsymbol{X}|_{\boldsymbol{I}}^2 = \mathrm{tr}\left(d\boldsymbol{X}d\boldsymbol{X}^T\right) = \sum (dX_{ij})^2 \tag{32}$$

で決めることにしよう．tr は行列のトレースである．すると，点 $\boldsymbol{W}$ における変化 $d\boldsymbol{W}$ の長さの 2 乗は，対応する $\boldsymbol{I}$ における $d\boldsymbol{X}{=}d\boldsymbol{W}\boldsymbol{W}^{-1}$ の長さだから，

$$|d\boldsymbol{W}|_{\boldsymbol{W}}^2 = \mathrm{tr}\left(d\boldsymbol{W}\boldsymbol{W}^{-1}\boldsymbol{W}^{-T}d\boldsymbol{W}^T\right) \tag{33}$$

で決まる．$\left(\boldsymbol{W}^{-1}\right)^T{=}\boldsymbol{W}^{-T}$ と書くことにしている．これは要素 dW_{ij} の 2 次形式であり，行列の空間にリーマン計量を定める．空間は本質的に曲がっていて，座標変換をしてもユークリッド空間にはならない．

われわれの場合，要素 $d\boldsymbol{W}$ は行列であってインデックスを 2 つもっている．だから，$d\boldsymbol{W}$ の長さの 2 乗は成分で書けば

$$|d\boldsymbol{W}|^2 = \sum dW_{ij}G_{ijkl}dW_{kl}$$

であって，計量 $\boldsymbol{G}$ はインデックスを 4 つもつ量である．このため，表記法に工夫をしないと話がごちゃごちゃする．行列はインデックスを 2 つもつ．そこで，2 つをまとめて，$A{=}(ij)$, $B{=}(kl)$ という「大きな」インデックスを用いて，$G_{ijkl}{=}G_{AB}$ と書こう．すると，$\boldsymbol{G}^{-1}$ はインデックスを 2 つに切ったときの「大きな」行列 G_{AB} の逆行列である．このへんのごちゃごちゃした話は省略しよう．計算をすれば，行列の空間の場合，関数 L の自

然勾配，つまり最急降下方向は

$$\tilde{\nabla} L = \nabla L \boldsymbol{W}^T \boldsymbol{W} \tag{34}$$

となることがわかる．したがって，コスト関数 L_q の場合の自然勾配は，式(27)より $\boldsymbol{x}^T \boldsymbol{W}^T = \boldsymbol{y}^T$ に注意すれば

$$\tilde{\nabla} L_q = \left(\boldsymbol{I} - \boldsymbol{\varphi}(\boldsymbol{y})\boldsymbol{y}^T\right)\boldsymbol{W} \tag{35}$$

である．∇L_q に比べれば，$\tilde{\nabla} L_q$ は逆行列が不要になって計算がずっと楽になることがわかる．ここから，真の最急降下学習のアルゴリズム

$$\Delta \boldsymbol{W} = \eta\left(\boldsymbol{I} - \boldsymbol{\varphi}(\boldsymbol{y})\boldsymbol{y}^T\right)\boldsymbol{W} \tag{36}$$

が導かれる．

7 独立成分分析における最急降下学習

これまでに，コスト関数を用いて自然勾配による最急降下学習方式を導いた．もっと一般的なアルゴリズムに進む前に，これまでの考えをまとめておこう．

7.1 学習アルゴリズム

オンライン学習では，データ $\boldsymbol{x}(t) = \boldsymbol{x}_t$, $t = 1, 2, \cdots$ が観測される．現在の時間 t において，復元行列の候補 $\boldsymbol{W}_t$ を得ているとする．ここで $\boldsymbol{x}_t$ を観察して，これをもとに $\boldsymbol{y}_t = \boldsymbol{W}_t \boldsymbol{x}_t$ を計算し，

$$\boldsymbol{W}_{t+1} = \boldsymbol{W}_t + \eta_t\left(\boldsymbol{I} - \boldsymbol{\varphi}(\boldsymbol{y}_t)\,\boldsymbol{y}_t^T\right)\boldsymbol{W}_t \tag{37}$$

と復元行列の候補を更新するのが最急降下学習であった．ここに，η_t は学習の係数であり小さな定数でもよいが，t と共に小さくしていくことも考えられる．たとえば $\eta_t = c/t$ とおく．関数 $\boldsymbol{\varphi}(\boldsymbol{y})$ はコスト関数が L_q の場合は

$$\varphi_i(y_i) = -\frac{d}{dy_i} \log q_i(y_i)$$

からでる非線形関数である．しかし，どうせこの形になるのなら，もう q

のことは忘れて，式(37)から出発してよい．キュムラント最大化のときでも，適当な関数 $\boldsymbol{\varphi}(\boldsymbol{y})$ を用いて同様の形になるからである．

この学習を，関数行列 $\boldsymbol{F}(\boldsymbol{y},\boldsymbol{W})$ を用いて

$$\boldsymbol{W}_{t+1} = \boldsymbol{W}_t + \eta_t \boldsymbol{F}(\boldsymbol{y}_t, \boldsymbol{W}_t)\,\boldsymbol{W}_t \tag{38}$$

と書こう．上式は

$$\boldsymbol{F}(\boldsymbol{y},\boldsymbol{W}) = \boldsymbol{I} - \boldsymbol{\varphi}(\boldsymbol{y})\boldsymbol{y}^T \tag{39}$$

と置いたものである．$\boldsymbol{F}$ はこの場合 $\boldsymbol{y}$ のみの関数であり，$\boldsymbol{y}=\boldsymbol{W}\boldsymbol{x}$ を通して $\boldsymbol{W}$ によっている．

さて，学習が収束したとして，平衡状態では $\boldsymbol{W}_{t+1}=\boldsymbol{W}_t=\bar{\boldsymbol{W}}$ が平均として成立し，$E\big[\boldsymbol{F}(\boldsymbol{y},\bar{\boldsymbol{W}})\big]=0$ が満たされる．式(39)のときは

$$E\Big[\boldsymbol{\varphi}(\boldsymbol{y})\boldsymbol{y}^T\Big] = \boldsymbol{I}$$

を満たすところに落ち着くはずである．これをよく見ると，$i \neq j$ の成分では

$$E[F_{ij}] = -E[\varphi_i(y_i)\,y_j] = 0 \tag{40}$$

で，なるほど y_i と y_j とが独立になっていれば，この式は満たされる．ところで，もし

$$\varphi(\boldsymbol{y}) = \boldsymbol{y}$$

と線形の関数をとれば，$\varphi_i(y_i)y_j$ と $\varphi_j(y_j)y_i$ とが同じものになるから，n^2 個の成分をもつ $\boldsymbol{W}=(W_{ij})$ を決めるには自由度が足りない．$\boldsymbol{W}$ を直交行列にすることでこれを補ったのが主成分分析であった．

さて，$i=j$ のときは

$$E[F_{ii}] = 1 - E[y_i\varphi_i(y_i)] = 0$$

であって，これは復元した y_i のスケールを決めている．前に言ったように，元の s_i のスケールはわからないままであり，$y_i=cs_i$ になればよい．復元した y_i のスケールを

$$E\big[y_i^2\big] = 1$$

に規格化したいのなら，式(39)の $\boldsymbol{F}$ の対角成分を

$$F_{ii} = 1 - y_i^2$$

に変えればよい．

7.2　非ホロノームアルゴリズム

もっと簡単に，$\boldsymbol{F}$ の対角成分 F_{ii} を 0 にしたら何がおこるだろう．これでは y_i のスケールは定まらない．しかし，式(40)から独立な成分は抽出できる．これが非ホロノームアルゴリズムとよばれるものである．

学習によって，$\boldsymbol{W}$ を変化させても，その変化分 $\Delta\boldsymbol{W}$ が $\boldsymbol{W}$ に比例する方向であれば，復元した $\boldsymbol{y}$ のスケールを変えているだけである．つまり，$\boldsymbol{W}$ も $c\boldsymbol{W}$ も「同じもの」と考えれば，これは無効成分である．そこで，$\Delta\boldsymbol{W}$ からこの部分を除き，$\Delta\boldsymbol{W}$ が常に $\boldsymbol{W}$ 方向と直交するようにしたい．非ホロノームアルゴリズムは，$\boldsymbol{W}$ の変化方向を，$\boldsymbol{W}$ の拡大縮小の方向とは直交するように決めることである．したがって無駄がないともいえる．

この条件(直交条件)は，$\Delta\boldsymbol{W}$ の代わりに $\Delta\boldsymbol{X}=\Delta\boldsymbol{W}\boldsymbol{W}^{-1}$ を使って書くと，

$$F_{ii} = \Delta X_{ii} = 0, \quad i = 1, \cdots, n \tag{41}$$

と書ける．$d\boldsymbol{X}=d\boldsymbol{W}\boldsymbol{W}^{-1}$ は非ホロノーム量，つまり積分できない量であるため，この式を積分して $g_i(\boldsymbol{W})=c_i$ のような形の $\boldsymbol{W}$ のスケールを決める式は導けない．したがってこの条件からは最終的な復元信号 y_i のスケールはわからない．実際，y_i の大きさは定まらずゆれ動く．これが非ホロノーム束縛の特徴である．しかし，y_i の大きさを束縛しないことで，信号 $s_i(t)$ が急に小さくなったり大きくなったりしたときに，無理にそれを拡大縮小して一定の大きさに復元しようとしないので，安定した動作が得られる．また，信号源の数 n が測定数 m よりも小さくて未知である場合，このアルゴリズムでは必要な n 個の信号を復元し，あとは 0 になることが知られている．しかし，非ホロノーム束縛のもとでの学習の力学は，まだきちんとは調べられていない．

7.3　白色化——独立成分の数が少ない場合

さて，一般に復元行列は

$$\boldsymbol{W} = \boldsymbol{U}\boldsymbol{\Lambda}^{-1/2}\boldsymbol{O}^T \tag{42}$$

と特異値分解できる．ここで，$\boldsymbol{O}$ と $\boldsymbol{U}$ とは直交行列，$\boldsymbol{\Lambda}$ は対角行列である．$\boldsymbol{\Lambda}$ と $\boldsymbol{O}$ とは，主成分分析で $\boldsymbol{x}$ の共分散行列 $\boldsymbol{V}$ の固有値問題を解くことで，$\boldsymbol{V}\boldsymbol{O}=\boldsymbol{O}\boldsymbol{\Lambda}$ から求められた．（$\boldsymbol{\Lambda}$ は $\boldsymbol{V}$ の固有値からなる対角行列，$\boldsymbol{O}$ は $\boldsymbol{V}$ の固有ベクトルからなる直交行列で，式(10)の $\boldsymbol{A}$ のことである．）求めなければいけないのは，こうすると残る $\boldsymbol{U}$ である．そこで，まず主成分分析を行って，$\boldsymbol{\Lambda}$ と $\boldsymbol{O}$ とを求め，これをもとにデータ $\boldsymbol{x}$ を

$$\tilde{\boldsymbol{x}} = \boldsymbol{\Lambda}^{-1/2}\boldsymbol{O}^T\boldsymbol{x}$$

に変換してしまう．これはバッチ処理のときは容易にできる．こうしておいて，

$$\tilde{\boldsymbol{V}} = E\left[\tilde{\boldsymbol{x}}\tilde{\boldsymbol{x}}^T\right]$$

とおけば，得られる変換後のデータ $\tilde{\boldsymbol{x}}$ は

$$\tilde{\boldsymbol{V}} = \boldsymbol{I} \tag{43}$$

を満たす．つまり変換後のデータの共分散行列は単位行列になっている．これをデータの白色化という．白色化したデータ $\tilde{\boldsymbol{x}}$ をもとに，独立成分分析を行うには，残りの直交行列 $\boldsymbol{U}$ を求めればよい．直交行列の範囲で計算を行えばよいから楽である．

前と同じに，コスト関数 $L(\boldsymbol{U})$ を直交行列 $\boldsymbol{U}$ で偏微分する．この方針はよいが，$\boldsymbol{U}^T\boldsymbol{U} = \boldsymbol{I}$ であるから，これを微分すると

$$d\boldsymbol{U}^T\boldsymbol{U} + \boldsymbol{U}^T d\boldsymbol{U} = 0$$

となる．つまり $d\boldsymbol{U}$ は自由には変えられず，$d\boldsymbol{X}=d\boldsymbol{U}\boldsymbol{U}^T$ はこの場合反対称行列でなければならない．これを考慮すれば，自然勾配は直交行列の場合は，

$$\tilde{\nabla}L(\boldsymbol{U}) = \boldsymbol{\varphi}(\boldsymbol{y})\boldsymbol{y}^T - \boldsymbol{y}\boldsymbol{\varphi}(\boldsymbol{y})^T \tag{44}$$

のように反対称行列になる．したがって学習法は

$$\Delta\boldsymbol{U} = \eta\left\{\boldsymbol{\varphi}(\boldsymbol{y})\boldsymbol{y}^T - \boldsymbol{y}\boldsymbol{\varphi}(\boldsymbol{y})^T\right\}\boldsymbol{U} \tag{45}$$

である．

白色化をまず行い，次に直交行列 $\boldsymbol{U}$ を求める 2 段階のアルゴリズムは，直交行列だけを扱えばすむことから，$\boldsymbol{W}$ が特異に近いなどのいやな問題が避けられる利点がある．もちろん問題点もある．第一にオンライン学習にこれは向いていない．白色化の予備段階でデータをすべて使うから逐次的になっていない．オンラインで白色化もできる．しかし，そうするくらいなら，一挙にオンライン学習で $\boldsymbol{W}$ を求めたほうがよい．また，測定データ $\boldsymbol{x}$ に雑音項が入るとき，雑音項が白色化を邪魔して，正しい白色化ができない．雑音のあるときの話はあとで触れる．雑音がないとすれば，$\boldsymbol{W}$ を直接に計算する自然勾配法は，実は真の $\boldsymbol{W}$ がどこにあろうと，同じ収束特性をもつ．つまり，$\boldsymbol{W}(t)$ のダイナミックスも，定数 $\boldsymbol{W}$ で座標を変えた $\tilde{\boldsymbol{W}}=\boldsymbol{W}(t)\boldsymbol{W}^{-1}$ のダイナミックスも同じであって，$\boldsymbol{W}$ を真の値にとればダイナミックスが原点 $\boldsymbol{I}$ のまわりで論じられる．これがリー群による不変性の特長であって，$\boldsymbol{W}$ や $\boldsymbol{A}$ が特異にいくら近い場合でもアルゴリズムはうまく働く．ただ，雑音がある場合はこれは成り立たない．

次に，信号源の真の数 n がわからない場合を考えてみよう．ここでは，真の信号源の数のほうが測定数より小さい，つまり $n<m$ とする．データをもとに共分散行列 $\boldsymbol{V}$ を計算し，まず主成分分析をしてみる．$\boldsymbol{x}=\sum_{i=1}^{n} s_i\boldsymbol{a}_i$ だから，雑音がないものならば，データ $\boldsymbol{x}$ は n 個の $\boldsymbol{a}_i$ の張る n 次元部分空間の中にあり，分散行列 $\boldsymbol{V}$ の固有値は，信号成分に対応して $\lambda_1>\lambda_2>\cdots>\lambda_n>0$ であってそこから先は $\lambda_{n+1}=\lambda_{n+2}=\cdots=\lambda_m=0$ となる．もちろん実際には雑音がないというわけにはいかないが，信号のない λ_{n+1} 以下は雑音による項だけだから小さいと考えられる．そこで，適当に閾値を決めて，それよりも固有値の大きいのが信号に対応し，小さいのは雑音と決めて，信号源の数 n をまず決定する．その後は，測定信号 $\boldsymbol{x}$ を，n 個の固有ベクトルの張る空間に射影して，新しい n 次元の信号 $\tilde{\boldsymbol{x}}$ をつくり，そこで大きさを調整して白色化する．この信号をもとに独立成分分析を行い，これを独立化する直交行列 $\boldsymbol{U}$ を探せばよい．

信号成分の数 n がわかるならば，白色化をしないで直接に $n\times m$ 行列 $\boldsymbol{W}$ を用いて

$$\boldsymbol{y} = \boldsymbol{W}\boldsymbol{x}$$

と復元することもできる．コスト関数 $L(\boldsymbol{W})$ の勾配は前と同様の計算でできるが，$|\boldsymbol{W}|$ はないから，$\boldsymbol{W}$ の大きさを規制するのに適当な付加条件がいる．もちろん $\boldsymbol{x}$ を白色化しておけば，$\boldsymbol{W}$ は直交行列の一部となり問題ない．

ここでも自然勾配を考えるのがよい．ただし長方行列 $\boldsymbol{W}$ のなす空間には，リー群の考えは使えない．ただ，$\boldsymbol{W}$ の変化分 $d\boldsymbol{W}$ の長さを定義する自然な仕方は

$$|d\boldsymbol{W}|^2 = \mathrm{tr}\Big(d\boldsymbol{W}\boldsymbol{V}_X d\boldsymbol{W}^T \boldsymbol{R}_S\Big)$$

である．ここで，2 つの行列 $\boldsymbol{V}_X, \boldsymbol{R}_S$ が問題である．$\boldsymbol{R}_S$ のほうは信号空間の計量であって，これは信号が独立でありしかもそのスケールが平均 1 に規格化されていると思えば，単位行列 $\boldsymbol{I}$ にとってよい．一方，観測信号の空間では，分散行列 $\boldsymbol{V}_X$ を用いるのが自然である．ただし，観測信号に雑音のない場合は $\boldsymbol{V}_X{=}\boldsymbol{A}\boldsymbol{A}^T$ はシンギュラーであるが，雑音があるとすれば，混入する雑音の相関行列を $\boldsymbol{V}_N$ として

$$\boldsymbol{V}_X = \boldsymbol{A}\boldsymbol{A}^T + \boldsymbol{V}_N$$

である．これはデータから推定すればよい．これより自然勾配法のアルゴリズムが得られる．

8 推定関数と学習アルゴリズム

8.1 推定関数

これまで，コスト関数の勾配をもとに議論を展開してきた．しかし，どういうコスト関数を用いたらよいか，また学習法が真の解に収束するか，つまり真の解は学習方程式の安定な解になっているのかという問題を論じてこなかった．これらの問題を一挙に解決するために，統計学でいうセミパラメトリックモデルを用いて，推定関数による解法を調べよう．セミパラ

メトリックモデルにおける推定関数は，情報幾何で詳しく研究された．

いま，未知のパラメータ $\boldsymbol{W}$ とデータ $\boldsymbol{x}$ とを含む行列 $\boldsymbol{F}(\boldsymbol{x}, \boldsymbol{W})$ があったとしよう．データとしては，$\boldsymbol{x}$ でもよいが，$\boldsymbol{y}=\boldsymbol{W}\boldsymbol{x}$ として，$\boldsymbol{y}$ の関数としてもよい．$\boldsymbol{y}$ を使って書けるときは，$\boldsymbol{F}(\boldsymbol{y})$ または $\boldsymbol{F}(\boldsymbol{y}, \boldsymbol{W})$ のように書こう．関数 $\boldsymbol{F}(\boldsymbol{y}, \boldsymbol{W})$ が，未知の確率分布 $r(\boldsymbol{y})$ は何であっても独立な分布であれば，

$$E_{\boldsymbol{W},r}[\boldsymbol{F}(\boldsymbol{y}, \boldsymbol{W})] = 0 \tag{46}$$

を満たし，もし違った $\boldsymbol{W}'$ を用いたときにはこれが 0 にならず，

$$E_{\boldsymbol{W},r}\big[\boldsymbol{F}(\boldsymbol{y}, \boldsymbol{W}')\big] \neq 0, \quad \boldsymbol{W} \neq \boldsymbol{W}' \tag{47}$$

であるとしよう．このとき $\boldsymbol{F}(\boldsymbol{y}, \boldsymbol{W})$ を推定関数という．ここで $E_{\boldsymbol{W},r}$ は，確率変数 $\boldsymbol{y}$ が真の $\boldsymbol{W}$ と r とから決まるとしてその期待値である．式(47)が $\boldsymbol{W}$ を含む $\boldsymbol{W}'$ のある範囲で成立すれば，これを局所推定関数という．推定関数があるならば，期待値の代わりに真の分布から発生するデータ $\boldsymbol{x}_t$, $t = 1, 2, \ldots$ を用いて，算術平均

$$\frac{1}{T}\sum \boldsymbol{F}(\boldsymbol{y}_t, \boldsymbol{W}) = 0 \tag{48}$$

で置き換えてみれば，これは期待値のよい近似になっているはずである．これは未知の $\boldsymbol{W}$ を含む方程式である．これを推定方程式という．r がわかっているときの最尤推定は，$\boldsymbol{F}$ として対数尤度の微分，つまりスコア関数 $\partial \log p(\boldsymbol{x}, \boldsymbol{W})/\partial \boldsymbol{W}$ を用いるものであるが，r がわからないときに，勝手に q を選んでスコア関数をつくってもこれが推定関数になるとは限らないかもしれない．

推定関数としてどんなものがあるだろうか．そもそも一般のセミパラメトリック統計モデルでは，推定関数が存在するとは限らない．独立成分分析の場合は都合よくこれがいくらでもある．勝手な独立な分布

$$q(\boldsymbol{y}) = q_1(y_1) \cdots q_n(y_n)$$

を用いて，対数尤度 $L_q(\boldsymbol{W})$ の微分であるスコア関数をつくってみよう．一般に，未知関数 r と知りたいパラメータ $\boldsymbol{\theta}$ を含む統計モデル $\{p(\boldsymbol{x}, \boldsymbol{\theta}, r)\}$ を考えた場合に，r の代わりに勝手な q を使ってつくった

$$\boldsymbol{f}(\boldsymbol{x},\boldsymbol{\theta},q)=\frac{\partial}{\partial\boldsymbol{\theta}}\log p(\boldsymbol{x},\boldsymbol{\theta},q) \tag{49}$$

は一般には

$$E_{\boldsymbol{\theta},r}[\boldsymbol{f}(\boldsymbol{x},\boldsymbol{\theta},q)]=0$$

を満たさない．つまり，q が r と違うときには使えないからこれは推定関数ではない．しかし，幸いなことにわれわれの問題は，統計モデルの m 情報曲率なるものが消失するというういまい例になっていて，どんな q を用いても，式(49)は推定関数になっている．これだから，勝手な q を用いて L_q の勾配を計算する今までのやり方でうまくいったのであった．

8.2　推定誤差

推定関数がたくさんあるときに，どれを選んだらよいのだろう．もちろん推定関数を用いて推定したときの，推定誤差が小さいほどよい．では，推定誤差はどう求まるのだろう．T 個のデータを用いて推定方程式を解いたときの解 $\hat{\boldsymbol{W}}$ を

$$\hat{\boldsymbol{W}}=\boldsymbol{W}+\Delta\boldsymbol{W} \tag{50}$$

のように真の値 $\boldsymbol{W}$ と誤差 $\Delta\boldsymbol{W}$ とに分解し，誤差を

$$\Delta\boldsymbol{X}=\Delta\boldsymbol{W}\boldsymbol{W}^{-1} \tag{51}$$

で計ろう．$\hat{\boldsymbol{W}}$ を用いて $\boldsymbol{x}$ を復元したときの復元誤差 $\Delta\boldsymbol{s}$ は，$\boldsymbol{y}=\boldsymbol{s}$ になるとして，

$$\begin{aligned}\hat{\boldsymbol{W}}\boldsymbol{x}&=\boldsymbol{W}\boldsymbol{x}+\Delta\boldsymbol{W}\boldsymbol{x}\\&=\boldsymbol{s}+\Delta\boldsymbol{X}\boldsymbol{s}\end{aligned}$$

より，

$$\Delta\boldsymbol{s}=\Delta\boldsymbol{X}\boldsymbol{s} \tag{52}$$

となる．これからも，非ホロノーム表現 $\Delta\boldsymbol{X}$ の便利さがわかる．

$\hat{\boldsymbol{W}}=\boldsymbol{W}+\Delta\boldsymbol{X}\boldsymbol{W}$ を推定方程式に代入すれば

$$\sum_t\boldsymbol{F}(\boldsymbol{x}_t,\boldsymbol{W}+\Delta\boldsymbol{X}\boldsymbol{W})=\sum_t\boldsymbol{F}(\boldsymbol{x}_t,\boldsymbol{W})+\sum_t\frac{\partial\boldsymbol{F}(\boldsymbol{x}_t,\boldsymbol{W})}{\partial\boldsymbol{W}}\Delta\boldsymbol{X}\boldsymbol{W}=0$$

が得られる．ここで

$$\frac{\partial \boldsymbol{F}}{\partial \boldsymbol{X}} = \frac{\partial \boldsymbol{F}}{\partial \boldsymbol{W}}\boldsymbol{W}$$

という表示を用いることにすると，上式は

$$\frac{1}{T}\sum_{t=1}^{T}\frac{\partial \boldsymbol{F}(\boldsymbol{x}_t, \boldsymbol{W})}{\partial \boldsymbol{X}}\Delta \boldsymbol{X} = -\frac{1}{\sqrt{T}}\frac{1}{\sqrt{T}}\sum_{t=1}^{T}\boldsymbol{F}(\boldsymbol{x}_t, \boldsymbol{W}) \tag{53}$$

と書きかえることができる．そこで

$$\boldsymbol{K} = E\left[\frac{\partial \boldsymbol{F}(\boldsymbol{x}, \boldsymbol{W})}{\partial \boldsymbol{X}}\right] \tag{54}$$

とおけば，式(53)の左辺は大数の法則によって，$\boldsymbol{K}\Delta\boldsymbol{X}$ に収束する．一方右辺の量は，$E[\boldsymbol{F}(\boldsymbol{x}, \boldsymbol{W})]=0$ であるから中心極限定理によって，平均 0，分散行列

$$\boldsymbol{G} = E[\boldsymbol{F}(\boldsymbol{x}, \boldsymbol{W})\boldsymbol{F}(\boldsymbol{x}, \boldsymbol{W})] \tag{55}$$

の正規分布に従う．だから，

$$\boldsymbol{K}\Delta\boldsymbol{X} = \frac{1}{\sqrt{T}}\boldsymbol{F}$$

が成立し，誤差 $\Delta\boldsymbol{X}$ の 2 乗平均である分散行列は，

$$E\left[\Delta\boldsymbol{X}\Delta\boldsymbol{X}\right] = \frac{1}{T}\boldsymbol{K}^{-1}\boldsymbol{G}\boldsymbol{K}^{-1}$$

と表せる．

さて，$\boldsymbol{W}$, $\Delta\boldsymbol{X}$, $\boldsymbol{F}$ などは行列であってインデックスを 2 つもつ．$\boldsymbol{K}$ とか $\boldsymbol{G}$ はインデックスを 4 つもつ量である．本来は，これらは後述するような「大きくした」インデックス A, B などをもつ拡大ベクトルや拡大行列として扱い，その上で転置などの記号を付けなければいけなかったのに無視してきた．またはすべて成分で書いてテンソルと考えてもよい．これからはインデックスを用いる方式に切り替える．推定関数 $\boldsymbol{F}=(F_{ab})$ に対して，その分散行列 $\boldsymbol{G}$ は，

$$G_{abcd} = E[F_{ab}F_{cd}]$$

という風に，インデックスを 4 つもった量である．また，$\boldsymbol{K}=E\left[(\partial F_{ab}/\partial X_{cd})\right]$ もインデックスを 4 つもっている．そこで，インデックスを 2 つ束にしたものをまとめて大きいインデックスとし，$A=(ab)$, $B=(cd)$ のよう

に，大文字のインデックス A, B などを用いて表すことにする．$\boldsymbol{K}^{-1}$ は大きな行列 (K_{AB}) の逆行列のことである．これより，誤差は成分で書いて

$$E\left[\Delta X_A \Delta X_B\right] = \frac{1}{T} \sum_{C,D} K_{AC}^{-1} G_{CD} K_{DB}^{-1} \tag{56}$$

となる．もちろん，これを $\hat{\boldsymbol{W}}$ の分散行列に書き直すこともできる．

誤差の小さいものは，どの $\boldsymbol{F}$ だろうか．統計学の推定理論が明らかにしたところによれば，分布がわかっていれば，最尤推定が漸近的には誤差が一番少ない．これは，コスト関数として L_q，さらに $q{=}r$ として r をとるのが一番よいことを示している．しかしわれわれは r は知らないのだから仕方がない．何らかの理由で r の近似が得られれば，それを使うのがよい．どの q を使おうと，L_q の微分が推定関数になっているからである．しかし，これ以外にもっとよい推定関数はないものだろうか．

情報幾何の理論によれば，L_q からつくれる $\boldsymbol{F}_q$ を考えれば，その成分の線形変換はすべて推定関数である．さらに，こうした線形変換も含めて，$\boldsymbol{F}_q$ の全体は許容的な推定関数のクラスをつくる．すなわち，このクラスに属さない推定関数を考えても，それはこのクラスのどれかよりは精度が悪い．学習の話になると，もっと細かい線形変換の議論が必要になる．

8.3 推定関数を用いた学習アルゴリズム——学習の安定論

いま，$\boldsymbol{F}(\boldsymbol{y}, \boldsymbol{W})$ が推定関数であったとしよう．このとき $\boldsymbol{R}(\boldsymbol{W})$ を，$\boldsymbol{W}$ に依存する行列の線形変換としよう．成分で書けば，

$$\boldsymbol{R} \circ \boldsymbol{F} = \sum_B R_{AB} F_B = \sum_{c,d} R_{abcd} F_{cd} \tag{57}$$

となる．さて $\boldsymbol{F}$ を用いた推定方程式も，$\boldsymbol{R} \circ \boldsymbol{F}$ を用いた推定方程式も

$$\sum \boldsymbol{R}(\boldsymbol{W}) \boldsymbol{F}(\boldsymbol{y}_t, \boldsymbol{W}) = 0$$
$$\sum \boldsymbol{F}(\boldsymbol{y}_t, \boldsymbol{W}) = 0$$

であるから $\boldsymbol{R}$ が可逆ならば，これらは同値である．つまり，$\boldsymbol{F}$ も $\boldsymbol{R} \circ \boldsymbol{F}$ も同じ解を与える．しかし，両者の学習のダイナミックスは異なる．なお，

$\boldsymbol{F}$ がコスト関数の勾配でも $\boldsymbol{R} \circ \boldsymbol{F}$ はコスト関数の勾配になっているとは限らないから，ここではより広いクラスを考えていることに注意してほしい．

推定関数を用いたオンライン学習を考えよう．このとき学習方程式は

$$\boldsymbol{W}_{t+1} = \boldsymbol{W}_t + \eta_t \boldsymbol{F}(\boldsymbol{y}_t, \boldsymbol{W}_t)\boldsymbol{W}_t \tag{58}$$

となる．これを $\boldsymbol{F}$ を同値な $\boldsymbol{R} \circ \boldsymbol{F}$ に変えた

$$\boldsymbol{W}_{t+1} = \boldsymbol{W}_t + \eta_t \boldsymbol{R}(\boldsymbol{W}_t) \circ \boldsymbol{F}(\boldsymbol{y}_t, \boldsymbol{W}_t)\boldsymbol{W}_t$$

を考えると，平衡状態は両者で同じであるが，ダイナミックスは違う．すなわち，真の $\boldsymbol{W}$ に収束する速さが違うし，それどころか真の $\boldsymbol{W}$ が学習方程式の安定平衡状態になっているかどうかが違ってくる．たとえば，$\boldsymbol{R}=-1$ とすると，$\boldsymbol{F}$ を用いた方程式と，$-\boldsymbol{F}$ を用いた方程式とでは，変化が逆方向である．どちらかが真の $\boldsymbol{W}$ の安定平衡状態とすれば，他は不安定平衡状態である．そこで，学習方程式の安定性を考える必要がでる．

学習方程式は確率差分方程式，すなわち次々に確率的に生成されるデータ $\boldsymbol{y}_t=\boldsymbol{W}_t\boldsymbol{x}_t$ に依存する方程式である．ここで，取り扱いを簡単にするため，それを平均した平均化学習方程式を考え，さらに時間を連続にとろう．すると

$$\frac{d}{dt}\boldsymbol{W}_t = \eta E[\boldsymbol{F}(\boldsymbol{y}_t, \boldsymbol{W}_t)\boldsymbol{W}_t] \tag{59}$$

という方程式が得られる．ここで期待値 E は $\boldsymbol{y}_t$ についてとる．真の解 $\boldsymbol{W}$ は，$\boldsymbol{F}$ が推定関数であることから $E[\boldsymbol{F}(\boldsymbol{y}, \boldsymbol{W})]=0$ を満たし，平衡解になっている．しかしこれが安定平衡解であるという保証はない．

安定性を調べるには，平衡点のまわりで，これを線形化する．すなわち

$$\boldsymbol{W}_t = \boldsymbol{W} + \delta\boldsymbol{W}_t$$

とおいて，$\boldsymbol{W}_t$ が真の解 $\boldsymbol{W}$ から少しずれたときに，これが元に戻るのか，それともどこか遠くへ行ってしまうのかをしらべる．このとき，$\delta\boldsymbol{W}_t$ の変化を定める方程式はテイラー展開により，

$$\frac{d}{dt}\delta\boldsymbol{W}_t = \eta\frac{\partial}{\partial\boldsymbol{W}}E[\boldsymbol{F}]\delta\boldsymbol{W}_t\boldsymbol{W}_t$$

となる．$\delta\boldsymbol{W}_t$ を直接に扱うよりは，

$$\delta\boldsymbol{X}_t = \delta\boldsymbol{W}_t\boldsymbol{W}^{-1}$$

を扱うほうが楽である．そこで $\delta\boldsymbol{X}_t$ の従う方程式を計算すると，

$$\begin{aligned}\frac{d}{dt}\delta\boldsymbol{X}_t &= \eta E[\boldsymbol{F}(\boldsymbol{y}_t, \boldsymbol{W} + \delta\boldsymbol{X}_t\boldsymbol{W})] \\ &= \eta E\left[\frac{\partial\boldsymbol{F}}{\partial\boldsymbol{X}}\right]\delta\boldsymbol{X}_t = \eta\boldsymbol{K}\delta\boldsymbol{X}_t\end{aligned}$$

が得られる．そこで，拡大行列 $\boldsymbol{K}$ の固有値を調べ，その実部がすべて負ならば，真の解は安定である．もし，1つでも実部が正のものがあれば，真の解は不安定であるから，この学習方程式では正しい分離解は得られない．

学習方程式の $\boldsymbol{F}$ がコスト関数 L の勾配で与えられた場合に，その拡大行列 $\boldsymbol{K}$ を求めてみよう．それには，L の2階微分 $\partial^2 L/\partial\boldsymbol{W}\partial\boldsymbol{W}$ を計算する．そのために $\boldsymbol{W}$ が $\boldsymbol{W}+d\boldsymbol{W}=\boldsymbol{W}+d\boldsymbol{X}\boldsymbol{W}$ に変わった時の L の増分を真の $\boldsymbol{W}$ のまわりで $d\boldsymbol{X}$ を用いて計算する．1階の増分 δL の期待値は0である．

こうして計算していくと，

$$K_{abcd} = E\left[\varphi_a'(y_a)\, y_b^2\right]\delta_{bd}\delta_{ac} + \delta_{ad}\delta_{ac} \tag{60}$$

となっていることがわかる．

$\boldsymbol{K}$ はインデックスを4つもつから，大変にみえる．しかし，よく見ると，これは，2×2 の小行列が対角に並んだものである．いま $A=(ab)$, $B=(cd)$ としよう．すると，$A=(aa)$, $B=(aa)$ のときは，

$$K_{aaaa} = 1 + m_a$$

それ以外は $K_{aacd}=0$，さらに $A=(ab)$, $a\neq b$ のときは，K_{AB} は $B=A$ または $B=A'=(ba)$ 以外であれば0である．

このとき，

$$\begin{bmatrix} K_{AA} & K_{AA'} \\ K_{A'A} & K_{A'A'} \end{bmatrix} = \begin{bmatrix} k_a\sigma_a^2 & 1 \\ 1 & k_b\sigma_b^2 \end{bmatrix} \tag{61}$$

となる．ここで

$$\begin{aligned} m_a &= E\left[\varphi_a'(y_a)\, y_a^2\right] \\ k_a &= E\left[\varphi_a'(y_a)\right] \\ \sigma_a^2 &= E\left[y_a^2\right] \end{aligned}$$

と置いた．$\varphi_a(y_a)$ が増加関数なら，これらはすべて正である．まとめると，$\boldsymbol{K}$ は対角成分 (K_{aaaa}) と，2×2 の対角小行列が並んでいる．だからその拡大逆行列もすぐに求まる．また，その固有値の実部が負である条件は

$$k_a k_b \sigma_a^2 \sigma_b^2 > 1$$

と書ける．

これより，このアルゴリズムが安定である条件が以下のように書き下せる．

安定定理　学習アルゴリズム(58)において，φ を単調増大関数にとると，真の $\boldsymbol{W}$ は

$$k_a k_b \sigma_a^2 \sigma_b^2 > 1 \tag{62}$$

のとき，このときに限り，安定平衡状態である． ▮

アルゴリズムの収束の安定性は，勝手に選んだ確率分布 q，もっと一般的に学習方程式にでてくる関数 $\varphi(y)$ による．じつは，安定性は，真の分布と $\varphi(y)$ との相性による．俗に言うと，分布 $r(s)$ がスーパーガウス的，つまり信号が 0 の付近に集まっている一方，すそが長くて大きな信号が出ることがある場合，すなわち 4 次のキュムラントが正になる分布，たとえばラプラス分布 $r(s)=c\exp\{-c'|s|\}$ のようなときは，φ として

$$\varphi(y) = \tanh y$$

のように $|y|$ が大きいところではサチュレートする関数を選ぶのがよい．逆に，サブガウス的，つまりより一様分布に近くすそが切れているときは，φ としては

$$\varphi(y) = y^3$$

のように，どんどん成長していくものがよい．

すべての成分がこのどちらかに決まっているときは，φ をこのように選べばよいが，両者が混ざっているときにはうまく選り分ける必要がある．もちろん真の分布はわからないとすると，関数 $\varphi(y)$ に適当な調整可能なパラメータを入れておいて，データから学んでこのパラメータを更新することになる．これについては，後で述べよう．

8.4 標準推定関数とニュートン法

推定関数 $\boldsymbol{F}(\boldsymbol{y}, \boldsymbol{W})$ と，それを変換した $\boldsymbol{R} \circ \boldsymbol{F}$ とは，バッチ処理では同値であると述べた．しかし，逐次的に解く学習では真の解の安定性は違う．また，バッチ処理でも，集めたデータをもとに，逐次的に $\boldsymbol{W}$ を更新するのなら，やはり安定性が問題になる．また，収束の速さが $\boldsymbol{R}$ の選び方で違ってくる．収束の速いのはニュートン法である．ニュートン法は平衡点での $\boldsymbol{K}$ を計算して，その逆行列 $\boldsymbol{K}^{-1}$ を $\boldsymbol{R}$ として用いて，新しい推定関数

$$\boldsymbol{F}^*(\boldsymbol{y}, \boldsymbol{W}) = \boldsymbol{K}^{-1}\boldsymbol{F} \tag{63}$$

を用いるものである．このとき平衡点は常に安定であり，しかも 2 次収束する．

推定関数 $\boldsymbol{F}^*$ に対して

$$\boldsymbol{K}^* = \frac{\partial \boldsymbol{F}^*}{\partial \boldsymbol{X}}$$

を計算してみる．すると，簡単な計算によって，これは単位オペレータになることがわかる．一般に同値な推定関数のなかで，$\boldsymbol{K}$ が単位オペレータになる $\boldsymbol{F}^*{=}\boldsymbol{R} \circ \boldsymbol{F}$ を，標準推定関数とよぶことにする．$\boldsymbol{F}$ が与えられたときに，それに同値な標準推定関数は，

$$\boldsymbol{F}^* = \boldsymbol{K}^{-1} \circ \boldsymbol{F}$$

で与えられる．このとき，真の解に対応する平衡状態は安定である．さらに，バッチ処理のときの推定誤差は $\boldsymbol{F}^*$ を用いれば，

$$\boldsymbol{G}^* = E[\boldsymbol{F}^* \boldsymbol{F}^*] \tag{64}$$

で与えられる．学習定数を $\eta_t{=}1/t$ とすると，オンライン学習でも，その誤差は $t^{-1}\boldsymbol{G}^*$ に近づく．φ を真の分布の対数の微分にとったとき，これは Cramér-Rao 限界を漸近的に達成しているから，もっともよい方式である．

$\boldsymbol{R} \circ \boldsymbol{F}$ は一般にスカラー関数のグラディエントにはなっていない．つまり，学習は勾配方向に行うのではなくて，$\boldsymbol{R}$ を掛けてこれを修正したものである．すなわち，対角成分はスケールを決めるだけだから適当に選び，その他の項は

$$\Delta W_{ab}^{t} = \eta_t \left\{ \alpha_{ab}\varphi(y_a)\, y_b - \beta_{ab} y_a \varphi(y_b) \right\} \tag{65}$$

の形である．とくに，$\boldsymbol{F}^*$ を用いる場合は

$$\alpha_{ab} = \frac{k_b \sigma_a^2}{k_a k_b \sigma_a^2 \sigma_b^2 - 1}$$

$$\beta_{ab} = \frac{1}{k_a k_b \sigma_a^2 \sigma_b^2 - 1}$$

と選ぶことになる．ここで，k_a や σ_a^2 は未知のパラメータである．しかし，これをデータから適応的に選ぶことができる．

8.5 諸パラメータの適応的決定

独立成分分析はセミパラメトリックモデルであり，真の分布はわからない．だからもっともよい $\boldsymbol{\varphi}$ を知らないわけである．もちろん，この方式のよいところは，$\boldsymbol{\varphi}$ として一番よい真の分布の対数の微分をとらなくとも，正しい答え，つまり求めたい $\boldsymbol{W}$ を出す推定関数が得られることであった．しかし，できればよいものを使いたい．このためには，$\boldsymbol{\varphi}(\boldsymbol{y})$ にパラメータ $\boldsymbol{\theta}$ を入れて $\boldsymbol{\varphi}(\boldsymbol{y}, \boldsymbol{\theta})$ とし，パラメータ $\boldsymbol{\theta}$ を更新することで $\boldsymbol{\varphi}(\boldsymbol{y})$ の関数形を変えていく方式が考えられる．とくに，スーパーガウス的なものとサブガウス的なものの両方を含むように関数の族を決めておくとよい．1 つの候補はガウス分布の混合で表される

$$q(y, \boldsymbol{\theta}) = \sum_{i=1}^{k} v_i \exp\left\{ -\frac{(y-\mu_i)^2}{2\sigma_i} \right\} \tag{66}$$

を用いることである．ここで (v_i, σ_i, μ_i), $i=1,\cdots,k$ がパラメータ $\boldsymbol{\theta}$ を構成する．しかし，良い近似を得ようとすると必要なガウス成分の数が多くなり，計算がきわめて面倒になる．分布を推定することが直接の目的ではないのだから，q を用いるよりはその対数の微分である関数 $\boldsymbol{\varphi}$ にパラメータをいれて，たとえば，典型的な例である 3 つの関数を用いて，各 φ_i について，それぞれ

$$\varphi(y, \boldsymbol{\theta}) = \theta_1 y + \theta_2 y^3 + \theta_3 \tanh(y) \tag{67}$$

とおく．

こうしたパラメータをデータから決めればよい．それにはこの φ は，$\boldsymbol{\theta}$

を自然パラメータとする指数分布族である確率分布

$$q(y, \boldsymbol{\theta}) = \exp\left\{\boldsymbol{\theta}^T \boldsymbol{g}(y) - \varphi(\boldsymbol{\theta})\right\}$$

$$\boldsymbol{g}(y) = \left[-\frac{y^2}{2}, -\frac{y^4}{4}, \log \mathrm{sech}(y)\right]$$

を使って，そこから $\varphi = -(d/dy)\log q$ で得られることに着目しよう．観測データをもとに $\boldsymbol{\theta}$ を逐次的に最尤推定すれば，パラメータ $\boldsymbol{\theta}$ の更新ルールは

$$\boldsymbol{\theta}_{t+1} = \boldsymbol{\theta}_t - \eta'_t \left\{\boldsymbol{g}(y_t) - E[\boldsymbol{g}(y_t)]\right\}$$

のようにする．$E[\boldsymbol{g}(y)]$ もデータから推定する．右辺の更新項に Fisher 情報行列の逆を掛ければもっとよい．これは安定性を確保するために行うのだから，$q(y)$ が真の分布を厳密に表す必要はない．

$\boldsymbol{\varphi}(y)$ を定めたあとで，ニュートン法を用いるには標準推定関数 $\boldsymbol{F}^*$ を計算する．これにも統計量に関係したパラメータ k_a, σ_a^2 などを逐次的に推定しなければいけない．ただし，こうした方式を欲張ってあまり精密に設計しても現実は時間と共に変わっていったり，仮定していることが合わなかったりで，そうはうまくいかないから，ほどほどにすることが肝要である．

8.6　雑音のある場合の推定関数

これまで，雑音の混入は小さいものとして無視してきた．しかし，問題によっては，雑音がきわめて大きいこともありうる．いま，測定

$$\boldsymbol{x} = \boldsymbol{A}\boldsymbol{s} + \boldsymbol{n} \tag{68}$$

に入る雑音 $\boldsymbol{n}$ は正規分布に従い，しかも成分ごとに互いに独立であるとしよう．このとき，真の逆行列を $\boldsymbol{W} = \boldsymbol{A}^{-1}$ としても，

$$\boldsymbol{y} = \boldsymbol{W}\boldsymbol{x} = \boldsymbol{W}(\boldsymbol{A}\boldsymbol{s} + \boldsymbol{n}) = \boldsymbol{s} + \boldsymbol{W}\boldsymbol{n}$$

であり，元の $\boldsymbol{s}$ は求まらない．これは仕方がないが，復元した y_i と y_j とには共通の雑音が混ざるから，

$$E[y_i \varphi(y_j)] = 0, \quad i \neq j$$

はもはや成立しない．すなわち，$\boldsymbol{\varphi}$ を適当に選んでつくった

$$\boldsymbol{F} = \boldsymbol{I} - \boldsymbol{\varphi}(\boldsymbol{y})\boldsymbol{y}^T$$

はもはや推定関数ではない．では推定関数はこの場合にはないのだろうか．

うまいことに，推定関数はある．たとえば，キュムラントからつくった

$$F_{ab}(\boldsymbol{y}, \boldsymbol{W}) = y_a^3 y_b - 3v_{aa} y_a y_b - 3v_{ab} y_a^2 + 3v_{aa} v_{ab} \tag{69}$$

は，雑音のある場合でも推定関数になっていることが確かめられ得る．ここで $v_{ab}=E[y_a y_b]$ であるから，これは逐次的に推定する．

ここから，標準推定関数をつくればニュートン法を実現できる．

8.7 観測信号の数が少ないときのスパース解

これまで，一番基本的な場合，つまり測定数 m と信号の数 n とが等しい場合を中心に論じてきた．測定信号の数 m が大きい場合は，よりたくさんの情報が得られているのだから簡単である．主成分分析によって，信号の次元を落せばよかった．しかし，測定の数のほうが少ないときは話はいささか複雑である．モデル

$$\boldsymbol{x} = \boldsymbol{A}\boldsymbol{s}$$

において，$m \times n$ 行列 $\boldsymbol{A}$ は横長の行列である．仮に混合行列 $\boldsymbol{A}$ が正しくわかったとしても，$\boldsymbol{A}$ に逆行列はない．だから，

$$\boldsymbol{y} = \boldsymbol{W}\boldsymbol{x}$$

によって元の信号を復元するような $m \times n$ 行列 $\boldsymbol{W}$ は存在しない．このときなにかうまい方法がないだろうか．$\boldsymbol{W}$ の代わりに，$\boldsymbol{A}$ の一般化逆行列 $\boldsymbol{A}^{\dagger}$ を使えばよいと思うかもしれない．しかしこれでは，復元した $\boldsymbol{y}$ にはいろいろな信号が混ざったままであって，うまくいかない．

いま仮に，$\boldsymbol{A}$ の良い推定値 $\hat{\boldsymbol{A}}$ が求まったとしよう．その上で観測値 $\boldsymbol{x}$ から独立な信号 $\boldsymbol{s}$ を推定する方法を考える．与えられた $\boldsymbol{x}$ に対して

$$\boldsymbol{x} = \hat{\boldsymbol{A}}\boldsymbol{s} \tag{70}$$

を満たす答え $\boldsymbol{s}$ は無限個存在する．すなわち，$\boldsymbol{u}_i$ を

$$\hat{\boldsymbol{A}}\boldsymbol{u}_i = 0 \tag{71}$$

を満たすベクトルとする．独立な $\boldsymbol{u}_i$ は $n-m$ 個であって，行列 $\hat{\boldsymbol{A}}$ の零空間を張る．いま，$\boldsymbol{s}'$ を式(70)の 1 つの答えとすれば，任意の係数 c_i を用いた

$$\boldsymbol{s} = \boldsymbol{s}' + \sum c_i \boldsymbol{u}_i \tag{72}$$

も同様に式(70)の答えである．この無限個の答えの中から，どれを選んだらよいかという問題である．

復元した信号の L_2 ノルム $|\boldsymbol{s}|^2$ を最小にするのは，一般化逆行列 $\boldsymbol{A}^\dagger$ を用いて $\boldsymbol{s}=\boldsymbol{A}^\dagger\boldsymbol{x}$ を答えとすることである．$\boldsymbol{s}$ の大きさを小さくすることでなるべく無駄なものを省く，という意味でこれは1つの考えではあるが，混合が解消できるわけではない．そこで，次の仮定をおいてみよう．

仮定　各信号 s_i の分布は0に集中していて，$s_1,\cdots,s_n$ のうちで，同時に0でないようなものが現れる場合は比較的に少ない．つまり，信号は0であることが多く，そうでないものは時々現れる． ▌

この仮定が成立するとしよう．人間の会話などでは，音はとぎれていて，この仮定が成立する．画像の場合などもこの仮定のもとで，興味ある分解ができる(2.12節)．このとき，式(70)を満たす答えのうちで，L_1 ノルム

$$|\boldsymbol{s}|_1 = \sum |s_i| \tag{73}$$

を最小にするものを探してみよう．簡単な考察によって，これが非0の成分数を最小にする解を与えることがわかる．もちろん，$\boldsymbol{x}=\boldsymbol{A}\boldsymbol{s}$ は雑音のため正確には成立しないであろうから，ラグランジュの未定係数を導入して，

$$f(\boldsymbol{s}) = |\boldsymbol{x} - \boldsymbol{A}\boldsymbol{s}|^2 + \lambda \sum |s_i|$$

を最小にする解を求めることになる．これは数理計画法で求まる．

こうした考えによって，カクテルパーティ効果で，マイクロフォンの数が話者の数よりも少ない場合にもよい分離解が得られる．さらに，各人の音声はフォルマントが異なること，つまりフーリエ領域では同じ周波数帯では少数の信号のみが0でない場合が多いことを利用すれば，混合音声信号に対して時間ウインドウを掛けたフーリエ展開をしておいて，これを時空間領域の混合信号として，スパース解を求めると良好な特性が得られる．

9 独立成分の逐次的抽出

9.1 キュムラントに着目した抽出

これまでは，測定信号 $\boldsymbol{x}$ を分解して独立成分 $\boldsymbol{s}=(s_1,\cdots,s_n)$ のすべてを一挙に求める変換を論じてきた．しかし，独立成分のすべてに興味があるわけではないかもしれない．こんなときに，$\boldsymbol{x}$ の中から独立な成分の 1 つ，たとえば s_1 を 1 つ抜き出し，さらに必要ならば s_2 を抜き出すという逐次的な方法が便利である．

いま，

$$\boldsymbol{x} = \boldsymbol{A}\boldsymbol{s} = \sum s_j \boldsymbol{a}_j \tag{74}$$

のように，$\boldsymbol{x}$ が独立成分 s_j の混合で書けているとし，これは

$$\boldsymbol{y} = \boldsymbol{W}\boldsymbol{x} \tag{75}$$

で独立成分に分解できるとしよう．$\boldsymbol{W} = \boldsymbol{A}^{-1}$ は

$$\boldsymbol{W} = \begin{bmatrix} \boldsymbol{w}_1 \\ \boldsymbol{w}_2 \\ \vdots \\ \boldsymbol{w}_n \end{bmatrix} \tag{76}$$

のように n 個の横ベクトルで書ける．ここで，信号の第 1 成分 $y=y_1$ のみに興味があるとすれば，

$$y = \boldsymbol{w} \cdot \boldsymbol{x} \tag{77}$$

として，データから $\boldsymbol{w} = \boldsymbol{w}_1$ となるような $\boldsymbol{w}$ を求めればよい．

前に，高次のキュムラントは信号を混ぜれば混ぜるほど 0 に近づくと述べた．それではその逆をいって，y の 4 次のキュムラント $\kappa[y]$ の絶対値が最大になるような $\boldsymbol{w}$ を求めてみることを考える．$\kappa_{4,i}$ を信号 s_i の 4 次のキュムラントとし，s_i は

$$E[s_i] = 0, \quad E\left[s_i^2\right] = 1, \quad E\left[s_i^4\right] = \kappa_{4,i} - 3$$

を満たすとする．このとき，

$$\kappa(\boldsymbol{w}) = \kappa[y] = \sum u_i^4 \kappa_{4,i}$$

の 4 次のキュムラントを計算する．$\boldsymbol{u}=\boldsymbol{w}\boldsymbol{A}$ とおけば，$y=\boldsymbol{u}\cdot\boldsymbol{s}$ で，

$$y = \boldsymbol{w}\cdot\boldsymbol{x} = \boldsymbol{w}\boldsymbol{A}\boldsymbol{s}$$

と書ける．また，$E\left[y^2\right]=1$ を満たすように規格化すれば，

$$\sum u_i^2 = 1$$

である．

信号 s_i のキュムラントを $\kappa_{4,1}\geq\kappa_{4,2}\geq\cdots>0>\cdots>\kappa_{4,n}$ のように，大きさの順に並べておけば，$\kappa(\boldsymbol{w})$ は $u_1=1$，$u_j=0$ $(j\neq 1)$ となるときが最大，$u_n=1$, $u_j=0$ $(j\neq n)$ のときが最小となる．$\boldsymbol{u}=\boldsymbol{w}\boldsymbol{A}$ であるから，これは $\boldsymbol{w}=\boldsymbol{w}_1$ のときに最大，$\boldsymbol{w}=\boldsymbol{w}_n$ のときに最小になる．しかも，$\kappa(\boldsymbol{w})$ はこれ以外に極大極小をもたないから，勾配法で $\boldsymbol{w}_1$ もしくは $\boldsymbol{w}_n$ を求め，キュムラント最大もしくは最小の成分 y_1 もしくは y_n を求めることができる．ラグランジュの未定係数を λ とし，コスト関数を

$$L(\boldsymbol{w}) = \frac{1}{4}\left\{y^4 - 2\lambda y^2\right\}$$

と置く．$y=\boldsymbol{w}\cdot\boldsymbol{x}$ に注意しつつこれを $\boldsymbol{w}$ で偏微分すれば

$$\frac{\partial L(\boldsymbol{w})}{\partial \boldsymbol{w}} = \left(y^3 - \lambda y\right)\boldsymbol{x}$$

が得られる．したがって，$\boldsymbol{w}$ を逐次的に求めるオンライン学習のアルゴリズムは

$$\boldsymbol{w}_{t+1} = \boldsymbol{w}_t \pm \eta_t\left(y_t^3 - \lambda y_t\right)\boldsymbol{x}_t \tag{78}$$

で与えられる．ここで $y_t=\boldsymbol{w}_t\cdot\boldsymbol{x}_t$ であり，λ は $E\left[y^2\right]=1$ となるように決めればよい．複号 $\pm$ は，キュムラント最大のものを求めるなら $+$，最小のものを求めるなら $-$ にする．上式の右辺をデータ $t=1,2,\cdots$ について平均すればバッチ処理の学習アルゴリズムである．

こうして，1 つの独立成分 $y=s_1$ を求めた後で，さらに次の独立成分を求めるには，$\boldsymbol{x}$ からこの成分 $y\boldsymbol{a}_1$ を差し引いた

$$\tilde{\boldsymbol{x}} = \boldsymbol{x} - y\boldsymbol{a}_1$$

を求めることが必要である．$\boldsymbol{a}_1$ は $\boldsymbol{w}_1$ とは違うから $y\boldsymbol{w}_1$ を引いたのでは

話が合わない．y が正しく推定されて $y=s_1$ であれば，

$$E[y\boldsymbol{x}] = \boldsymbol{a}_1 + \sum_{j=2}^{n} E[s_1 s_j]\,\boldsymbol{a}_j = \boldsymbol{a}_1$$

である．これを利用すれば，$\boldsymbol{a}=\boldsymbol{a}_1$ を求めるオンラインアルゴリズム

$$\boldsymbol{a}_{t+1} = \boldsymbol{a}_t + \eta_t(y_t\boldsymbol{x}_t - \boldsymbol{a}_t) \tag{79}$$

が得られる．

キュムラントとして 4 次のものを用いたが，他のキュムラント，たとえば 6 次のものを用いてもよい．それに，これは $\boldsymbol{x}$ を $\boldsymbol{w}$ 方向に射影して，もっとも非ガウス的な成分をもつものを求めようという射影追跡法と同じ発想でもある．そこで話を少し一般化しよう．

9.2　確率分布とコスト関数

$\boldsymbol{W}=\boldsymbol{A}^{-1}$ とし，$\boldsymbol{s}$ の確率分布を仮に $q(\boldsymbol{s})=\prod q_i(s_i)$ と想定したときの $\boldsymbol{x}$ の確率分布は

$$p(\boldsymbol{x};\boldsymbol{W}) = |\boldsymbol{W}|q(\boldsymbol{W}\boldsymbol{x})$$

したがって $\boldsymbol{W}$ を式(76)のように分解すれば

$$\log p(\boldsymbol{x};\boldsymbol{W}) = \log|\boldsymbol{W}| + \log q_1(\boldsymbol{w}_1\cdot\boldsymbol{x}) + \sum_{i=2}^{n}\log q_i(\boldsymbol{w}_i\cdot\boldsymbol{x}) \tag{80}$$

と書ける．最尤推定をするなら，$\boldsymbol{w}=\boldsymbol{w}_1$ とおき，上式を最大にする $\boldsymbol{w}$ を求めればよい．このうち $\log|\boldsymbol{W}|$ はすべての $\boldsymbol{w}_i$ に依存するが，この項は $\boldsymbol{w}_i$ の大きさを規制するだけである．そこで，この項の代わりに $E\left[y^2\right]=$ 一定，という制約条件をつけ，コスト関数

$$L(\boldsymbol{w}) = -E[\log q(y)] - \frac{1}{2}\lambda E\left[y^2\right]$$

を考える．$q(y)$ は抽出したい信号 s_1 の確率密度関数を想定している．微分を実行すれば，$\varphi(y)=-(d/dy)\log q(y)$ として

$$\nabla L = E[\varphi(y)\boldsymbol{x}] - \lambda E[y\boldsymbol{x}]$$

が得られる．4 次のキュムラントによる方法は $\varphi(y)=y^3$ とおく立場に相当する．

これより，オンライン学習のアルゴリズム

$$\boldsymbol{w}_{t+1} = \boldsymbol{w}_t - \eta_t\{\varphi(y_t)\,\boldsymbol{x}_t - \lambda y_t \boldsymbol{x}_t\} \tag{81}$$

が得られる．

ここで，$y{=}\boldsymbol{w}\cdot\boldsymbol{x}$ として

$$\boldsymbol{f}(\boldsymbol{x},\boldsymbol{w}) = \varphi(y)\boldsymbol{x} - \lambda y\boldsymbol{x} \tag{82}$$

という関数を考えよう．$\boldsymbol{w}$ が $y_1{=}cs_1$ のようにスカラー倍を除いて真の信号を抽出できるとすれば，

$$\begin{aligned} E[\boldsymbol{f}(\boldsymbol{x},\boldsymbol{w})] &= E[\varphi(cs_1)\textstyle\sum s_i\boldsymbol{a}_i] - \lambda E[cs_1\textstyle\sum s_i\boldsymbol{a}_i] \\ &= \left\{E[s_1\varphi(cs_1)] - \lambda cE\left[s_1^2\right]\right\}\boldsymbol{a}_1 \end{aligned}$$

となる．$E\left[s_1^2\right]=1$ だから，λ を固定しておけば，c が

$$\lambda c = E[s_1\varphi(cs_1)]$$

を満たすように $\boldsymbol{w}$ がスケールされているところで

$$E[\boldsymbol{f}(\boldsymbol{x},\boldsymbol{w})] = 0$$

しかし，分離解を与える $\boldsymbol{w}_i$ とは異なる $\boldsymbol{w}'$ をとれば，$y{=}\boldsymbol{w}'\cdot\boldsymbol{x}$ にはいろいろな信号成分が混ざっているため

$$E\left[\boldsymbol{f}(\boldsymbol{x},\boldsymbol{w}')\right] \neq 0$$

である．つまり，$\varphi(y)$ として何を用いようと，

$$E_w\left[\boldsymbol{f}\left(y,\boldsymbol{w}'\right)\right]$$

はある c に対して $\boldsymbol{w}'{=}c\boldsymbol{w}$ のときに 0 になり，$\boldsymbol{w}'$ が信号を分離する $\boldsymbol{w}$ と違うときは 0 にならない．すなわち，$\boldsymbol{f}$ は推定関数である．

上記のアルゴリズムは，φ として求めたい信号の確率分布 $r(s)$ から得られるものに似たものを選べば，この信号が求まる．しかし，キュムラントの場合と違って上式には局所解があるため，独立成分が抽出できるとしてもどの成分が抽出されるかはわからない．また，このままでは分離解の安定性が保証されない．

学習アルゴリズムにおいて，平衡解の安定性を調べるために，時間を連続にして，さらに平均化した方程式

$$\frac{d}{dt}\boldsymbol{w}(t) = -\eta E[\boldsymbol{f}(\boldsymbol{x},\boldsymbol{w}(t))] \tag{83}$$

を考える．平衡状態である分離解 $\boldsymbol{w}$ のまわりで $\boldsymbol{w}(t)=\boldsymbol{w}+\delta\boldsymbol{w}(t)$ とおき，上式の変分方程式を求める．すると

$$\frac{d}{dt}\delta\boldsymbol{w}(t)=-\eta\frac{\partial E[\boldsymbol{f}]}{\partial\boldsymbol{w}}\cdot\delta\boldsymbol{w}$$

である．$\delta E[\boldsymbol{f}]$ を計算すれば，$\delta y=\delta\boldsymbol{w}\cdot\boldsymbol{x}$ だから

$$\delta E[\boldsymbol{f}]=E\left[\varphi'(cs_1)s_1^2\boldsymbol{a}_1\boldsymbol{a}_1^T-\lambda\sum_{i=1}^{n}\boldsymbol{a}_i\boldsymbol{a}_i^T\right]\cdot\delta\boldsymbol{w}$$

であることがわかる．したがって平衡解は

$$\lambda<0,\quad E\left[\varphi'(cs_1)s_1^2\right]>\lambda \tag{84}$$

になっていれば安定である．$\varphi(y)=y^3$ ならば，$\lambda<0$ にとれば常に安定条件は満たされる．

9.3　白色化した2段階アルゴリズム

信号 $\boldsymbol{x}$ を白色化しておけば，成分を抽出するアルゴリズムはずっと簡単になる．このときは，$\boldsymbol{A}=[\boldsymbol{a}_1,\cdots,\boldsymbol{a}_n]$ は直交行列であるから，$\boldsymbol{W}=\boldsymbol{A}^T$ となり，$\boldsymbol{w}=\boldsymbol{a}_1^T$ のときは

$$\boldsymbol{w}\cdot\boldsymbol{x}=\boldsymbol{a}_1^T\cdot\left(\sum s_i\boldsymbol{a}_i\right)=s_1$$

となって正しい s_1 が抽出できる．したがって $|\boldsymbol{w}|^2=1$ で束縛して，コスト関数として

$$L(\boldsymbol{x},\boldsymbol{w})=-\log q(\boldsymbol{w}\cdot\boldsymbol{x})-\frac{1}{2}\lambda|\boldsymbol{w}|^2 \tag{85}$$

を用いる．

$$\frac{\partial L}{\partial\boldsymbol{w}}=\varphi(y)\boldsymbol{x}-\lambda\boldsymbol{w}$$

となる．平衡状態では，両辺に $\boldsymbol{w}$ を内積すれば λ が求まって

$$\lambda=E[y\varphi(y)]$$

である．これより学習アルゴリズムは

$$\boldsymbol{w}_{t+1}=\boldsymbol{w}_t-\eta_t\{\varphi(y_t)\,\boldsymbol{x}_t-y_t\varphi(y_t)\,\boldsymbol{w}_t\} \tag{86}$$

となる．また，$\boldsymbol{x}$ から抽出した成分を差し引くのは，この場合は $y\boldsymbol{w}=s_1\boldsymbol{a}_1^T$

であるから，$y\boldsymbol{w}$ をただ引くだけでよい．

安定性の解析を行うならば，

$$E[s_1\varphi(s_1)] < E[\varphi'(s_1)] \tag{87}$$

が安定条件として得られる．

また，ニュートン法を求めるには，行列

$$\boldsymbol{K} = \frac{\partial E[\boldsymbol{f}]}{\partial \boldsymbol{w}}$$

を計算し，

$$\Delta \boldsymbol{w}_t = -\eta_t \boldsymbol{K}^{-1} \boldsymbol{f}(y_t, \boldsymbol{w}_t)$$

とすればよい．

$$\boldsymbol{f}(\boldsymbol{x}, \boldsymbol{w}) = \varphi(y)\boldsymbol{x} - y\varphi(y)\boldsymbol{w}$$

に対して，平衡状態 $\boldsymbol{w}=\boldsymbol{a}_1^T$ において

$$\boldsymbol{K} = E\left[\frac{\partial \boldsymbol{f}}{\partial \boldsymbol{w}}\right] \tag{88}$$

を計算しよう．細かい話を省けば，$\sum \boldsymbol{a}_i \boldsymbol{a}_i^T = \boldsymbol{I}$ に注目すれば，c_1, c_2 を統計量から決まる適当な定数として

$$\boldsymbol{K} = c_1 \boldsymbol{I} + c_2 \boldsymbol{a}_1 \boldsymbol{a}_1^T$$

となっていることがわかる．したがってその逆行列も同様な形

$$\boldsymbol{K}^{-1} = c_1' \boldsymbol{I} - c_2' \boldsymbol{a}_1 \boldsymbol{a}_1^T$$

に書ける．

ここからニュートン法 $\boldsymbol{K}^{-1}\boldsymbol{f}$ を求めれば，平衡点の近傍では学習方程式は式(86)と同じ形になる．つまり，白色化した後での独立成分の抽出アルゴリズム式(86)は，それ自体でニュートン法になっていて，収束が速い．

9.4 独立成分の同時抽出

1つずつ独立成分を抽出するのではなく，何個かを同時に抽出したくなる．話を簡単にするため，$\boldsymbol{x}$ はすでに白色化してあるものとし，このときの混合行列 $\boldsymbol{A}$ は直交行列，正しい復元行列 $\boldsymbol{W}=\boldsymbol{A}^T$ も直交行列とする．ここで，k 個の成分 $s_1, \cdots, s_k$ を同時に抽出することにし，k 次元のベクトル

$\boldsymbol{y}=(y_1,\cdots,y_k)^T$ を，$k\times n$ 行列

$$\boldsymbol{W}=\begin{bmatrix}\boldsymbol{w}_1\\ \vdots\\ \boldsymbol{w}_k\end{bmatrix} \tag{89}$$

を用いて

$$\boldsymbol{y}=\boldsymbol{W}\boldsymbol{x}\quad (y_i=\boldsymbol{w}_i\cdot\boldsymbol{x},\ \ i=1,\cdots,k)$$

で求める．正解を与える $\boldsymbol{W}$ は $\boldsymbol{w}_i=\boldsymbol{a}_i^T$, $i=1,\cdots,k$ で，もとの混合行列 $\boldsymbol{A}$ の k 行をとって転置したものである．

$k\times n$ 行列 $\boldsymbol{W}$ は横長の行列であり，その列ベクトル $\boldsymbol{w}_i$ は

$$\|\boldsymbol{w}_i\|^2=1,\quad \boldsymbol{w}_i\cdot\boldsymbol{w}_j=0\quad (i\neq j) \tag{90}$$

を満たしている．このような行列の全体を Stiefel 多様体という．これは Grassman 多様体に正規直交座標フレームを付け加えたものであるが，その詳細はここでは論じない．

さて，式(80)から同様な考えでコスト関数を導けば

$$L(\boldsymbol{w})=-\sum_{i=1}^{k}E[\log q_i(y_i)]$$

が得られる．ここから勾配を計算すれば

$$\nabla L=E\Big[\boldsymbol{\varphi}(\boldsymbol{y})\boldsymbol{x}^T\Big] \tag{91}$$

である．したがって，学習アルゴリズムは

$$\boldsymbol{W}_{t+1}=\boldsymbol{W}_t-\eta\boldsymbol{\varphi}(\boldsymbol{y}_t)\,\boldsymbol{x}_t^T \tag{92}$$

となる．ここでさらに，条件(90)を満たすような束縛項が必要になる．しかし，$\boldsymbol{W}$ を Stiefel 多様体の要素と考え，その空間のリーマン計量から導かれる自然勾配を用いれば，束縛は自動的に満たされる．Stiefel 空間での自然勾配は

$$\tilde{\nabla}L=\boldsymbol{W}(\nabla L)^T\boldsymbol{W} \tag{93}$$

で与えられるので，自然勾配学習アルゴリズム

$$\boldsymbol{W}_{t+1}=\boldsymbol{W}_t-\eta_t\Big\{\boldsymbol{\varphi}(\boldsymbol{y}_t)\,\boldsymbol{x}_t^T-\boldsymbol{y}_t\varphi(\boldsymbol{y}_t)^T\,\boldsymbol{W}_t\Big\} \tag{94}$$

が得られる．なお，雑音に強い φ を選ぶには式(69)が役に立つ．

10 信号の時間相関を利用する方法

10.1 相関行列の同時対角化

これまで，信号 $\boldsymbol{s}(t)$ は各成分ごとに独立であるが，時間的には独立であってもなくてもよいとしてきた．しかし，音声信号をはじめ，多くの信号は時間的に独立ではない．すなわち $s_a(t)$ と $s_b(t')$ とは $a \neq b$ なら独立であるが，$s_a(t)$ と $s_a(t')$ とは相関があってよい．このことを利用すればもっと効率のよいアルゴリズムができるかもしれない．

いま，信号の時間が τ だけずれた時間相関を

$$d_a(\tau) = E[s_a(t)s_a(t-\tau)] \tag{95}$$

としよう．このとき，信号の時間相関行列は対角行列で

$$\boldsymbol{R}_S(\tau) = E\left[\boldsymbol{s}(t)\boldsymbol{s}(t-\tau)^T\right] = \mathrm{diag}\left[d_1(\tau), \cdots, d_n(\tau)\right] \tag{96}$$

と書ける．これは 0 ではないとする．測定信号 $\boldsymbol{x}(t)$ の相互相関行列は，

$$\boldsymbol{R}_X(\tau) = E\left[\boldsymbol{x}(t)\boldsymbol{x}(t-\tau)^T\right] = \boldsymbol{A}\boldsymbol{R}_S(\tau)\boldsymbol{A}^T \tag{97}$$

と書ける．これはもはや対角行列ではない．さて，

$$\boldsymbol{y} = \boldsymbol{W}\boldsymbol{x}$$

に変換すれば，信号 $\boldsymbol{y}(t)$ の相互相関行列は

$$\boldsymbol{R}_Y(\tau) = E\left[\boldsymbol{y}(t)\boldsymbol{y}(t-\tau)^T\right] = \boldsymbol{W}\boldsymbol{R}_X(\tau)\boldsymbol{W}^T \tag{98}$$

にかわる．$\boldsymbol{W}$ がもし $\boldsymbol{A}$ の逆行列なら(もしくは信号を正しく分離する行列なら)，$\boldsymbol{R}_Y(\tau)$ は $\tau = 0, 1, 2, \cdots$ に対して対角行列になっている．

測定信号 $\boldsymbol{x}(t)$ から，式(97)の期待値の代わりに時間平均をとって $\boldsymbol{R}_X(\tau)$ の推定量をつくり，式(98)のように両側から $\boldsymbol{W}$ を掛けたときに，$\boldsymbol{R}_X(0)$ と $\boldsymbol{R}_X(\tau)$ とが同時に対角化されるような行列 $\boldsymbol{W}$ を探せば正しい答えが得られる．どの τ を選ぶかは問題であるが，実際には，時間遅れ τ を適当な係数 c_τ であんばいすることにし，$\sum c_\tau \boldsymbol{R}_X(\tau)$ を対角化する．具体的には，まず主成分分析で白色化し，$\boldsymbol{R}_X(0)$ を単位行列にする．こうしておいてさ

らに直交行列 $\boldsymbol{U}$ を用いて

$$\sum_{\tau=1} c_\tau \boldsymbol{R}_X(\tau)$$

を対角化すればよい．

このアルゴリズムは，信号 $\boldsymbol{s}$ が正規分布の場合でも使える．時間構造の情報を利用したからである．さらに，相関，つまり 2 次の統計量しか用いていない(τ=0 以外の $\boldsymbol{R}_S(\tau)$ が 0 となるときは，この方法は使えない)．これは簡単なアルゴリズムで実現できるから，よく使われる．とくに，行列の同時の対角化に，ヤコビ法を用いる Cardoso のアルゴリズムが有名である．

10.2 時間相関がある場合の推定関数

この方法は行列の対角化という代数的な構造から得られたものである．統計学の立場からすると，どのくらいよいアルゴリズムなのか，その誤差が気になる．そこで，統計学の立場，とくにセミパラメトリック統計学に戻ろう．

時間信号 $s_a(t)$ は次の AR モデル(自己回帰モデル)

$$s_a(t) = \sum_{p=1}^{l_a} b_{ap} s_a(t-p) + \varepsilon_a(t) \qquad (99)$$

からつくられるものとしよう．$\varepsilon_a(t)$ が信号の駆動項，b_{ap}，$p=1,\cdots,l_a$ が回帰係数である．AR モデルでなくともいいが，ここでは簡単のためこのモデルを使う．実際は定常であれば何であってもよい(相関は適当な速さで落ちるとする)．AR モデルを駆動する確率過程 $\varepsilon_a(t)$ は，信号 a ごとに独立であるだけでなく，時間的にも独立な過程，すなわち白色過程であるとする．

$$E[\varepsilon_a(t)] = 0$$
$$E\left[\varepsilon_a(t)\varepsilon_a(t')\right] = 0, \quad t \neq t'$$

ε_a の確率分布は，ガウス的でも非ガウス的でもかまわない．その確率分布を $r_a(\varepsilon_a)$ とする．ここで時間を 1 つずらす演算子 z^{-1} を導入し，

$$z^{-1}s(t) = s(t-1) \qquad (100)$$

とする．さらに，z^{-1} の多項式

$$B_a\left(z^{-1}\right)=1-\sum_{p=1}^{l_a} b_{ap} z^{-p} \tag{101}$$

を用いる．すると第 a 番目の信号の AR モデルは

$$B_a\left(z^{-1}\right) s_a(t)=\varepsilon_a(t) \tag{102}$$

と書ける．左辺には z^{-1} が作用するから，これは過去の $s_a(t-1), s_a(t-2), \cdots$ を含む．

信号の過去の値，$s_a(t-1), s_a(t-2), \cdots$ がわかっているときの，次の $s_a(t)$ の確率分布は，このとき出る $\varepsilon_a(t)$ によるわけだから，その条件付き確率密度関数は

$$p_a\{s_a(t)\,|s_a(t-1), s_a(t-2), \cdots\}=r_a\left\{B_a\left(z^{-1}\right) s_a(t)\right\}$$

と書ける．各 a について信号は独立であるから，過去の値がわかっているときの信号 $\boldsymbol{s}(t)$ 全体の分布は

$$p\{\boldsymbol{s}(t)\,|\boldsymbol{s}(t-1), \cdots\}=\prod_{a=1}^{n} r_a\left\{B_a\left(z^{-1}\right) s_a(t)\right\} \tag{103}$$

である．そこで観測時間 T は十分に大きいものとして初期値の影響する部分を省略し，信号系列 $\boldsymbol{s}(1), \boldsymbol{s}(2), \cdots, \boldsymbol{s}(T)$ の同時確率分布を求めよう．これは

$$\begin{aligned} p\{\boldsymbol{s}(1), \boldsymbol{s}(2), \cdots, \boldsymbol{s}(T)\} &= p(\boldsymbol{s}(1)) p(\boldsymbol{s}(2)|\boldsymbol{s}(1))\, p\{\boldsymbol{s}(3)|\boldsymbol{s}(1), \boldsymbol{s}(2)\} \cdots \\ &= \prod_{t=1}^{T} r\left\{\boldsymbol{B}\left(z^{-1}\right) \boldsymbol{s}(t)\right\} \end{aligned} \tag{104}$$

のように書ける．時間のはじまりの部分では十分な長さの過去の値がないが，T が大きければその影響は無視する．ここで $\boldsymbol{B}\left(z^{-1}\right)$ は，フィルターを対角成分とする対角行列

$$\boldsymbol{B}\left(z^{-1}\right)=\left[\begin{array}{ccc} B_1\left(z^{-1}\right) & & 0 \\ & \ddots & \\ 0 & & B_n\left(z^{-1}\right) \end{array}\right]$$

で $r(\boldsymbol{\varepsilon})=\prod_{a=1}^{n} r_a\left(\varepsilon_a\right)$ である．

観測信号 $\boldsymbol{x}$ は $\boldsymbol{x}(t)=\boldsymbol{W}^{-1} \boldsymbol{s}(t)$ から得られるから，その確率分布は

$$p\left\{\boldsymbol{x}(t), \cdots, \boldsymbol{x}(T) ; \boldsymbol{W}, \boldsymbol{B}\left(z^{-1}\right), r\right\}=\{\operatorname{det}|\boldsymbol{W}|\}^T \prod_{t=1}^{T} r\left\{\boldsymbol{B}\left(z^{-1}\right) \boldsymbol{W} \boldsymbol{x}(t)\right\}$$

と書いてよい．この分布は，知りたいパラメータである未知の行列 $\boldsymbol{W}$ のほかに，各信号の時間相関を指定するフィルターの対角行列 $\boldsymbol{B}(z^{-1})$ と，それから各信号を駆動する雑音の分布 $r=\prod r_a$ を未知パラメータとして含むセミパラメトリックモデルである．

こうして準備が整った．いま，未知の確率分布 r，未知のフィルターの対角行列 $\boldsymbol{B}(z^{-1})$ を含んだままで，確率分布の対数をとり，その $\boldsymbol{W}$ による微分を求めてみよう．計算は前と同様であるから，ここでは省略して結果を記そう．なお，$d\boldsymbol{X}=d\boldsymbol{W}\boldsymbol{W}^{-1}$ として，$d\boldsymbol{X}$ による微分を求める．すると答えは

$$\frac{\partial \log p}{\partial \boldsymbol{X}} = \sum_{t=1}^{T} \left[\boldsymbol{I} - \{\boldsymbol{\varphi}_r(\boldsymbol{B}\boldsymbol{y}_t) \circ \boldsymbol{B}\}\, \boldsymbol{y}_t^T\right] \qquad (105)$$

ここで，$\boldsymbol{\varphi}_r$ は $-(d/d\varepsilon)\log r_a(\varepsilon)$ を成分とするベクトル，$\{\boldsymbol{\varphi}(\boldsymbol{B}\boldsymbol{y}) \circ \boldsymbol{B}\}$ は成分で書けば $\varphi_a B_a(z^{-1})\, y_a B_a(z^{-1})$ のことである．また，行列であれば，$\boldsymbol{B}(z^{-1})\, \boldsymbol{\varphi}(\boldsymbol{B}\boldsymbol{y})$ と書くのがよいが，はじめの $\boldsymbol{B}(z^{-1})$ の時間ずらし演算 z^{-1} は次の $\boldsymbol{\varphi}$ の中にかかるのではなくて，その後の $\boldsymbol{y}$ にかかる．

このセミパラメトリックモデルも m 情報曲率が 0 であり，$\boldsymbol{F}=\boldsymbol{I}-\{\boldsymbol{\varphi}_q(\boldsymbol{B}\boldsymbol{y}) \circ\boldsymbol{B}\}\, \boldsymbol{y}^T$ はどの q, $\boldsymbol{B}(z^{-1})$ を用いても推定関数になっている．だから，q と $\boldsymbol{B}$ とを含むこのクラスの推定関数を押さえておけば，これよりも良い推定関数は存在しない．もちろん，本当の r と $\boldsymbol{B}(z^{-1})$ を用いれば最尤推定でこれが一番いいが，r と $\boldsymbol{B}$ は未知である．また，q と $\boldsymbol{B}$ とを適当に選んだ場合には，学習アルゴリズムは安定とは限らない．安定性は前と同様に $\log p$ の 2 階微分を計算し，その固有値の実部を調べればよい．これより，安定性の条件や，標準推定関数が次のように求まる．

定理（安定性）

$$\tilde{\boldsymbol{y}} = \boldsymbol{B}(z^{-1})\, \boldsymbol{y}$$

$$\tilde{k}_a = E\left[\varphi_a'(\tilde{y}_a)\right]$$

$$\tilde{\sigma}_{ab}^2 = E\left[\left(B_a(z^{-1})y_b\right)^2\right]$$

とおくと，φ_a は増加関数として，真の解は

$$\tilde{k}_a \tilde{k}_b \tilde{\sigma}_{ab}^2 \tilde{\sigma}_{ba}^2 > 1 \qquad (106)$$

のとき，このときに限り安定である． ▮

前と同じで，推定関数 $\boldsymbol{F}$ に適当な $\boldsymbol{R}(\boldsymbol{W})$ を掛けても推定関数である．とくに標準推定関数は次の定理で求まる．

定理 標準推定関数 $\boldsymbol{F}^* = (F^*_{ab})$ は

$$F^*_{ab} = \tilde{c}_{ab}\left[-\tilde{k}_b\sigma^2_{ba}\varphi_a(\tilde{y}_a)\,B_a\left(z^{-1}\right)\tilde{y}_b + \varphi_b(\tilde{y}_b)\,B_b\left(z^{-1}\right)\tilde{y}_a\right] \tag{107}$$

$$\tilde{c}_{ab} = \frac{1}{\tilde{k}_a\tilde{k}_b\sigma^2_{ab}\sigma^2_{ba} - 1} \tag{108}$$

と書ける．これは安定である． ▮

なお，観測時系列 $\boldsymbol{x}(t)$ を空間的に白色化して $\boldsymbol{V} = \boldsymbol{R}_X(0) = \boldsymbol{I}$ となるようにしておく 2 段階のアルゴリズムも考えられる．このときの直交行列 $\boldsymbol{U}$ の学習アルゴリズムは，$\boldsymbol{F}$ を反対称化したものにすればよい．

多くの信号は，空間的には独立でも，時間的には相関をもっている．この場合，この事実を利用するだけでアルゴリズムがいろいろと工夫できる．また，この場合なら信号がガウス的であっても不定性なく復元できる．さらに非線形関数として

$$\varphi_a(y_a) = y_a^2$$

を用いてもよい．つまり，信号の 2 次のモーメントを扱うだけで復元ができる．このときの安定条件は

$$\sigma^2_{ab}\sigma^2_{ba} > 1$$

と簡単に書ける．

さて，時間相関のある場合に，推定関数を使う方法と，相関行列の同時対角化の 2 つの方法を示した．両者の関係はどうなっているのだろう．同時対角化は代数的な手法であって，推定関数の形では書けないのであろうか．信号源が正規分布であるときに限れば，次の事実が証明できる．

定理 信号源がガウス的なときは，相関行列の同時対角化は，

$$F_{ab}(\boldsymbol{y}, \boldsymbol{U}) = y_a y_b \sum_{\tau} c_\tau\left(z^{-\tau} + z^{\tau}\right)\left(y_b^2 - y_a^2\right) \tag{109}$$

を推定関数とする方法と同値である． ▮

このときの推定関数は，q と $\boldsymbol{B}$ とを適当に選んで得られる許容的なクラスには属していない．ということは，これよりも良い推定関数が必ずある

ということである．つまり同時対角化法は非許容的である．しかし，これは復元のアルゴリズムが簡単であるから，それはそれでよい特徴をもっている．

11 時間的な混合とデコンボリューション

信号 $s(t)$ の時間的な混合を考えよう．携帯電話などでの通信において，これが時間的に混合して，

$$x(t) = \sum_p h_p s(t-p) \tag{110}$$

になったとしよう．時間をずらすオペレータ z^{-1} を導入すれば，多項式

$$H\left(z^{-1}\right) = \sum_p h_p z^{-p} \tag{111}$$

を用いてこれを

$$x(t) = H\left(z^{-1}\right) s(t) \tag{112}$$

と書くことができる．

$$y(t) = W\left(z^{-1}\right) x(t) \tag{113}$$
$$W\left(z^{-1}\right) = \sum w_p z^{-p}$$

によってデコンボリューションし，元の信号 $s(t)$ を復元したい．このとき

$$W\left(z^{-1}\right) H\left(z^{-1}\right) = 1$$

となっていれば，正しい答えが得られる．もちろん，

$$W\left(z^{-1}\right) = \frac{1}{H\left(z^{-1}\right)}$$

とおいて，これを z^{-1} の無限級数に展開したとしても，$z^{-1}, z^{-2}, \cdots$ が無限に入ってくる無限の時間遅れは困る．適当なところで級数 $W\left(z^{-1}\right)$ を打ち切ることにし，$W\left(z^{-1}\right) H\left(z^{-1}\right) \approx 1$ が近似的に実現できればよいとする．さらに，詳しい議論はさけるが，一般には $1/H\left(z^{-1}\right)$ が安定なフィル

ターとして得られるとは限らない．これができるのは系 $H(z^{-1})$ が最小位相推移の時だけである．しかし，答えに時間遅れをゆるし，ある k に対して

$$W(z^{-1})H(z^{-1}) \approx z^{-k} \tag{114}$$

でよいとすると，この $W(z^{-1})$ を用いて $y(t) \approx s(t-k)$ を近似的に実現できる．

時間混合のときに，一般には混合のフィルター $H(z^{-1})$ は未知であるし，移動体通信のときなどは時間とともに変わって行く．したがって，復号(デコンボリューション)のフィルター $W(z^{-1})$ は，観測された信号 $x(t)$ から適応的に求めるのがよい．ここでは元の信号 $s(t)$，すなわち，正しく復号されたときの復元信号 $y(t)$，$t{=}1,2,\cdots$ は時間的に独立であるものとして，それを手がかりに復元フィルター $W(z^{-1})$ を適応的に，すなわち学習により，求めることを考えよう．もちろん，人間の音声は時間的に独立ではない．しかし，これを符号化して送るときは，効率のよい符号化をすれば送信信号 $s(t)$ は時間的に独立になっている．

前と同じように，コスト関数を導入する．このときも信号の確率分布は未知として，これを適当な関数 $q(s)$ で間に合わせる考えと，キュムラントなどを最小化する考えがある．どちらでも，時系列 $x{=}\{x_t\}$ に対して

$$L(W) = -\log q\left\{W(z^{-1})\,x\right\}$$

のような形のコスト関数に，W の大きさを規格化する項をつけたものになる．勾配を計算すると結局

$$\begin{aligned} dL(W) &= \varphi(y)dW(z^{-1})\,x \\ &= \varphi(y)dW(z^{-1})\,W^{-1}(z^{-1})\,y \end{aligned} \tag{115}$$

のような形になる．ここから，$W(z^{-1})$ を逐次的に求める勾配法の学習アルゴリズムが得られる．

フィルター $W(z^{-1})$ のつくる空間はユークリッド空間ではない．だから，フィルター $W(z^{-1})$ のなす空間のリーマン計量を求め，自然勾配法を適用すればもっと効率がよく，しかも安定に動作すると考えられる．フィルターのつくる空間の自然勾配は

$$\tilde{\nabla} L = \nabla L W(z^{-1})\,W(z) \tag{116}$$

で与えられる．このようなフィルターの空間の幾何学は情報幾何で詳しく

調べられた．また，これをリー群の観点から導くこともできる．フィルター空間の幾何学については，状態空間を用いた導出法もある．

学習のアルゴリズムだけを以下に記しておこう．デコンボリューションのフィルター $W\left(z^{-1}\right)$ を $\sum_{p=1}^{L} w_p z^{-p}$ のように書き，パラメータベクトル $\boldsymbol{w}=\left(w_1,\cdots,w_L\right)$ の時間 t での候補 $\boldsymbol{w}_t=\left(w_1(t),\cdots,w_L(t)\right)$ を

$$
\begin{aligned}
\boldsymbol{w}_{t+1} &= \boldsymbol{w}_t + \eta_t\{\boldsymbol{w}_t - \varphi(y_t)\boldsymbol{u}_t\} \\
u_t &= \sum_{q=0}^{L} w_{L-q}\, y(t-q) \\
\boldsymbol{u}_t &= \left(u_t, u_{t-1}, \cdots, u_{t-L}\right)
\end{aligned}
\tag{117}
$$

とするのが自然勾配学習アルゴリズムである．さらにこれを拡張して，標準推定関数を作ることもできる．

多数の情報源が時間的空間的に混合した

$$
\boldsymbol{x}(t) = \boldsymbol{H}\left(z^{-1}\right)\boldsymbol{s}(t)
$$

というモデルの復号を考えることも同様な考えを発展させればできる．

12 画像の分解と独立成分解析

これまで，音声のような時間の関数 $s(t)$ を扱ってきた．画像の場合は信号は 2 次元の画面上に表現されているから，$s(u,v)$ のように書ける．ここで，u,v は 2 次元の画面の座標軸であり，$s(u,v)$ は画素 (u,v) の明るさを表す．カラー画像の場合は $s(u,v)$ はスカラーではなくて 3 原色からなる 3 次元のベクトルと考えればよい．

いま，n 枚の画像 $s_a(u,v)$, $a=1,\cdots,n$ があり，これを適当な明るさで混ぜ合わせた n 枚の画像 $x_i(u,v)$, $i=1,2,\cdots,n$ が観測されたとしよう．このとき混ぜ合わせの係数を $\boldsymbol{A}=\left(A_{ia}\right)$ とすれば，観測画像は

$$
\begin{aligned}
x_i(u,v) &= \sum_{a=1}^{n} A_{ia}\, s_a(x,y) \\
\boldsymbol{x}(u,v) &= \boldsymbol{A}\boldsymbol{s}(x,y)
\end{aligned}
$$

である．このモデルでは，混合の係数 A_{ia} は画素 (u, v) に関係なく一定である．つまり，明るさを変えて n 枚の画像を重ね焼きしたようなものである．いま，n 枚の画像は確率的に生成されていて，異なる画像は互いに独立であるとすれば，いままでと同じ考えで，行列 $\boldsymbol{A}$，またはその逆行列 $\boldsymbol{W}$ を求め，観測画像から元の画像を復元できる．画像の場合は 1 つの信号については隣り合う画素との相関は強いであろうから，相関のある場合の手法を用いるほうがよい．

しかし，これは当たり前で面白くない．発想を転換しよう．画像が多数あったとして，その 1 枚を $x(u, v)$ としよう．いま，基底となる画像 $b_a(u, v)$，$a=1, \cdots, n$ を用いて，

$$x(u, v) = \sum_{a=1}^{n} y_a b_a(u, v) \tag{118}$$

のように分解してみよう．分解するときの基底となる画像 $b_a(u, v)$ を，周波数がいろいろに変わる正弦波余弦波にとれば，画像のフーリエ展開であり，y_a はその周波数成分になる．また，ウエーブレット基底をとれば，ウエーブレット変換になる．

ここで画像 $x(u, v)$ を，成分 (u, v) をもつベクトルであると考える．画像がたくさんあれば，$\boldsymbol{x}_1 = \{x_1(u, v)\}$，$\boldsymbol{x}_2 = \{x_2(u, v)\}, \cdots$ のように考え，これがある確率分布 $p(\boldsymbol{x})$ から生成されるものとしよう．1 枚の画像でも，それを小ブロックに分ければ，何枚かの小画像があると考えてよい．画像を基底で展開するときに，あまり大きな画像全体を使うのは現実的でなく，むしろ局所的な展開が用いられるからである．

さて主成分分析では，多数の画像 $\boldsymbol{x}_i = \{x_i(u, v)\}$，$i=1, 2, \cdots, T$ があれば，ここから画像の相関行列

$$\boldsymbol{V} = \frac{1}{T} \sum \boldsymbol{x}_i \boldsymbol{x}_i^T \tag{119}$$

を計算する．この行列は成分で書けば，画素の大きさを L として，(u, v)，(u', v') を行列要素とする $L^2 \times L^2$ 次の行列

$$V_{(u,v)(u',v')} = \frac{1}{T} \sum_{i=1}^{T} x_i(u, v) x_i(u', v')$$

である．この行列の固有ベクトルを

$$\boldsymbol{V}\boldsymbol{k}_a = \lambda_a \boldsymbol{k}_a \tag{120}$$

とする．$\boldsymbol{k}_a = k_a(u, v)$ が画像の相関行列から得られた固有画像である．固有画像は，互いに直交する．

画像 $x(u, v)$ を固有画像で展開すれば，

$$x(u, v) = \sum c_a k_a(u, v) \tag{121}$$

となり，このとき展開の係数 c_a，$a=1, \cdots, L^2$ は互いに無相関である．しかし無相関は独立とは限らない．そこで，画像 $\boldsymbol{x}$ は正規分布には従わないものとし，これに独立成分分析の手法を用いよう．独立成分分析を適用して得られる基底画像 $\boldsymbol{a}_i = a_i(u, v)$ を用いて画像を

$$x(u, v) = \sum s_i a_i(u, v) \tag{122}$$

と展開してみよう．もし，画像が独立の成分 s_i を係数にもつ基底画像 $a_i(u, v)$ の 1 次結合で表せるものならば，これは正しい独立分解を与える．しかし，そのようなことは一般にはない．それでも独立成分分析の手法を用いた分解は，主成分分析によるものよりは細かい分解を与える．

基底画像 $\boldsymbol{a}_i$ を求めるアルゴリズムはいくつか知られている．もっとも単純には，主成分分析をほどこして，画像ベクトル $\boldsymbol{x}$ を白色化しておく．すなわち画像の相関行列 $\boldsymbol{V}$ が単位行列になるように変換しておく．すると，$N = L^2$ として

$$\boldsymbol{A} = [\boldsymbol{a}_1, \cdots, \boldsymbol{a}_N]$$

は直交行列である．だから，今までの独立成分分析の手法によって直交行列 $\boldsymbol{W}$ をデータから求め，$\boldsymbol{A} = \boldsymbol{W}^T$ とすればよい．このとき，画像の展開係数 $\boldsymbol{s}$ も $\boldsymbol{s} = \boldsymbol{W}\boldsymbol{x}$ で求まる．

実際の天然の風景を用いてこの展開を実行し，基底となる画像を求めてみると面白いことがわかる．主成分分析で得られる基底画像はフーリエ基底に似て，密な画像である．ところが，独立成分分析では基底となる画像は比較的スパースである．さらに，これが脳の視覚野のニューロンの応答特性によく似ているということで，がぜん関心を巻き起こした．脳は，独立成分分析をやっているのではないか，というのである．

画像の展開はさらに発展する．これまで画像の展開は，フーリエ展開や

アダマール行列を用いた展開に見られるように，正規直交基底を用いることが多かった．もっとも，ウエーブレット基底は，多くの場合非直交である．（直交のウエーブレット基底もある．）独立成分分析による基底は，一般に非直交である．

どの基底を選ぶかは，それぞれにそれなりの理由がある．しかしこれまでは，完全系をなす基底を選び，それを有限個の基底に限定して議論するのが常であった．そこでもっと大胆に超完全な基底，つまりベクトル空間の次元よりも数の多い基底，互いに1次独立ではない基底を用いて展開したらどうなるであろう．たとえば，フーリエ展開の基底(これだけで完全系をなす)とウエーブレット基底(これも完全系)，さらには主成分分析基底や独立成分分析の基底などを全部合わせてしまう．これらを $k_i(u,v)$, $i=1,2,\cdots$ とする．このとき，1枚の画像 $x(u,v)$ を

$$x(u,v) = \sum c_i k_i(u,v)$$

と展開すれば，k_i は1次独立ではなく過剰であるから，その係数 c_i は一意には決まらない．展開の答えは無限個存在する．これでは話にならないような気がする．

しかし，多数ある答えの中から，一番スパースなものを選ぶことにする．つまり係数 $c_1, c_2, \cdots$ のうちで，できるだけ多くの c_i を0とし，0ではない成分をもつものの個数が一番少ないものを選ぶのである．これは，与えられた有限個の基底を用いた展開で，展開の誤差(たとえば2乗誤差)

$$F(\boldsymbol{c}) = \sum_{u,v} |x(u,v) - \sum c_i k_i(u,v)|^2$$

を最小にし，かつその中で係数 $\boldsymbol{c}=(c_1, c_2, \cdots)$ の L_1 ノルムを最小にするものとして与えられる．すなわち，与えられた基底のもとで

$$G(\boldsymbol{c}) = F(\boldsymbol{c}) - \lambda \sum |c_i| \tag{123}$$

を最小にする c_i を求める．これをスパース解という．こうした新しい画像展開の手法が注目を浴びている．

謝　辞

独立成分分析の研究を進めるに当たって，とくに名は挙げないが多くの研究者に協力して頂いた．また，中原裕之，堀玄，渡辺曜大，村山立人の諸君からは本稿に関して有益なコメントを頂いた．ここに感謝したい．

参考文献

独立成分分析は比較的新しい手法とはいえ，いまでは多数の文献がある．教科書風の単行本としては，

Hyvärinen, A., Karhunen, J. and Oja, E. (2001): Independent Component Analysis. John Wiley: New York.

がわかりやすい．

Cichocki, A. and Amari, S. (2002): Adaptive Blind Signal and Image Processing. John Wiley: New York.

には多数のアルゴリズムが挙げられ，また 1300 を越える文献表がついている．しかし，ごたごたしていて読みにくいかもしれない．

甘利俊一，村田昇編著: 独立成分分析，数理科学別冊，サイエンス社(2002).

は，雑誌 Computer Today 誌に連載された会話体の勉強会形式のもので，話題は豊富である．

理論の流れを整理すれば，この問題は

Jutten, C. and Hérault, J. (1991): Blind separation of sources I. An adaptive algorithm based on neuromimetic architecture. *Signal Processing*, **24**(1), 1–10.

に始まる．

Comon, P. (1994): Independent Component Analysis, a new concept? *Signal Processing, Elsevier*, **36**(3), 287–314. Special Issue on Higher-Order Statistics.

はその基礎的な性質を明らかにした．独立成分分析(ICA)という命名も Comon である．学習のアルゴリズムは

Bell, A. J. and Sejnowski, T. J. (1995): An information maximization approach to blind separation and blind deconvolution. *Neural Computation*, **7**(6), 1129–1159.

Cardoso, J.-F. and Laheld, B. H. (1996): Equivariant adaptive source separation. *IEEE Trans. Signal Processing*, **44**(12), 3017–3030.

Cardoso, J.-F. and Souloumiac, A. (1996): Jacobi angles for simultaneous diagonalization. *SIAM Journal Mat. Anal. Appl.*, **17**(1), 161–164.

Oja, E. (1997): The nonlinear PCA learning rule in independent component analysis. *Neurocomputing*, **17**(1), 25–46.

Hyvärinen, A. (1999): Fast and robust fixed-point algorithms for independent component analysis. *IEEE Transactions on Neural Networks*, **10**(3), 626–634.

Hyvärinen, A. (1999): Sparse code shrinkage: Denoising of non-Gaussian data by maximum likelihood estimation. *Neural Computation*, **11**(7), 1739–1768.

などが発展させた．

Pham, D. T. and Garat, P. (1997): Blind separation of mixture of independent sources through a quasi-maximum likelihood approach. *IEEE Trans. Signal Processing*, **45**, 1457–1482.

は統計学の立場から問題を明らかにしている．

日本の研究は，世界の流れの中で確固たる地位を占めている．自然勾配学習，安定論，推定関数などの一連の理論的な仕事は

Amari, S., Cichocki, A. and Yang, H. H. (1996): A new learning algorithm for blind signal separation. In D. S. Touretzky, M. C. Mozer and M. E. Hasselmo (eds.): *Advances in Neural Information Processing Systems 8, Proceedings of the 1995 Conference NIPS,* pp.757–763.

Amari, S. and Cardoso, J.-F. (1997): Blind Source Separation——Semiparametric statistical approach. *IEEE Transactions on Signal Processing*, **45** (11), 2692–2700.

Amari, S., Chen, T.-P. and Cichocki, A. (1997): Stability analysis of learning algorithms for blind source separation. *Neural Networks*, **10**(8), 1345–1351.

Amari, S. (1998): Natural gradient works efficiently in learning. *Neural Computation*, **10**, 251–276.

Amari, S. (1999): Superefficiency in blind source separation. *IEEE Transactions on Signal Processing*, **47**(4), 936–944.

Amari, S. (1999): Natural gradient learning for over- and under-complete bases in ICA. *Neural Computation*, **11**(8), 1875–1883.

Amari, S. (2000): Estimating functions of independent component analysis for temporally correlated signals. *Neural Computation*, **12**, 1155–1179.

Amari, S., Chen, T.-P. and Cichocki, A. (2000): Nonholonomic orthogonal learning algorithms for blind source separation. *Neural Computation*, **12**, 1463–1484.

Zhang, L., Amari, S. and Cichocki, A. (2001): Semiparametric model and superefficiency in blind deconvolution. *Signal Processing*, **81**, 2535–2553.

に見られる．

なお，独立成分分析のソフトウェアは多くのホームページから無料で入手できる．たとえば

http://www.bsp.brain.riken.go.jp/ICALAB/

を見よ．

II

構造方程式モデリング，因果推論，そして非正規性

狩野裕

目　次

冬のある日，全身に寒気がするので早目に帰宅して床に就いたのだが，一向に寒気が取れない．翌日は重要な仕事である大学院の口述試験があり休むわけにいかないので，市販の風邪薬を飲んだ．眠れぬ夜を過ごしいつもの起床時間がきたが依然として気分はすぐれない．熱を測ってみると 39 度を超えている．病院は好きではないし強い薬を服用したくもない．もう少し我慢していると熱が下がるのではないかという希望的な観測も頭をよぎる．意を決して仕事を休み病院へ出かけてみると，A 型のインフルエンザだという．医師が,「よい薬があるが服用するか」と訊く．意地悪な質問だ．服用せずとも数日で治るのだという．薬を飲んで静かにしていると半日ぐらいでドラスティックに熱が下がった．さすがによく効く薬だと感謝する気持ちがある反面，薬を飲まなくても治癒したのではないかという囁きもある．もしもうひとりの「私」がいて，薬を服用する私と薬を服用しない私とを比較できたなら答えはすぐに出るのだが，それは不可能なのだ．因果推論，それは永遠の難問かもしれない．第Ⅱ部では，構造方程式モデリングを中心にいくつかの例題を通して，社会科学における因果推論の方法論を議論する．

1　因果推論——何が問題か

因果とは何かという哲学的議論は古代ギリシャのアリストテレスまで遡るようであり，未だにすっきりとした結論が得られているとは思えない．とくに調査データに基づく因果推論においては多くの議論がある．

因果推論には大きく分けて 2 つの側面がある．1 つは因果の方向をいかにして探るかという問題であり，他の 1 つは，因果の方向は既知であるという状況で，因果の大きさをいかに(正確に)バイアスなく測定するかという問題である.「やる気」と「成績」ではどちらが原因でどちらが結果かという状況は前者の問題であり，喫煙が肺がんの発症にどのような影響を及ぼすかという状況は後者である.

因果関係の問題について統計学辞典(竹内，1989)をひもといてみると，因果関係の決定には(i)時間的先行性，(ii)関連性の強さ，(iii)直接的関係，(iv)関連の一致性・普遍性，(v)関連の整合性，を十分に検討すべしとある.

X を原因系変数，Y を結果系変数とするとき，X から Y への影響は条件付分布 $f(y|x)$ で記述できるかもしれない[*1]. Y の平均への効果・影響をみたいときには，条件付平均 $E(Y|X)$ が問題になる. (X,Y) に 2 変量正規性を仮定するか，X の線形的影響を仮定すると，いわゆる線形モデル

$$Y = \beta_0 + \beta_1 X + e \tag{1}$$

が導かれ，このときは，回帰分析が重要な道具になる. 一方，X が(有限)離散変数であるときは，いくつかの条件付平均値を比較することになり，この場合は分散分析がスタンダードな方法論となる.

X が Y の分散に影響を与えることもある. $\mathrm{Var}(Y|X)$ が X に依存するということであるが，それ自身が主題となることは少ない. むしろ，$\mathrm{Var}(Y|X)$ は攪乱母数として扱われ，非等質な誤差分散のもとでの回帰分析として登場する.

冒頭で述べた状況は，X, Y ともに 2 値変数となっている. すなわち，薬を服用する(X=1)，服用しない(X=0); 治癒する(Y=1)，治癒しない(Y=0)である. このとき，条件付期待値は条件付確率となり，薬の服用の効果は治癒確率の差

$$P(Y = 1|X = 1) - P(Y = 1|X = 0) \tag{2}$$

で定義されることになる[*2].

さて，式(1)や式(2)で定義されたモデルは因果(causation)を表すと考えてよいのだろうか，それとも単に 2 変数間の関連(もしくは連関，association)を記述しているにすぎないのだろうか. 因果推論に関する Rubin の枠

---

*1 106 頁の議論も参照されたい.

*2 たとえば，24 時間以内に平熱に戻るというように治癒の定義を明確にしなければならない.

組みはシンプルである(たとえば，Rubin, 1974; Holland, 1986)．式(2)で考えると，同一個体について，投薬するかしないかが治癒する確率に変化を与えるならばそれは因果であると考える．回帰分析でも同じように考えることができよう．同一個体において，X の値を変化させたとき Y の値が誤差を除いて線形的に変化するならばそれを因果とする．

Rubin の枠組みでは，各個体は原因変数のすべての値をとり得る(potentially exposable to any one of the causes)ことが必要である．したがって，個体において変化しない特性——性別，国籍など——は原因変数と考えることができない(Holland, 1986, p. 946)*3．

Rubin にしたがえば因果の数学的定義は明瞭である．問題はこれをどのようにして推定するかである．冒頭で述べたエッセイのように，式(2)における 2 つの Y は同一個体を指す．薬を服用する「私」と薬を服用しない「私」である．この場合は投薬の有無以外の条件が統制されるのである．一方，患者が異なれば，患者の効果と投薬の効果が交絡し，薬が効いたのか，自力で治したのかの区別がつかない．しかし，「私」は薬を服用するかしないかのどちらかであり両方を割り付けることはできないから，一方は必ず欠測値になる．Holland(1986)はこの問題を「因果推論における基本的問題」とよんでいる．

そこで「数の論理」に登場していただく．インフルエンザにかかった患者を多数集め，彼らを 2 つのグループに分けて，一方には投薬を行い他方のグループには投薬をしない．そして治癒率を比較する．2 つのグループは，薬を服用する「私」と薬を服用しない「私」を模擬するものである．個体内で比較すべき効果を，個体間となるグループ効果で代用しようとするのであるから，各グループには同じような「私」が存在しなければならない．より正確に述べると，両者は結果変数に影響を及ぼす要因においてバランスがとれていなければならない．「よい薬があるが服用するか」と訊いて患者に選択させるような方法はもってのほかである．「症状の程度」が重い(重症の)患者は投薬を選ぶ可能性が高く，グループ間のバランスが崩れ

---

*3 この点については 9 章で再びふれる．

る．そして，「症状の程度」は治癒するかどうかにも影響する．「症状の程度」のように原因変数と結果変数の両者に影響を及ぼす第 3 変数を交絡変数(confounding variable)という[*4]．以上のことを図示すると図 1 となる．実際に投薬の効果があったとしても($X \to Y$ の効果が +)，交絡変数 Z が Y へマイナスの影響を及ぼすので，Z の存在に気づかず分析すると，投薬の効果がないと判断される可能性がある．実際，5.1 節においてそのような数値例が示される．

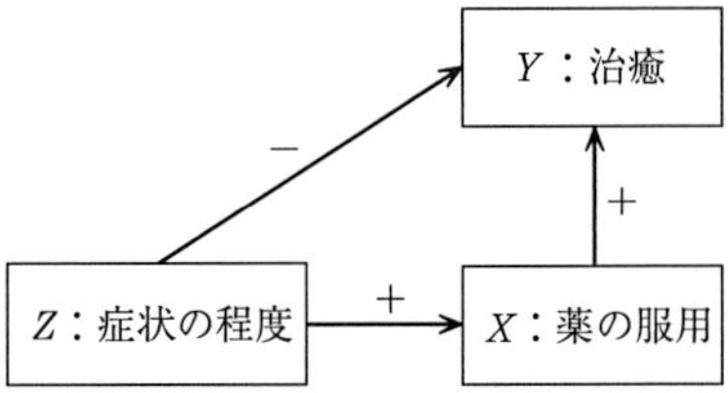

図 1　交絡変数の影響

バランスがとれたグループを構成するもっとも有効な方法は，無作為割り付けを行うことである．患者は多くの異なった歴史(年齢，薬の効きやすさ，ウイルスの種類，栄養状態，発熱からの経過時間，…)を背負っているが，無作為に薬の服用・非服用を割り当てることができれば，サンプルの増大に伴ってグループ間の偏りが減少していく．ここで注意しておかなければならないのは，無作為割り付けは無作為抽出とはまったく別物だということである．投薬グループと非投薬グループのそれぞれから無作為に個体を抽出しても，投薬グループに重症患者が多いということであればそれは投薬の効果にバイアスを生じさせる．無作為抽出は検定で得られた結論の一般化可能性に関係する．すなわち，当該データがどのような母集団からとられた無作為標本であるかを吟味することで，統計的推測の結果を適用できる範囲を検討することができる．たとえば，小児科で投薬の効果を調べたのであれば，その結果を成人に適用することはできないのである．

上記の議論で中心的役割を果たしているのは無作為割り付けであった．無

*4　X と交絡変数の関係は因果ではなく共変(共分散が存在する)でもよい．

作為割り付けを行うことで，各個体の差異の影響を確率論的にシャットアウトしたのである．

次に，式(1)の回帰モデルを仮定して具体的に考えてみよう．例として，変数 X と Y をがん患者の自己効力感(self-efficacy)とうつ(鬱)傾向であるとし，サイズ n の 2 次元データがとられている場合を考える[*5]．自己効力感とは物事を成し遂げる自信であり，今の場合,「痛みへの対応ができる」「身の回りのことができる」などの質問項目の合計得点である．一方，うつ傾向とは,「食欲不振」「不眠」「希死念慮」などの合計得点である．データ上は，自己効力感が上がるとうつ傾向が下がるという明らかな負の相関関係があることがわかっている．このことから，自己効力感を高めるとうつ傾向を減少させることができそうである．すなわち，この回帰分析結果は，何らかの方法で自己効力感を高めてやればうつ傾向が減少し，QOL(quality of life，生活の質)の向上へ貢献できる可能性がある，と解釈されている．すなわち,「自己効力感 → うつ傾向」という関連は Rubin の意味で「因果である」という結論に基づいた解釈が行われ，そしてアクションがとられている．

ここで注意すべき点が 2 つある．1 つ目は，自己効力感を高めるとうつ傾向が減少するという表現が個体内の変化についての記述であるのに対し，このデータが示しているのは，自己効力感が低い患者 A はうつ傾向が高く，自己効力感が高い患者 B はうつ傾向が低い，すなわち個体間(A と B)の違いを記述していることである．したがって，厳密に言えば，自己効力感を変化させればうつ傾向も共変するという保証はないのであるが，一般にはそれを仮定している．すなわち，回帰分析は，個体内における説明変数の変化が及ぼす結果変数の変化を，個体間の変動によって模擬している．したがって，個体内の変化と個体間の変化のありようにミスマッチがあると，このような意味での回帰分析は使えないということになる．南風原(1998)は勉強量と学習成績の関係において，このようなミスマッチがおこる興味深い例を提出している．

---

*5 出典は Hirai *et al.* (2002)である．ただし，モデルはずいぶん単純化してある．本研究を紹介してくれた平井啓氏(大阪大学)に感謝したい．

2つ目は交絡変数の影響である．ここでは「身体的状況」という変数を導入してみる*6．身体的状況のよい人は比較的元気なのだから自己効力感が高くうつ傾向は低い．逆に，身体的状況が悪い人は自信を失っているから自己効力感は低くなりうつ傾向は高い傾向にあるだろう．すなわち，図2のような因果関係を想定することができる．もし，自己効力感からうつ傾向への直接の効果がないと判断されるようなら，自己効力感とうつ傾向との負の相関はみかけの相関であり，自己効力感はうつ傾向に影響しないということになる．もしそうならば，自己効力感を高める心理的ケアは，うつ傾向を改善しないということになってしまう．

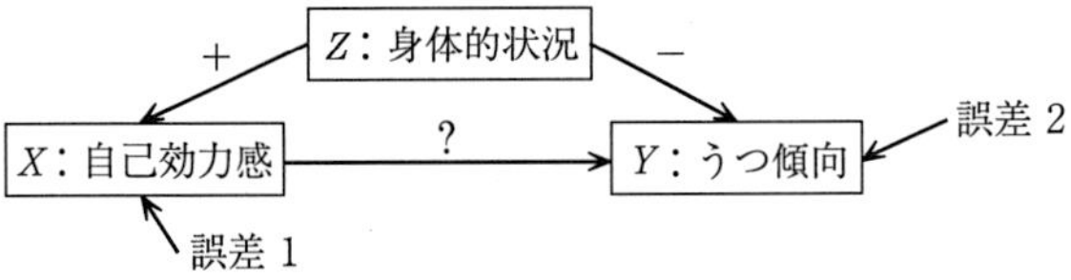

図 2　交絡変数「身体的状況」を入れる

無作為割り付けは原因系変数に関わる第3変数の影響をシャットアウトするので，交絡変数の影響を最小化することができる．しかし，変数の性質上無作為割り付けができない場合がある(たとえば，属性変数)．また，理屈上は無作為割り付けができるが実際には不可能な場合がある．調査によってしかデータが得られない状況もある．これらの状況では因果推論に関して強い結論は得られないかもしれないが，現在の武器を最大限活かして真の因果構造に一歩でも近づくことが重要であろう．

以下の節では，構造方程式モデリングを中心にして，無作為割り付けでないデータに基づく因果推論について議論を進めていく．

---

*6　身体的状況の重要な下位尺度として，患者の活動水準を測定する KPS(Karnofsky performance status)が含まれている．

2 検証的因果推論――パス解析

観測変数間の因果関係を線形回帰モデルで記述したものをパス解析モデルという．1930 年代に生物学者の Sewall Wright によって創始されたパス解析は，その後，認知心理学者であると同時に計算機科学者でもあった Herbert Simon，社会学者の Hubert Blalock や Otis Duncan によって研究され，計量経済学の同時方程式モデル，そしてここで議論している構造方程式モデルへと発展した．その普及には，多変量解析の汎用モデルといってよい LISREL(Jöreskog and Sörbom, 1993)の影響が大きかったものと思われる．このようにパス解析は，因子分析と共に構造方程式モデリングの基礎を与え，同モデルは現在でも構造方程式モデルの重要なコンポーネントになっている．

1 章での議論をふまえて図 3 の因果モデルを構築した．

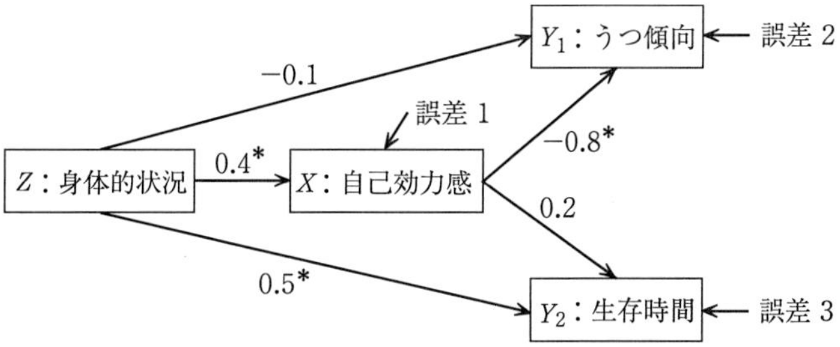

図 **3** パス解析モデル(＊は有意なパスを表す)

このモデルは各従属変数ごとに回帰モデルを想定している．すなわち

$$\begin{aligned} X &= \gamma_{xz} Z + e_1 \\ Y_1 &= \beta_{y_1 x} X + \gamma_{y_1 z} Z + e_2 \\ Y_2 &= \beta_{y_2 x} X + \gamma_{y_2 z} Z + e_3 \end{aligned} \qquad (3)$$

なる(重)回帰モデルを表しており典型的なパス解析モデルである*7．なお，独立変数からの偏回帰係数を γ で，従属変数からの偏回帰係数を β で表し区別している．母集団は末期がん患者である．結果変数として「生存時間」と「うつ傾向」を取り上げ，説明変数としては「身体的状況」と「自己効力感」を考え，これらの間の因果構造を探るのが目的である．別の観点では，心理量である「うつ傾向」「自己効力感」と医学的な内容で物理量と考えられる「生存時間」「身体的状況」との関連を記述しているとも言える．モデルの骨子は以下のとおりである．「身体的状況」がよいと「自己効力感」が高まり，それらが，「うつ傾向」を和らげ「生存時間」を延ばす．また，「うつ傾向」と「生存時間」は，「自己効力感」に加えて「身体的状況」からも(直接の)影響を受ける．これらのパスの引き方についてはおおむね異論はないであろう．

このように，パス解析には因果に関するかなり強度な仮説が必要である．この意味で，ここでは，パス解析を検証的因果推論の道具とよんでいる．

式(3)で，Y_1 を Z で表現すると

$$\begin{aligned} Y_1 &= \beta_{y_1x}X + \gamma_{y_1z}Z + e_2 = \beta_{y_1x}(\gamma_{xz}Z + e_1) + \gamma_{y_1z}Z + e_2 \\ &= (\beta_{y_1x}\gamma_{xz} + \gamma_{y_1z})Z + \beta_{y_1x}e_1 + e_2 \end{aligned} \tag{4}$$

となる．したがって，Z が 1 単位変化すると，Y_1 の変化の期待値は

$$\beta_{y_1x}\gamma_{xz} + \gamma_{y_1z} \tag{5}$$

となる．ここで，γ_{y_1z} を Z から Y_1 への**直接効果**(direct effect)，$\beta_{y_1x}\gamma_{xz}$ を X を経由する**間接効果**(indirect effect)という．直接効果と間接効果を加えた量(5)を**総合効果**(total effect)という．総合効果を直接効果と間接効果に分解することを**効果の分解**(decomposition of effects)という．パス図上に表記された数値はパス係数といわれ，直接効果を表している．図 3 では，すべての分散を 1 に標準化した標準解でパス係数(直接効果)を示している． 具体的には，「身体的状況」から「うつ傾向」への間接効果は $0.4\times(-0.8)=-0.32$，総合効果は $0.4\times(-0.8)+(-0.1)=-0.42$ と計算できる．「生存時間」への影響も同様に計算できる．

---

*7 一般には「生存時間」は何らかの変換を施したほうがよい．本分析では，母集団が末期がん患者であり分布のひずみが小さかったので変換をしていない．

X から Y_1 への影響に主たる興味があるとき，第 3 変数である Z は交絡変数とよばれる．Z から Y_1 への影響に興味があるとき，X は中間変数(mediating variable)または媒介変数とよばれる．また，Y_1 や Y_2 のように 2 つ以上の変数から影響を受けている変数を合流点(collider)*8という．

直接効果という概念は相対的である．Z から Y_1 への直接効果は，「X: 自己効力感」という中間変数を導入したから -0.1 となっているわけで，X をモデルに組み込まないならば -0.42 となって総合効果と等しくなる．また，Z と Y_1 の間に別の中間変数を考えることができるならば，Z から Y_1 への直接効果は認められなくなってしまうかもしれない(中間変数を入れなくとも十分小さいが)．種々の効果は，あくまでも現在のモデルに基づいたものであることに注意する必要がある．因果の定義の難しさはここにもある．つまり，因果の定義を「直接効果」とした場合，「直接」の定義がモデル依存，すなわち研究者依存であるだけに，因果の定義に曖昧さが生じるのである．

結果の解釈に移る．1 章では，「自己効力感」から「うつ傾向」への因果を議論する際，「身体的状況」が交絡変数として問題となった．しかし，ここでの分析結果から交絡変数の影響は小さいといえよう．別の見方をすると，「身体的状況」は「自己効力感」を経由して「うつ傾向」へ影響するということである．このことは，「身体的状況」をいくら改善しても「自己効力感」が復活しない限り「うつ傾向」は改善しないということを意味している．

一方，「自己効力感」から「生存時間」への因果関係においては，交絡変数である「身体的状況」が無視できない影響を与えている．別の見方をすると，「身体的状況」は「生存時間」へ直接効果をもち，「自己効力感」を経由する間接効果はほとんどないということである．

このように図 3 のパス解析結果は，交絡変数の影響や直接効果と間接効果について，2 つの異なった典型的な状況を同時に表している．以上の結果を応用的観点から一言でまとめると次のようになる．心理学者が介入できるのが「自己効力感」であり，医者が寄与できるのが「身体的状況」で

---

*8　宮川(1997)では合流形とよんでいる．

あるとすれば，「うつ傾向」を改善するには心理学者が必要で，「生存時間」を延ばすには医者が必要である．

統計的因果推論においてまず最初に問題にされるのは交絡変数の存在である．「X: 自己効力感」と「Y_2: 生存時間」の間の相関係数は，式(4)と同様にして

$$\mathrm{Cor}(X, Y_2) = \beta_{y_2x} + \gamma_{xz}\gamma_{y_2z}$$

と計算され，推定値は $0.2 + 0.4 \times 0.5 = 0.4$ となって有意となる．したがって，「生存時間」を「自己効力感」の上へ(単)回帰すれば，回帰係数は有意で 0.4 となる．しかし，「自己効力感」は「生存時間」の(主な)原因ではない．両者の関連は，「身体的状況」が介在した結果であり，真の直接効果は有意でなく推定値も 0.2 と小さい．このように，交絡変数を無視すると正しい因果関係を捉えることができなくなる．1 章で記したように，原因変数において水準を無作為に割り付けできるときは交絡変数の影響を小さくできる．しかし，それができない調査研究では，観測できる交絡変数は図 3 のようにモデリングすることができるが，分析者が気づかない未観測の交絡変数や，たとえ気づいても観測できない交絡変数の影響を払拭できない．これが大きな欠点である．

調査データに基づいて因果分析を行うには，まず，因果構造に関するモデル(パス図)をしっかり描くことが肝要である．パス図はデータを採取する前に描かなければならない．データをとった後で重要な変数を見落としていたということがないようにする．分析の基本はパス解析である．最近の構造方程式モデリングのソフトウェアを用いるとパス解析を簡単に実行できるし，モデルの適合度の吟味やモデルがデータに適合しないときの修正候補にいたるまで有用なオプションが揃っている．

パス解析モデルでの統計的推測は観測変数の共分散構造に基づいて行われる．詳しくは 4.3 節で議論するが，ここでは，パス解析モデルの共分散構造を導いておく．観測変数を独立変数(外生変数)と従属変数(内生変数)に分け，独立観測変数を $\boldsymbol{\xi}$，従属観測変数を $\boldsymbol{\eta}$ と書く．誤差変数を $\boldsymbol{e}$ とすると，一般に式(3)のような方程式は

$$\boldsymbol{\eta} = B\boldsymbol{\eta} + \Gamma\boldsymbol{\xi} + \boldsymbol{e} \tag{6}$$

と書くことができる．ここで，B と Γ はパス係数が配置されたパラメータ行列である．式(6)と同値な表現として

$$\begin{bmatrix} \boldsymbol{\eta} \\ \boldsymbol{\xi} \end{bmatrix} = \begin{bmatrix} B & \Gamma \\ O & O \end{bmatrix} \begin{bmatrix} \boldsymbol{\eta} \\ \boldsymbol{\xi} \end{bmatrix} + \begin{bmatrix} \boldsymbol{e} \\ \boldsymbol{\xi} \end{bmatrix}$$

が得られる．これを $[\boldsymbol{\eta}', \boldsymbol{\xi}']'$ について解いたものを誘導型(reduced form)という．ここで，$'$ は行列やベクトルの転置を表す．誘導型は

$$\begin{bmatrix} \boldsymbol{\eta} \\ \boldsymbol{\xi} \end{bmatrix} = \begin{bmatrix} I-B & -\Gamma \\ O & I \end{bmatrix}^{-1} \begin{bmatrix} \boldsymbol{e} \\ \boldsymbol{\xi} \end{bmatrix} \tag{7}$$

となり[*9]，この表現から直ちに，全観測変数の共分散構造を以下のように求めることができる．

$$\Sigma(\boldsymbol{\theta}) = \mathrm{Var}\begin{bmatrix} \boldsymbol{\eta} \\ \boldsymbol{\xi} \end{bmatrix} = \begin{bmatrix} I-B & -\Gamma \\ O & I \end{bmatrix}^{-1} \mathrm{Var}\begin{bmatrix} \boldsymbol{e} \\ \boldsymbol{\xi} \end{bmatrix} \begin{bmatrix} I-B' & O \\ -\Gamma' & I \end{bmatrix}^{-1} \tag{8}$$

推定すべき未知パラメータ $\boldsymbol{\theta}$ は，B と Γ に含まれるパス係数と誤差を含めた独立変数の分散・共分散である．なお，誤差共分散が必要な場合は $\mathrm{Var}(\boldsymbol{e})$ と記述する．

式(8)はRAM(reticular action model)とよばれ，McArdle と McDonald (1984)によって導かれた．4.3 節では共分散構造を用いた統計的推測の方法が詳述される．

3 探索的因果推論——共分散選択

パス解析は，因果に関する事前の仮説を要求するので，検証的な因果推

＊9　逆行列の存在は仮定する．

論の道具であった．しかしながら，いつも因果に関する良質な仮説があるとは限らず，因果に関する仮説を探索する方法論も必要である．Dempster(1972)によって開発された共分散選択は，探索的に因果仮説の構築を目指した方法論である．

p 個の変数 $X_1, \cdots, X_p$ の間の相関関係・因果関係を調べたいとしよう．まず注目するのは $\boldsymbol{X}=[X_1, \cdots, X_p]'$ の相関行列であるが，ときに，偏相関行列も有用な知見を与えてくれる．相関行列を $R=[\rho_{ij}]$ と書こう．たとえば，X_3 を与えたもとでの X_1 と X_2 の偏相関係数(partial correlation)は

$$\rho_{21\cdot3} = \frac{\rho_{21} - \rho_{32}\rho_{31}}{\sqrt{(1-\rho_{32}^2)(1-\rho_{31}^2)}}$$

で与えられる．これは，X_1 と X_2 の関係を媒介する可能性のある第3変数 X_3 の影響を断って，ある意味で純粋な X_1 と X_2 の関係を求めようとするものである．上記では変数 X_3 のみを固定したが，一般には，考慮している変数群において，相関係数を計算したい変数以外をすべて固定する．相関行列 $R=[\rho_{ij}]$ の逆行列の要素を ρ^{ij} と書くとき，X_i と X_j の間の偏相関係数は

$$\rho_{ij\cdot\mathrm{rest}} = -\frac{\rho^{ij}}{\sqrt{\rho^{ii}\rho^{jj}}}$$

で与えられる．ここで，rest の意味は，X_i と X_j 以外の変数の影響を取り除くという意味である*10．

$\rho_{ij\cdot\mathrm{rest}}=0$ となるとき，X_i と X_j は条件付独立(conditional independence)であるといわれる．条件付独立関係をグラフに表したものが無向独立グラフである．すなわち，条件付独立でない変数の間を無向の線で結ぶのである(図 4)．

具体的な手順としては，偏相関係数の推定値を，その値が小さいものから逐次0とおいていき，そのように制約されたモデルの適合度を吟味しながら適当なところでストップする．推定値と適合度検定に関して以下の結果がある*11．

---

*10 宮川(1997)の記号を踏襲した．

*11 Dempster(1972)や宮川(1997，定理 4.2)を参照されたい．

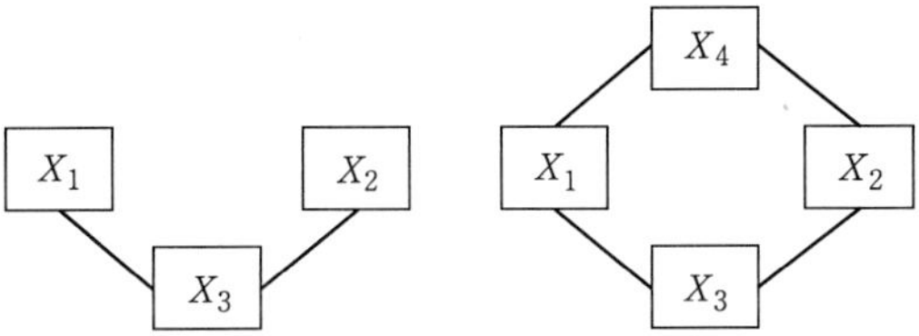

図 4　無向独立グラフ

$\boldsymbol{X}_1, \cdots, \boldsymbol{X}_n$ を $N_p(\boldsymbol{\mu}, \Sigma)$ から独立にとられたサイズ n の確率標本ベクトルとする．$\Sigma = (\sigma_{ij})$，$\Sigma^{-1} = (\sigma^{ij})$ と書く．$\bar{\boldsymbol{X}} = \dfrac{1}{n}\sum_{k=1}^{n} \boldsymbol{X}_k$，$S = \dfrac{1}{n}\sum_{k=1}^{n}(\boldsymbol{X}_k - \bar{\boldsymbol{X}})(\boldsymbol{X}_k - \bar{\boldsymbol{X}})' = (s_{ij})$ とする．偏相関を 0 とおく変数の組を表すインデックス集合を I とする．モデル $\{\sigma^{ij} = 0 \mid (i,j) \in I\}$ のもとで，$(\alpha, \beta) \notin I$ に対して $\sigma_{\alpha\beta}$ の最尤推定量は $s_{\alpha\beta}$ で与えられる．$\{\sigma^{ij} = 0 \mid (i,j) \in I\}$ のもとでの Σ の最尤推定量を $\hat{\Sigma}$ と書くとき，本モデルの尤度比検定統計量は $-2\log\lambda = n\log\dfrac{|\hat{\Sigma}|}{|S|}$ で与えられる*12．$-2\log\lambda$ はモデルが正しいという条件のもとで，近似的にカイ 2 乗分布をし，自由度は 0 とおいた偏相関の数で与えられる．　▌

条件付独立関係を記述する無向独立グラフは，因果分析の取っ掛かりとしては有効だろう．しかし，因果分析の最終目的は「原因」と「結果」の同定であって，この意味では無向独立グラフでは不十分である．図 4 の左の無向独立グラフを有向独立グラフ(パス図)で表すと図 5 となる．X_1 と X_2 が条件付独立であることから，これらの変数間には直接的な関係はなく，X_3 が媒介した関係であることがわかる．図 5 には 3 つの可能性が提示されているが，実は，データから得られる情報だけからは，これら 3 つの可能性からどの関係がもっともふさわしいかを定めることはできない*13．

当該変数の組以外の変数の影響を断ってから当該変数間の関係をみるという考えは，探索的な状況においては有効なストラテジーだろう．しかし万能というわけではない．図 6(a)のような状況を考える．X_1 と X_2 は X_3 で合流している．(a)に対応する無向独立グラフが(b)である．X_1 と X_2 は

*12　$-2\log\lambda$ は逸脱度(deviance)とよばれることがある．
*13　これらは互いに同値モデルになっている．同値モデルについては後述する．

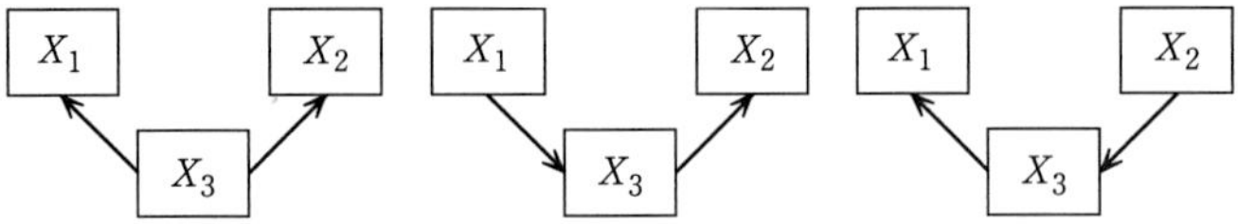

図 **5** 有向独立グラフ(パス図)

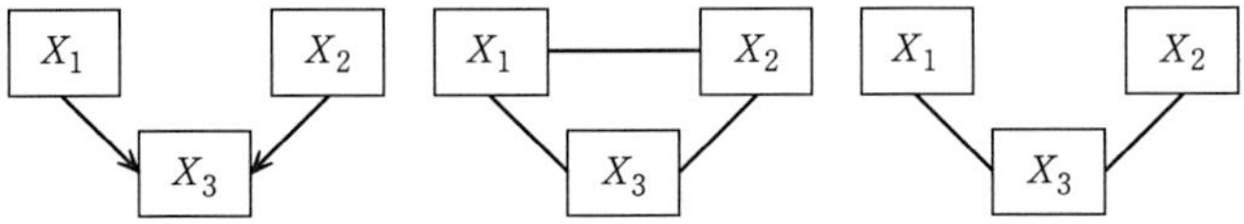

(a) 有向独立グラフ　(b) 無向独立グラフ　(c) SGS 無向グラフ

図 **6** 合流点がある場合の無向独立グラフと SGS 無向グラフ

独立であるのだが，X_3 で条件を付けることによって従属関係が生じている．つまり，条件付では独立でないのであるが，もともとは独立なのである．直感的には次のように説明できる．「図 6 の関係は誤差を除いて $X_3 = X_1 + X_2$ と書いてよいだろう．このもとで，もし X_3 を固定すると合計が一定なのだから X_1 と X_2 には負の相関関係が生じるのは当然である．」

これは直接的な関係を探るために考慮された条件付なのであるが，この例では，それが無用な関係を誘導してしまっている．条件付独立は直接的な関係の必要条件ではなく，合流点が存在する場合には，条件付従属でももともとの変数には直接的な関係がないということがおこり得る．このような誤解を生まないためにも，無向グラフから有向グラフを作成することが重要である．

このような観点における無向独立グラフの 1 つの拡張が SGS 無向グラフ(Spirtes, Glymour and Scheines, 2000; 宮川，1999)である．無向独立グラフでは，当該変数の組 (X_i, X_j) 以外のすべての変数の集合

$$I_{\{i,j\}} := \{X_1, \cdots, X_{i-1}, X_{i+1}, \cdots, X_{j-1}, X_{j+1}, \cdots, X_p\}$$

について条件を付けて独立性を吟味したわけである．一方，SGS 無向グラフでは，$I_{\{i,j\}}$ の適当な部分集合 $I\ (\subset I_{\{i,j\}})$ が存在して，I に関して条件を付けたときに X_i, X_j が独立になるのならば X_i と X_j の間の線を外す．部分集合には空集合も含まれるので，条件なしで独立な変数の組は線で結

ばれない(図 6(c))．SGS 無向グラフでは，合流点が存在する場合に条件を付けることによって生じる見かけの従属性を排除することができる．

無向独立グラフから有向独立グラフを構成する，すなわち，因果の矢印を引くという作業は簡単ではない．上記で展開した合流点の議論は有向グラフの作成に有用な手がかりを与えてくれる．というのは，無向独立グラフと SGS 無向グラフがそれぞれ図 6 の(b)と(c)で与えられるならば，(a)の有向独立グラフを導くことができるからである．有向独立グラフを作成する際の大きな困難の 1 つは，同一の無向独立グラフを生じる有向独立グラフが多数存在することである．

図 7 に示す 6 変数のモデルをみてみよう[*14]．偏相関は 15 個あり共分散選択によって 3 つを 0 とした．この時点での有向独立グラフ(非巡回[*15])は 621 個存在したが，その中でモデルが統計的に適合するものだけを選んだところ 138 個となった．しかし，これでも応用上は役に立たないので，さらにいくつかの条件を課すことで候補を絞り込んでいった．まず，「企業への貢献」を「絶対従属変数」ともいうべき結果変数(独立変数にはならないという意味)と設定した結果，有向独立グラフは 102 個になった．次に，「上司の支援」を「絶対独立変数」ともいうべき因果の出発点となる変数(従属変数にはならないという意味)と設定した．その結果，有向独立グラフは 23

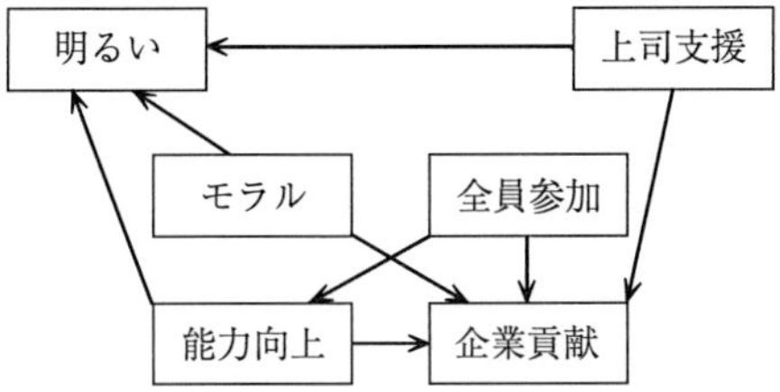

図 7　小集団活動の活性化支援モデル

*14　データの出典は猪原と天坂(1998)．本分析は，宮村理(2002/2)「因果の探索――グラフィカルモデリングによるアプローチ」(大阪大学人間科学部卒業論文)による．

*15　本節の議論は非巡回型のモデルを想定しており，いわゆるループのある有向グラフは扱っていない．有向非巡回グラフを DAG(directed acyclic graph)という．

個となった．図 7 に示したものはその中の 1 つである．さらなる絞り込みは，統計的な観点からではなく実質科学的に行うことになる．

この例からもわかるように，有向独立グラフを作成するには，変数間の相関の情報だけでは不十分である．多くの偏相関係数を 0 とおくことができれば状況は改善するが，一般にそのようなことは期待できない．しかしながら，客観的な統計的手法によって迫りうる限界を提示することは有意義である．

4 構造方程式モデリング

4.1 構造方程式モデリングとは

2 章では観測変数のみを分析対象としたパス解析を紹介した．パス解析モデルも構造方程式モデルの重要な下位モデルであるが，やはり構造方程式モデルの真髄は潜在変数を伴ったモデリングであろう．

構造方程式モデリング(structural equation modeling，SEM)は**共分散構造分析**(covariance structure analysis)とよばれることもある多変量解析法の 1 つである．構造方程式モデリングは，伝統的な多変量解析法である回帰分析と因子分析をその基礎においており，近年，とくに社会科学においてはその適用方法をマスターすべき必須のアイテムになった．筆者は，大学での講義などで，構造方程式モデリングを次のように紹介している．

> 直接観測できない潜在変数を導入し，潜在変数と観測変数との間の因果関係を同定することにより社会現象や自然現象を理解するための統計的アプローチ．因子分析と多重回帰分析(パス解析)の拡張．

潜在変数(latent variable)とは，データとして直接得ることのできない変数のことであり，たとえば，能力，意欲，態度，やる気，セルフコントロール，自己効力感，自尊心，社会性などである．心理学ではこのような量を**構成概念**(construct)とよんでいる．社会科学の研究では，しばしば構成概念間における因果関係が問題とされる．因子分析における共通因子は潜在変数である．潜在変数に対して直接データとして観測できる変数を**顕在変数**(manifest variable)または**観測変数**(observed variable)という．

構造方程式モデリングは調査データの分析によく用いられる．もちろん実験データの分析も可能であり，そのためのオプション——たとえば，多母集団の同時分析や平均構造モデル——も備えられている．

調査データの分析では因子分析や回帰分析が伝統的手法であるが，これらの方法は因果モデルとしてはモデル規定に柔軟性がない．因子モデルには潜在変数が登場するが，潜在変数から観測変数への因果のみを扱う．また，回帰分析は潜在変数を扱うことができないし，複数個の従属変数(規準変数)があるモデルでは分析しにくい．構造方程式モデリングはこれらの制約を一切取り払い，観測変数と潜在変数間の任意の線形関係*16を因果モデルとして構築する．そして，そのモデルの妥当性の検討，モデル修正への指標，推定値とその有意性，間接効果や総合効果などを報告してくれる．

4.2 節では犯罪心理学からの実際例を紹介する．構造方程式モデルは平均と分散・共分散に構造をもつモデルである．構造の導き方や統計的推測の基礎的事項は 4.3 節で紹介される．しかしながら，紙幅の制約上，構造方程式モデリングの全体像を述べることはできない．Bollen(1989)，豊田(1998, 2000)，狩野(1997a)などを参照されたい．

4.2 実　例

本節では社会科学における適用事例を紹介する*17．近年，犯罪心理学は臨床心理学とならんで心理学の応用分野として注目をあびている．人はなぜ罪を犯すのか，もしくは逆説的に，なぜ罪を犯さないのかという素朴な疑問に対して，多くの研究者によって多くの理論が提唱されてきた．いくつか例を挙げると，犯罪者という烙印を押すことや犯罪者になるという予

---

*16　非線形の構造方程式モデルや交互作用を検出するモデルもある．

*17　出典: 村上有美(2000/2)「セルフコントロールを主とした犯罪類似行動の要因研究」(大阪大学人間科学部卒業論文)．

言が犯罪を呼ぶという「ラベリング理論」，反社会的価値観や非行行動は人から人へ伝播するのだとする「文化伝播理論」，伝播は他者との接触・コミュニケーションによる学習であるとする「分化的接触理論」，接触に加えて，犯罪行動や犯罪者の価値観に共鳴しそれらに基づいて自らの行動を決定するという「分化的同一理論」などがある．

ここでは，Gottfredson と Hirschi(1990)にしたがって，犯罪行動の原因変数として，個人要因である「低セルフコントロール」と環境要因である「犯罪機会」を取り上げ，これらの要因変数が犯罪類似行動*18をどのように規定するかを検討する．犯罪心理学における「低セルフコントロール理論」は，即座の満足や利益を与えるものからの誘惑に対しての耐性が低い人が，犯罪機会があると犯罪に至るという仮説である．また，低セルフコントロールは親の養育態度の下に形成されるという仮説もある．以上の仮説を図 8 に示してある．ここで紹介するのは，この基本モデルを中心に据え，大学生を対象として実施された質問紙調査に基づく犯罪類似行動についての要因研究である．

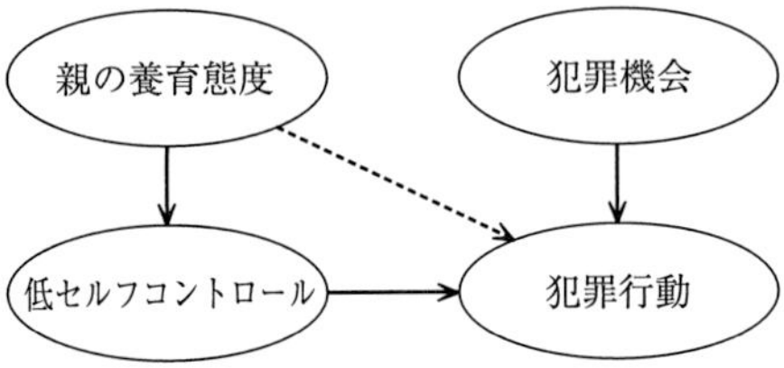

図 8 低セルフコントロール理論

低セルフコントロールは心理学的構成概念であり直接観測できない潜在変数である．Grasmick ら(1993)によると低セルフコントロールは 6 つの下位尺度から構成されているが，ここではその中から「衝動性」「危険を求める」「自己中心性」「かんしゃく」の 4 つを取り上げ，潜在変数である「低セルフコントロール」の**指標変数**(indicator variable)としている．親の

*18 村上(2000/2)は，犯罪類似行動として次の 3 種類を取り上げている：他人に暴力をふるう，公共物を壊すなどの「暴力行動」，カンニングや万引きなどの「詐欺行動」，喫煙・飲酒・賭け事などの「無分別な行動」．

養育態度も潜在変数である．ここでは，「親の愛着」と「親の監督」をその指標変数とした．具体的な尺度項目として「両親は私の感情を尊重していたと思う」「両親は私を信頼していたと思う」「両親は，学校が終わった後に自分がどこにいるのか知っていた」「両親は私と仲のよい友達を知っていた」などが含まれている．

犯罪機会としては，回答者の周囲で犯罪類似行動を行っている人の数を採用した*19．犯罪機会と犯罪類似行動については高校時代と現在とを区別して調査した．

以上のセットアップの下で図 9 のモデルを構築し統計的推測を行った*20．分析は，詐欺行動，暴力行動，無分別な行動ごとに行われた．図 9 の推定結果は詐欺行動の分析結果である．表 1 と表 2 に 3 つの分析結果をまとめてある．表 1 ではモデルの適合度の結果が示されており，3 つのモデルとも良い適合であることがわかる．

表 2 にはパス係数の標準化推定値とそれらに基づくワルド検定の結果が p 値で示されている．「親の養育態度」と「低 SC」(以下，低セルフコントロールを低 SC と表す)の測定モデルは適切に推定されており，「親の養育態度」から「低 SC」への影響は有意に認められる．すなわち，親の養育態度が良ければ自制心の高い子供に育つという関係が統計的に認められるということである．

これらの結果から，どの 3 つの犯罪類似行動についても図 9 の因果モデルを考えることに大きな問題点はないと言えよう．基本的に，「低 SC」と「犯罪機会」が犯罪類似行動に影響をもつことは統計的に確認できるが，「無分別な行動」に対しては「低 SC」の影響が確認できていない．その理由として，飲酒・喫煙などの「無分別な行動」は，他の 2 つと比べて罪の意識が低いということが考えられる．

「低 SC」の「現在の犯罪類似行動」への直接効果が有意でないのは，効果がないということではなく，「低 SC」は「高校での犯罪類似行動」を経

*19 本来の意味の犯罪機会とは区別すべきものである．しかし，犯罪機会の尺度化が困難であること，先行研究に同様の扱いがあったことを根拠にこのようにした．

*20 原典である村上のモデルとは若干異なる．

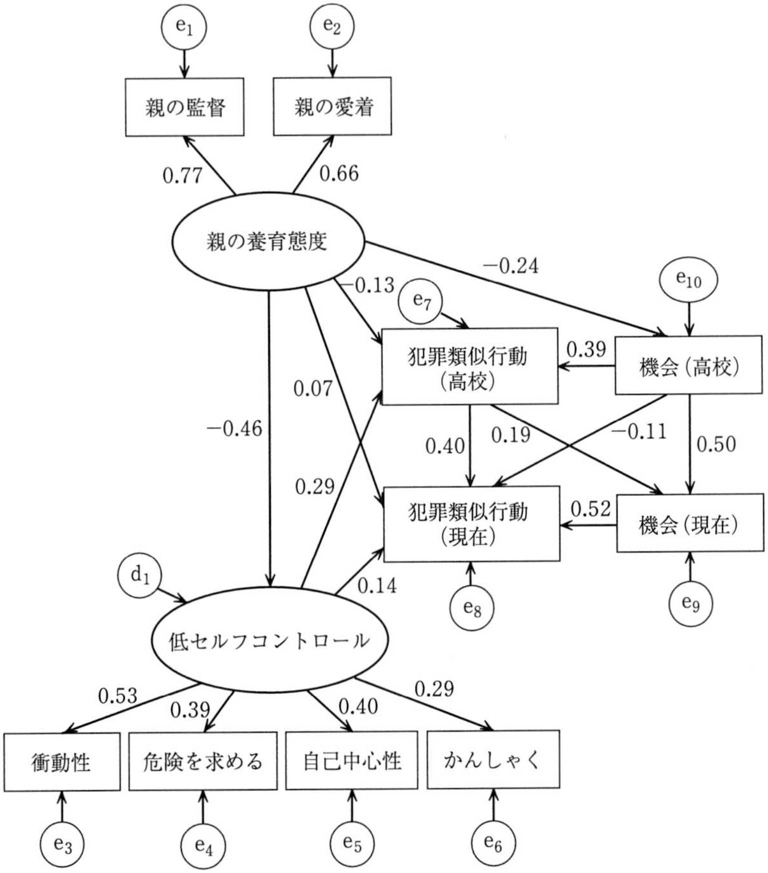

図 9 犯罪類似行動のモデリング

詐欺行動の分析例 χ^2=25.432 (df=27)，p 値=0.550，GFI=0.974，CFI=1.000，RMSEA=0.000

表 1 モデルの全体的評価(n=183，df=27)

	詐欺行動	暴力行動	無分別な行動
χ^2 値(p 値)	25.432 (0.550)	39.052 (0.063)	32.7 (0.207)
GFI	0.974	0.959	0.966
CFI	1.000	0.973	0.978
RMSEA	0.000	0.050	0.034

表 2 構造方程式モデルによる分析結果

パス	詐欺犯罪		暴力犯罪		無分別な行動	
	犯罪類似行動					
	標準解	p 値	標準解	p 値	標準解	p 値
親の監督 ← 親の養育態度	0.77	0.00	0.66	0.00	0.82	0.00
親の愛着 ← 親の養育態度	0.66	0.00	0.78	0.00	0.63	0.00
衝動性 ← 低 SC[†]	0.53	0.01	0.48	0.00	0.49	0.02
危険を求める ← 低 SC	0.39	0.02	0.37	0.01	0.47	0.02
かんしゃく ← 低 SC[‡]	0.29	—	0.44	—	0.29	—
自己中心性 ← 低 SC	0.40	0.02	0.33	0.01	0.36	0.03
低 SC ← 親の養育態度	−0.46	0.02	−0.43	0.01	−0.42	0.03
←						
犯類行[††](高校) ← 低 SC	0.29	0.07	0.36	0.01	0.19	0.17
犯類行(高校) ← 親の養育態度	−0.13	0.23	−0.08	0.42	−0.17	0.10
犯類行(高校) ← 機会(高校)	0.39	0.00	0.46	0.00	0.32	0.00
犯類行(現在) ← 低 SC	0.14	0.20	0.13	0.21	0.09	0.41
犯類行(現在) ← 親の養育態度	0.07	0.37	0.04	0.62	−0.09	0.28
犯類行(現在) ← 機会(高校)	−0.11	0.11	−0.06	0.36	−0.05	0.48
犯類行(現在) ← 機会(現在)	0.52	0.00	0.49	0.00	0.29	0.00
犯類行(現在) ← 犯類行(高校)	0.40	0.00	0.43	0.00	0.44	0.00
機会(現在) ← 機会(高校)	0.50	0.00	0.59	0.00	0.37	0.00
機会(現在) ← 犯類行(高校)	0.19	0.00	0.15	0.02	0.20	0.00
機会(高校) ← 親の養育態度	−0.24	0.01	−0.21	0.02	−0.12	0.18

[†] 低セルフコントロールを表す.
[‡] 潜在変数の尺度を定めるために固定されたパラメータ. 検定はしない.
[††] 犯罪類似行動を表す.

由した間接効果として影響しているからと考えられる.

また,「親の養育態度」から「犯罪類似行動」への直接効果は認められていないが,「低 SC」を経由した間接効果として「犯罪類似行動」へ影響している. これは, たとえ親の養育態度が不全であったとしても, 何らかの結果, 高い SC でありさえすれば, 犯罪類似行動の頻度は高くならないことを示唆する.

当初想定しなかったパスが 1 つだけある. それは,「親の養育態度」から「機会(高校)」へのパスである. ただし, これも, 親の養育態度が良ければ周りに犯罪類似行動を犯す友人は多くないということを示唆する結果であり，常識と矛盾しない．また，「親の養育態度」として中学時代の親の態度を測定していることを考え合わせると，このパスは当初から予定すべきものであった．

解釈不能なパスを引くことは厳に慎むべきことであるが，以上のような考察と，このパスは暴力犯罪と詐欺犯罪の両分析において有意であることから，このパスを引くことにした*21．このような「発見」は重要である．「親の養育態度」と「機会(高校)」との間に潜在するより明確な因果構造が将来の研究において明らかにされるかもしれず，その動機付けとなるからである．

ここでは，犯罪類似行動を 3 つに区分し，それぞれについて適合度の高い構造方程式モデルを得た．ある意味で，3 つの分析結果を比較しているわけである．1 つの分析によって得られる知見よりも，複数個の分析に基づく結果のほうが確証の程度は高いと考えられる．当初予定していないパスを引く必要に迫られた場合でも，複数個の分析のすべてにその傾向があるのならば，モデル変更を積極的に考えることができる．

本研究は，調査研究であるがゆえの問題点を内包しており完全なものではない．しかし，ここでのモデルや分析結果を第 1 ステップとして，より現実を反映するモデルへ発展させることができよう．たとえ調査研究であったとしても，「理論構築＋実証研究」を積み重ねることによって，現実をより正確に反映する科学的知見が得られると考える．

4.3 統計的推測

本節では構造方程式モデリングにおける統計的推測の基本的な事項について要点を解説する．式(8)でパス解析モデルの共分散構造を導いた．一般の構造方程式モデル，すなわち，潜在変数が含まれる場合も同様である．

---

*21 「無分別な行動」においては非有意であったわけだが，本文で述べたように，「無分別な行動」は他の 2 つの犯罪類似行動と異質であると考えたほうがよい．罪の意識の違いによって，原因系の変数が「無分別な行動」に有意に利かないのである．したがって，ここでは非有意のほうが理論的整合性があるといえよう．

すなわち，誤差変数を除く全変数(観測変数と潜在変数)において，独立変数(外生変数)を $\boldsymbol{\xi}$，従属変数(内生変数)を $\boldsymbol{\eta}$ と書く．誤差変数を $\boldsymbol{e}$ とすると，式(3)のような方程式は，一般に式(6)と同様に書くことができる．平均に構造を導入することもあるので，平均の情報 $\boldsymbol{\nu}$ を付加すると，式(6)は

$$\boldsymbol{\eta} = \boldsymbol{\nu} + B\boldsymbol{\eta} + \Gamma\boldsymbol{\xi} + \boldsymbol{e}$$

となる．誘導型は

$$\begin{bmatrix} \boldsymbol{\eta} \\ \boldsymbol{\xi} \end{bmatrix} = \begin{bmatrix} I - B & -\Gamma \\ O & I \end{bmatrix}^{-1} \left(\begin{bmatrix} \boldsymbol{\nu} \\ \boldsymbol{0} \end{bmatrix} + \begin{bmatrix} \boldsymbol{e} \\ \boldsymbol{\xi} \end{bmatrix} \right)$$

となる．$\boldsymbol{\eta}$ と $\boldsymbol{\xi}$ から観測変数($\boldsymbol{X}$ とかく)のみを取り出す選択行列を G とすると[*22]，観測変数の平均構造 $\boldsymbol{\mu}(\boldsymbol{\theta})$ と共分散構造 $\Sigma(\boldsymbol{\theta})$ は以下のように表現することができる．

$$\boldsymbol{\mu}(\boldsymbol{\theta}) = E(\boldsymbol{X}) = G \begin{bmatrix} I - B & -\Gamma \\ O & I \end{bmatrix}^{-1} \begin{bmatrix} \boldsymbol{\nu} \\ E(\boldsymbol{\xi}) \end{bmatrix}$$

$$\begin{aligned} \Sigma(\boldsymbol{\theta}) &= \mathrm{Var}(\boldsymbol{X}) = G\ \mathrm{Var} \begin{bmatrix} \boldsymbol{\eta} \\ \boldsymbol{\xi} \end{bmatrix} G' \\ &= G \begin{bmatrix} I - B & -\Gamma \\ O & I \end{bmatrix}^{-1} \mathrm{Var} \begin{bmatrix} \boldsymbol{e} \\ \boldsymbol{\xi} \end{bmatrix} \begin{bmatrix} I - B' & O \\ -\Gamma' & I \end{bmatrix}^{-1} G' \end{aligned}$$

推定すべき未知パラメータ $\boldsymbol{\theta}$ は，従属変数の切片項 $\boldsymbol{\nu}$ と独立変数の平均 $E(\boldsymbol{\xi})$，B と Γ に含まれるパス係数と誤差を含めた独立変数の分散・共分散である．

正規性の仮定の下では，サイズ n の確率標本 $\boldsymbol{X}_1, \cdots, \boldsymbol{X}_n$ は独立に $N_p(\boldsymbol{\mu}(\boldsymbol{\theta}), \Sigma(\boldsymbol{\theta}))$ にしたがうことになる．$\bar{\boldsymbol{X}} = \frac{1}{n}\sum_{k=1}^{n} \boldsymbol{X}_k$，$S = \frac{1}{n}\sum_{k=1}^{n} (\boldsymbol{X}_k - \bar{\boldsymbol{X}})(\boldsymbol{X}_k - \bar{\boldsymbol{X}})'$ とおくと，$\boldsymbol{\theta}$ の -2 倍の対数尤度は

$$\begin{aligned} \ell(\boldsymbol{\theta}) := n\Big(& [\bar{\boldsymbol{X}} - \boldsymbol{\mu}(\boldsymbol{\theta})]'\Sigma(\boldsymbol{\theta})^{-1}[\bar{\boldsymbol{X}} - \boldsymbol{\mu}(\boldsymbol{\theta})] \\ & + \log|\Sigma(\boldsymbol{\theta})| - \log|S| + \mathrm{tr}[\Sigma^{-1}(\boldsymbol{\theta})(S - \Sigma(\boldsymbol{\theta}))]\Big) \end{aligned} \quad (9)$$

＊22　つまり，$\boldsymbol{X} = G \begin{bmatrix} \boldsymbol{\eta} \\ \boldsymbol{\xi} \end{bmatrix}$

となる*23．ただし式(9)では，実際の対数尤度から $\Sigma(\boldsymbol{\theta})=S$ としたときの対数尤度($\boldsymbol{\theta}$ について定数)を減じてある．そうすることで $\ell(\boldsymbol{\theta})\geq 0$ が確保され，以下で述べる適合度検定統計量と関連付けられるようになる．

最尤推定量 $\hat{\boldsymbol{\theta}}_{ML}$(MLE; maximum likelihood estimator)は $\ell(\boldsymbol{\theta})$ を最小にする解として定義される．また，モデルの適合度は仮説

$$H_0 : E(\boldsymbol{X}) = \boldsymbol{\mu}(\boldsymbol{\theta}),\ \mathrm{Var}(\boldsymbol{X}) = \Sigma(\boldsymbol{\theta})\ \ \text{versus}\ \ H_1 :\ \text{not}\ H_0 \tag{10}$$

を統計的に検定することによって吟味できる．そのための検定統計量は

$$T_{ML} = \min_{\theta} \ell(\boldsymbol{\theta}) \tag{11}$$

であり，統計学の一般論から，帰無仮説の下で $T_{ML} L \chi^2_{p(p+3)/2-q}$ が示される．なお，q は未知パラメータの個数($\boldsymbol{\theta}$ の次元)であり，$p(p+3)/2=p+p(p+1)/2$ である．ここで p は観測変数 $\boldsymbol{X}$ の平均の個数，$p(p+1)/2$ は分散・共分散の個数を表している．

4.2 節で使った χ^2 値と p 値は，T_{ML} のカイ 2 乗近似に基づいた検定結果である．

仮説(10)を検定するという方法論には，「小標本では漸近理論が使いにくく，大標本では検出力が高くなりすぎてほとんどすべてのモデルが棄却される」など多くの批判がある．その結果，適合度を評価するための指標はさまざまな理論に基づいて数十個も提案されているが，ここでは省略する．豊田(1998)や狩野(1997a)を参照されたい．

5 因果の大きさを正確に測定する

因果推論の議論のほとんどは，因果関係の大きさをいかに「バイアスなく」推定するかということに費やされている．本章でも同様であり，「正確に測定」と言っても推定精度を問題にしているわけではないことに注意する．

*23 平均に構造がない場合は，n の代わりに $n-1$ を用いるのが一般的である(S の周辺尤度に基づく推測)．

5.1　交絡変数の影響

1章において議論したインフルエンザの例を再び考えよう．薬の効果を確認する際に問題となったのは「症状の程度」という交絡変数であった．患者の症状の程度は，投薬を選ぶかどうかと治癒のしやすさの両方に影響する．3つの変数間の関係を図式化したのが図1であった．交絡変数が存在する場合，何らかの方法で交絡変数を調整しないと因果の大きさが不正確に推定されてしまう．

表3は，重症患者100名と軽症患者100名の記録である．重症患者は80名が投薬を選び，軽症患者は20名が投薬を選んでいるから，症状の程度が投薬を選ぶかどうかに影響を及ぼしていることがわかる．重症患者では，非服用組はまったく治癒していないの対して，服用組は40名，すなわち50%の治癒率であるから，投薬の効果はあるだろう．一方，軽症患者では，服用組は全員が治癒しているのに対して，非服用組は20/80=1/4が治癒していないから，こちらも投薬の効果が認められる．症状別のデータを合算

表3　インフルエンザと投薬のデータ(仮想データ)

(a) 重症患者のデータ

重症患者(Z=1)			
	治癒 (Y=1)	非治癒 (Y=0)	合計
服用(X=1)	40	40	80
非服用(X=0)	0	20	20
合計	40	60	100

(b) 軽症患者のデータ

軽症患者(Z=0)			
	治癒 (Y=1)	非治癒 (Y=0)	合計
服用(X=1)	20	0	20
非服用(X=0)	60	20	80
合計	80	20	100

(c) 合併されたデータ

全患者("Z=1"+"Z=0")			
	治癒 (Y=1)	非治癒 (Y=0)	合計
服用(X=1)	60	40	100
非服用(X=0)	60	40	100
合計	120	80	200

してみよう．つまり，交絡変数 Z「症状の程度」を調整せずに無視すると，服用組，非服用組ともに，60% が治癒するという結果になり，投薬の効果はないという誤った結論が導かれる[*24]．このように，交絡変数の影響があるにもかかわらずそれを無視すると結論にバイアスが生じるのである．

交絡変数の影響を断つには，Z から X への影響を遮断すればよい[*25]．そのための一番よい方法が無作為割り付けであった．薬の服用をランダムに決めるのであるから，それを症状の程度から予測することはできない．言い換えると，薬を服用した集団と服用しなかった集団において症状の程度の分布が等しくなる．

無作為割り付けができないときには，何らかの方法で交絡変数 Z を制御しなければならない．交絡変数を制御するための 1 つの方法は，Z の値を固定したもとで X から Y への影響の大きさを評価することである．具体的には，Z の値が近い投薬患者と非投薬患者を組にして対応のある分析を行うマッチング(matching)や，Z の値が近い個体をまとめてグループ化しその中で投薬群と非投薬群を比較するサブグループ化(subclassification)などがある．インフルエンザの例で考えれば，症状の程度の水準ごとに分析するのがこれにあたる．

層別やマッチングを行うにあたって有用なのが Rosenbaum と Rubin(1983)による傾向スコア(あるいは傾向性得点)である．インフルエンザの例では交絡変数として「症状の程度」を考えたが，この他にも交絡変数があるかもしれない．交絡変数をまとめたベクトルを $\boldsymbol{Z}$ と書き，$e(\boldsymbol{z})=P(X=1|\boldsymbol{Z}=\boldsymbol{z})$ とおく．このとき，$e(\boldsymbol{Z})$ を与えたもとで，$\boldsymbol{Z}$ と X は条件付独立である，すなわち

$$\boldsymbol{Z} \perp\!\!\!\perp X \mid e(\boldsymbol{Z}) \tag{12}$$

が成立する(これを David の記号という)．式(12)の重要性は，$e(\boldsymbol{Z})$ を与えれば，言い換えると，$e(\boldsymbol{Z})$ の値によって層別やマッチングを行えば，$\boldsymbol{Z}$ から X への影響を断ち切ること(独立)ができるという点にある．

---

*24　この例のように，1 つの要因をつぶすと結果が変わることはしばしばおこる．これが，有名なシンプソン(Simpson)のパラドックスである．

*25　一般に，Z から Y への影響を断つのは難しい．

ここで注目すべきもう 1 つの事実は，$e(\boldsymbol{Z})$ が 1 次元ということである．交絡変数 $\boldsymbol{Z}$ が高次元である場合，$\boldsymbol{Z}$ によるサブグループ化やマッチングが事実上不可能になる．というのは，$\boldsymbol{Z}$ の値が近い個体がほとんど存在しなくなるからである．Rosenbaum と Rubin が示したのは，サブグループ化やマッチングを行うには交絡変数 $\boldsymbol{Z}$ のそれぞれを合わせる必要はなく，条件付確率 $P(X=1|\boldsymbol{Z}=\boldsymbol{z})$ が同じであればよい，すなわち，$\boldsymbol{z}$ の 1 次元の関数である $e(\boldsymbol{z})=P(X=1|\boldsymbol{Z}=\boldsymbol{z})$ の値でサブグループ化やマッチングを行ってよいということなのである．そして，彼らは $e(\boldsymbol{z})$ を傾向スコア（propensity score）と命名したわけである．

このような交絡変数による調整が機能するためには，傾向スコアが与えられたもとで，原因変数である投薬の割り付けが「平等」に行われているという条件が必要である．ただし，「平等」は必ずしも同数を意味しない．正確には，$\boldsymbol{Z}$ 以外の交絡変数などによって，2 つの群が治癒のしやすさにおいて不平等にならないということを意味している．Rosenbaum と Rubin（1983）はこの条件を「強い意味で無視可能」（strongly ignorable）とよんでいる．この条件は，たとえば，$\boldsymbol{Z}$ がすべての交絡変数を含んでいるときに，もしくは，その確証がないときは $e(\boldsymbol{Z})$ の値が等しい集団において無作為割り付けを行うことで達せられる．

傾向スコア $e(\boldsymbol{z})$ は一般に未知であるから，$(\boldsymbol{Z}, X)$ のデータに基づいて推定することになる．X が 2 値変数であるためロジスティック回帰分析が用いられることが多い．すなわち，

$$P(X=1|\boldsymbol{Z}=\boldsymbol{z})=\frac{1}{1+\exp(-(\beta_0+\boldsymbol{\beta}'\boldsymbol{z}))}$$

とモデリングを行い，パラメータと傾向スコアを推定する．

傾向スコアを用いるサブグループ化やマッチングにはいくつかの問題があるが，以下の 2 つが重要である．まず，傾向スコアは一般に連続量であり，サブグループ化するにせよマッチングするにせよ，傾向スコアの「近い」値を「等しい」値とみなさざるを得ない．Rosenbaum と Rubin はサブグループ化する場合は 5 群程度が望ましいとしているが，連続量を 5 つの値に丸める際の「見なし誤差」の影響がどの程度あるのかは不明である．

2つ目は検出力の問題である．$\boldsymbol{Z}$ と X の関係を断つことでバイアスのない推定を可能にしているが，$\boldsymbol{Z}$ の Y への影響は残っており，それは誤差の増大そして検出力の低下をまねく[*26]．したがって，何らかの方法で $\boldsymbol{Z}$ の Y への影響を取り除くほうがよい．

サブグループ化とマッチングに加えて，$\boldsymbol{Z}$ から X と Y への影響をモデリングするという方法がある．構造方程式モデリングはこのモデリングをスマートに実現し，モデルが適切ならば，先に述べた傾向スコアの問題を解決する．構造方程式モデリングは元来連続量に対する多変量解析であったが，近年，2値変数や順序カテゴリカルデータに対する理論も発展し，それらは多くのソフトウェアで簡単に実行できる環境にある．すなわち，図1のパス図のモデルが，X や Y が2値変数であったとしても，それを考慮した上で適切に分析できる．2値変数や順序カテゴリカル変数を含むデータの分析の理論的背景は8章で紹介される．その要点は，式(21)からわかるように，これらの変数に対してプロビットモデルを適合させていることである．なお，ロジスティックモデルとプロビットモデルの違いは小さいと考えてよい．

交絡変数 $\boldsymbol{Z}$ から原因変数 X や結果変数 Y への影響はさまざまにモデリングすることができる．たとえば，Robins，Mark と Newey(1992)は，連続な結果変数 Y に対して次のようなセミパラメトリックモデルを提案している．

$$Y = \beta X + h(\boldsymbol{Z}) + \varepsilon$$
$$\text{logit}\ P(X=1) = \alpha_0 + \boldsymbol{\alpha}'\boldsymbol{Z}$$

このモデルの特徴は，Y への交絡変数の影響 $h(\boldsymbol{Z})$ を明示的に指定しないことである．一方，構造方程式モデリングで素直に実行できるモデルは，$h(\cdot)$ に線形性を仮定した

$$Y = \beta X + \beta_0 + \boldsymbol{\beta}'\boldsymbol{Z} + \varepsilon$$
$$\text{probit}\ P(X=1) = \alpha_0 + \boldsymbol{\alpha}'\boldsymbol{Z}$$

である．インフルエンザの例のように結果変数 Y が2値の場合は，Y の代

---

*26 $\boldsymbol{Z}$(の全体)を与えたときはこの問題は生じない．傾向スコア $e(\boldsymbol{Z})$ を与える場合は，一般に $\boldsymbol{Z}$ に自由度が残り，その変動が Y に影響を及ぼす．

わりに probit $P(Y=1)$ を用いることになる．また，この程度の大きさのモデルであるならば最尤法が実行可能であり，最適化問題を 1 回解くだけで統計的推測を実行できる*27．これらのモデルは，Y の変動から $\boldsymbol{Z}$ の変動を取り除いているので，誤差を過大評価する問題は生じない．

構造方程式モデリングのアプローチにおいては，$\boldsymbol{Z}$ の要素間に交互作用を設定したい場合は積の項などを入れることで対応できるが，Robins らのように完全にノンパラメトリックな構造を設定することはできない．また，$\boldsymbol{Z}$ と X との交互作用も考慮されていないことを注意しておく．

このように，構造方程式モデリングは基本的には線形という枠組みがあるものの，図 1 のパス図のモデルによって，交絡変数の影響を調整した因果効果を推定することができる．交絡変数の影響にはさまざまなモデリングが可能なわけであるが，構造方程式モデリングは少なくともその基本となるモデルを提供していると言えよう．

傾向スコアについてのより詳細な議論は本書第Ⅲ部を参照されたい．

5.2　個体内変動と個体間変動

1 章で，「自己効力感を高めるとうつ傾向が下がる」という Rubin の意味での因果関係を得たいとするならば，個体内変動が個体間変動で模擬できている必要があると言った．本節では，この問題について考えてみる．

例を挙げよう*28．図 10(a)は，5 名の個体について課外活動の成績と教科の成績をプロットしたものであり，正の相関が読み取れる．このデータから，課外活動の成績を上げれば教科の成績が上がると考えてよいのだろうか．一般に，課外活動に力を入れると教科の勉強がおろそかになるから教科の成績は下がるし，一方，教科の学習をしっかりやると課外活動に費やす時間は減少してしまうと考えられるから，個体内では負の相関が生じるはずである．(b)において各個体に入れられた右下がりの線分はこのことを表している．このように個体内の変化と個体間の変化に大きな食い違い

*27　2 段階推定法をとらざるを得ない場合がある．詳細は 8 章を参照のこと．
*28　南風原(1998)で取り上げられた例を少し単純化したものである．

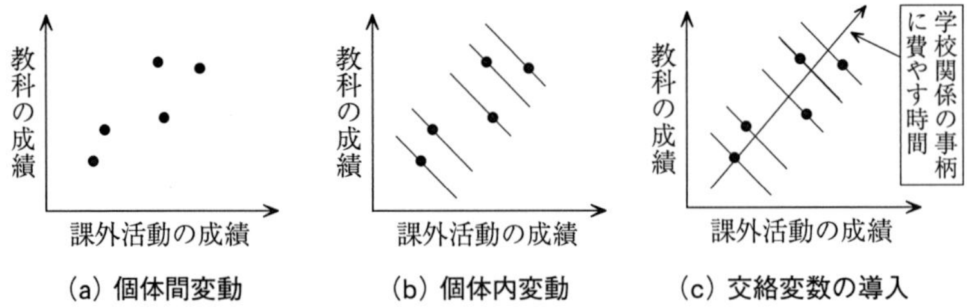

図 10　個体間変動と個体内変動

があると因果関係の解釈に問題が生じる．

(a)の正相関は各個体の「学校関係の事柄に費やす時間」が影響していると考えてもよいかもしれない．左下の個体は習い事や家の手伝いなどがあって教科学習や課外活動に積極的でない生徒かもしれない．また，この正相関は各個体の「総合力」のようなものによって引きおこされていると考えることもできるかもしれない．そう考えるならば，右上の個体は何でもこなす万能選手である．

さて，このデータに対して，交絡変数として「学校関係の事柄に費やす時間」を入れて分析すると図 11 となる．この結果は次のように解釈できよう．「学校関係の事柄に費やす時間」が長い生徒は，課外活動にも教科の勉強にも費やす時間が長く両方の成績がよい傾向にある．課外活動と教科の成績の間の負の相関関係(誤差相関)は，「学校関係の事柄に費やす時間」を一定にした下での変動(偏相関)を表しており，個体内変動はこのほうが現状に合うという解釈である．この関係は，課外活動の成績を上げる(時間

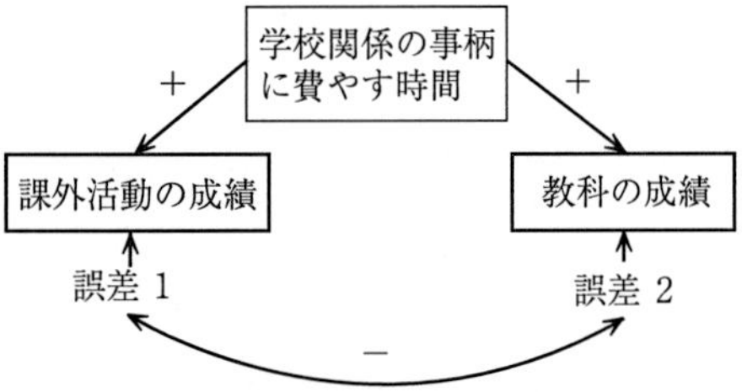

図 11　交絡変数を入れてモデリング

をたくさん使う)と教科の成績が下がるという意味で因果になっているが逆の因果も考えられるので，ここでは相関関係に止めた．図 10(c)には交絡変数の軸を入れてある．右上へ進むほど学校関係の事柄に費やす時間が多くなる．この軸と個体内変動の線分との交点は，教科と課外活動を同程度重視する生徒のパフォーマンスと考えてよい．交点から左上に離れた個体は教科重視型，右下の個体は課外活動重視型と考えられる．

このように，個体内変動と個体間変動のミスマッチも交絡変数の影響と解釈できることもある．

5.3　誤差を制御する

構造方程式モデリングは誤差をコントロールしたいときにその威力を発揮する．誤差を含んだまま相関分析や回帰分析を行うといわゆる**希薄化**(attenuation)がおこり，推定値にバイアスが生じる．回帰分析において説明変数に含まれる誤差を調整して正しい偏回帰係数の推定値を得ようとするモデルが**変量内誤差モデル**(error-in-variable model)である．同モデルは次のように表される．

$$\begin{aligned} Y &= \beta_0 + \beta_1 \xi + \varepsilon \\ X &= \mu_x + \xi + \delta \end{aligned} \tag{13}$$

本モデルでは，結果変数 Y は本来真の原因変数 ξ に依存しているが，ξ は直接観測できず，誤差 δ を伴った X しか観測できないという状況を表している．Fuller(1987)*29は，コーンの収穫量(Y)に影響を及ぼす要因として畑に含まれる窒素の量に着目した．真の窒素の量(ξ)は不明であり，窒素の量(X)は，何ポイントかサンプリングを行い化学分析によって測定される．しかし，コーンの収穫量を規定するのは誤差が含まれた測定値 X ではなく，真の窒素の量 ξ である．

ξ，ε，δ が互いに独立だと仮定すると，$\mathrm{Var}(X)=\mathrm{Var}(\xi)+\mathrm{Var}(\delta)$，$\mathrm{Cov}(X,Y)=\beta_1\mathrm{Var}(\xi)$ であるから，Y を X の上に回帰すれば，回帰係数は

*29　狩野(1997b)に解説がある．

$$\frac{\beta_1 \mathrm{Var}(\xi)}{\mathrm{Var}(\xi)+\mathrm{Var}(\delta)} \tag{14}$$

となり，これは真の回帰係数 β_1 以下である．このバイアスは，誤差の相対的な大きさ $\mathrm{Var}(\delta)/\mathrm{Var}(\xi)$ が大きくなるほど顕著になる．テスト理論においては，比 $\rho=\mathrm{Var}(\xi)/[\mathrm{Var}(\xi)+\mathrm{Var}(\delta)]$ は信頼性(reliability)とよばれている．Fuller(1987)のデータによれば $\rho=0.81$ であり，$\hat{\beta}_1=0.42$，誤差を無視した回帰係数(式(14)によるもの)の推定値は 0.34 となり，無視できないバイアスが生じている．

原因変数が複数個ある場合は状況はより深刻になる．原因変数に付随する誤差の程度(信頼性)が異なると希薄化の程度も異なり，偏回帰係数の比較が無意味になるからである．すなわち，標準偏回帰係数が X_1 よりも X_2 のほうが大きいという推定結果が得られても，それは単に X_1 の信頼性が低いだけかもしれないのである．

図 12 で示したモデルは測定誤差モデル(measurement error model)である．Q_1 と Q_2 はある質問紙調査の質問項目で，Q_1' と Q_2' は同一項目を 1 週間後に再調査した結果である．質問紙調査で同じ質問を 2 回繰り返した場合，同じ回答が得られる保証はない．したがって，Q_1 と Q_1' は同じ回答とは限らない．そのことが誤差 E_1, E_2 に反映される．Q_2 と Q_2' についても同様である．「回答の揺れ」ともいうべき誤差を分離して，真の得点である F_1 と F_2 について回帰分析を実行しているのが図 12 のモデルである．2 回の測定を行うことで誤差の分離を可能にしている．もし，1 回目の測定だけで回帰分析を行ったとしたら，すなわち，Q_2 を Q_1 の上に回帰すると，回帰係数は

$$\frac{\gamma\, \mathrm{Var}(F_1)}{\mathrm{Var}(F_1)+\mathrm{Var}(E_1)}$$

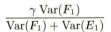

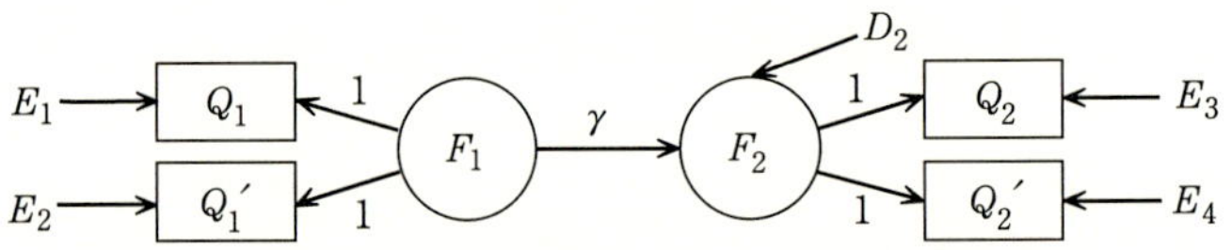

図 **12**　測定誤差モデル

となり，真の回帰係数 γ を過小評価することになる．標準回帰係数では過小の割合は

$$\sqrt{\frac{\mathrm{Var}(F_1)\mathrm{Var}(F_2)}{(\mathrm{Var}(F_1)+\mathrm{Var}(E_1))(\mathrm{Var}(F_2)+\mathrm{Var}(E_3))}}$$

となり，従属変数の誤差 E_3 も関係してくる．

以上みてきたように，構造方程式モデリングは，観測に伴う誤差を切り離すことにより，因果の大きさを正確に評価できる方法論を提供している．

6　因果の方向を同定する

因果関係を研究するといえば「因果の方向を決める研究」と考える読者は多いのではないか．それだけポピュラーな話題でありながら，実は調査データに基づく因果の方向の研究は難しい．実験が可能ならば，$X{=}x_0$ または $X{=}x_1$ を無作為割り付けして Y を観測し X から Y への因果の大きさを評価し，同様に，$Y{=}y_0$ または $Y{=}y_1$ を無作為割り付けして X を観測し Y から X への因果の大きさを評価して，両者を比較すればよい．ただし，一般に $|x_0-x_1|$ と $|y_0-y_1|$ は比較可能でないので，水準は実質科学的に有意味になるよう設定しなければならない．

ここでは，2 時点で調査できる場合(縦断的データ)と 1 回の調査のみの場合(横断的データ)を区別して，調査データに基づくいくつかの方法を紹介する．原因は結果に対して必ず「時間的に先行」している必要があり，それ以外の因果研究は認めないという立場もあるが，横断的データに基づく研究であっても，適切なモデリングを行えば有用な情報が得られる．時間変化に対して安定している状況では縦断的データの分析は使いにくく，一方，時間的変化がある場合は横断的データの分析はその時点での意味しかない(豊田，1998，p. 162)．

2 時点で経時データが採取できれば，比較的簡単に因果の方向に関する情報を得ることができる．時刻 t と t' $(t'>t)$ におけるデータ $\{X_t, Y_t, X_{t'}, Y_{t'}\}$

が利用可能であるとする．このとき，以下の 2 つのモデルで推定を行い，$\hat{\beta}_1$ と $\hat{\gamma}_1$ を比較する．

$$\begin{aligned} Y_{t'} - Y_t &= \beta_0 + \beta_1 X_t + \varepsilon \\ X_{t'} - X_t &= \gamma_0 + \gamma_1 Y_t + \varepsilon \end{aligned} \tag{15}$$

$|\hat{\beta}_1| > |\hat{\gamma}_1|$ であれば $X \rightarrow Y$ の因果がより強いと判断することになる．もし，共変量 $\boldsymbol{Z}$ があるならばそれをモデルに組み入れることもできる．

また，次のモデルを考えることもできる:

$$\begin{aligned} Y_{t'} &= \gamma Y_t + \beta_0 + \beta_1 X_t + \varepsilon \\ X_{t'} &= \beta X_t + \gamma_0 + \gamma_1 Y_t + \varepsilon \end{aligned} \tag{16}$$

因果の決定は，式(15)と同様に，$\hat{\beta}_1$ と $\hat{\gamma}_1$ の比較に基づく．

式(15)と式(16)の違いは，時刻 t (初期値)におけるデータの調整の仕方にある．また，式(16)の β_1 は Y_t によって，また，γ_1 は X_t によって調整されているが，式(15)のほうは調整されていないという違いもある．式(15)と式(16)と分析結果が異なることがあり，心理学では，Lord のパラドックスとしてよく知られている．この問題に対して Wainer(1991)は，要因系の変数を止めてもなお時間の経過にしたがって結果系の変数が線形に変化するのならば式(16)を用い，変化しないのならば式(15)で分析すべきであるという処方箋を与えている．

次に横断的データの分析を考えよう．横断的データの場合は図 13 のようなモデリングを行う．図 13 のように，片方矢印をたどってループができるモデルを**非逐次モデル**(nonrecursive model)という．非逐次モデルの中で，とくに図 13 のモデルを双方向因果モデルという．

Z_1 と Z_2 は X か Y のいずれかにしか直接効果をもたない変数であり，操

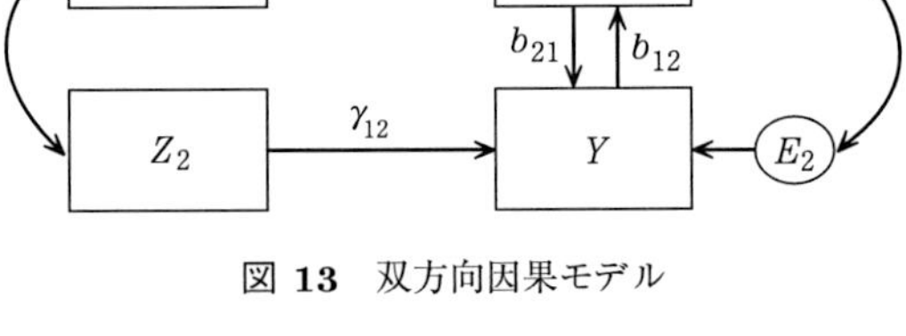

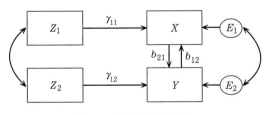

図 **13** 双方向因果モデル

作変数(instrumental variable)とよばれている．一般に，3つの因果モデル「$X \to Y$」「$X \leftarrow Y$」「$X \leftrightarrows Y$」は互いに同値であり，モデルの適合度によって区別することができない[*30]．そこで，上記のような操作変数を導入することで，同値モデルにならないようにモデリングしているのである．

図13のモデルで，$b_{21}=0$としたモデルと$b_{12}=0$としたモデルの適合度を比較し，適合のよいほうのモデルの因果を重視する．また，図13のモデルで分析し，b_{ij}の有意性によってどのような因果か判断することができる．このモデルは，適合度によって因果関係を決定する好例である．

構造方程式モデリングにおいて非逐次モデルによる分析が可能となったことは有意な発展であったが，その適用には批判も多い(たとえば，盛山，1986)．まず，操作変数の選択に恣意性があること，そして「直接効果がない」ということをどのように保証するかという問題がある．また，1時点のデータから，互いに何回も(一瞬のうちに)影響しあうという状況にコミットできるのかというコンセプト上の問題がある．もちろん，調査データの分析ゆえの問題点——「交絡変数」+「個体内変動の個体間変動での模擬」——も有しており，これらの影響で因果の方向が逆転することもある．

7 回帰分析の役割

7.1 偏回帰係数の価値

科学的に因果の大きさを同定するもっともポピュラーな方法は，興味のある原因変数を1つに絞り，その他の変数をできるだけ一定に保ったまま，1つに絞った原因変数だけを動かすことで，結果変数がどのような影響を受けるかを評価することである．複数個の原因変数を動かす実験は良いデザインではないと批判されることもある．竹内(1986)によれば，この方法

＊30　$(\mu_1(\theta_1), \Sigma_1(\theta_1))$と$(\mu_2(\theta_2), \Sigma_2(\theta_2))$が同値であるとは，これらのイメージ(値域)が一致することをいう．同値モデルの適合度は一致する．

は(古典的な)科学的精密実験とよばれる．

Y を結果変数，$X_1, \cdots, X_p$ を原因変数とし，X_1 の Y への影響を評価したいとしよう．科学的精密実験では，$X_j=x_j$ $(j=2, \cdots, p)$ として，たとえば $X_1=x_1+1$ と $X_1=x_1$ とにおける Y の分布を比較するわけである．より具体的には，条件付期待値の差

$$\begin{aligned} &E(Y|X_1 = x_1 + 1, X_2 = x_2, \cdots, X_p = x_p) \\ -&E(Y|X_1 = x_1, \qquad X_2 = x_2, \cdots, X_p = x_p) \end{aligned} \tag{17}$$

を推定することになる．

さて，変数 $Y, X_1, \cdots, X_p$ に対して調査データが得られており，真のデータ生成機構が次の重回帰モデルであるとする．

$$Y = \beta_0 + \beta_1 X_1 + \cdots + \beta_p X_p + e \tag{18}$$

説明変数と誤差は独立に分布すると仮定する．このとき，式(18)の β_1 は式(17)の値と等しくなる．その理由は，重回帰モデルにおける偏回帰係数は，当該変数以外を一定に保ったもとで当該変数を1単位動かしたときの Y の変化量の期待値であるからである．もちろん，一般にこの値は，Y の X_1 の上への単回帰分析からは得られない．他の原因変数が固定されていないからである．

このように，重回帰分析は，精密実験で他の要因を固定するという操作を，調査データに対して数理的に実現し，直接効果を正しく同定するきわめて巧妙な方法論である．

また，β_1 のバイアスのない推定量は，$X_2, \cdots, X_p$ を固定したもとで得られる (X_1, Y) の調査データに基づいた単回帰分析によっても得ることができる．ただし，$X_2, \cdots, X_p$ 以外に交絡変数が存在しないことが前提である[*31]．

式(18)の重回帰モデルには交互作用がないという制約的な仮定がおかれている．一方，精密実験ではその仮定は顕在化していない．しかし，精密実験の結果を，固定した要因が固定された値以外の値へ一般化することを考えるとき，まず最初に想定するのが交互作用がないということであろう．もちろん，非線形の関係が同定できるのならば，それをモデルへ組み込ん

＊31 真のデータ生成機構が式(18)であるという前提条件が正しければよい．

で分析することができる．

このように，重回帰分析はきわめて技巧的に第 3 変数の影響を断つ方法論でありながら，なぜ，因果分析に関して科学的精密実験に王道を譲っているのだろうか．それにはいくつかの理由がある．1 つ目は，重回帰モデル式(18)が交絡変数をすべて取り込んでいるという検証不可能な前提をおいていることである．もちろん精密実験にも同じことが言えるわけであるが，こちらのほうは，各個体に $X_1{=}x_1$，または x_1+1 を無作為割り付けすることで，未知の交絡変数の影響を偏りなく誤差項へ追いやることができ，その結果としてバイアスを消去することができるのである．

2 つ目は 1 時点のデータから因果推論を行うことへの批判である．もちろん回帰分析は縦断的データへの適用もなされており，その場合はここで述べる批判はあたらない．精密実験では，要因の割り付け → 実験の実施 → 結果の測定，という時間の流れが確定しており，結果変数に対して原因変数が時間的に先行している．すなわち，精密実験は，要因の割り付けが観測個体に影響するという時間の流れがあり，2 時点の縦断的データと考えることもできる．一方，1 時点のデータに基づく回帰分析は，精密実験のようなクリアな因果のプロセスを有しているとは限らない．最悪の場合，X_i が Y の結果変数であるかもしれない(図 14 での議論を参照せよ)．1 時点のデータに基づく回帰分析には，個体内の因果関係を個体間の変動で模擬しているという問題もある．この点はすでに 1 章と 5.2 節で指摘している．回帰分析を適切に実行するためには，回帰モデルをサポートする十分な理論が必要である．

7.2 因果分析と予測

重回帰分析の目的は因果分析と予測と言われてきた．たとえば，久米と飯塚(1987)は回帰分析の目的として，(1)構造推定，(2)制御，(3)予測，(4)変動要因解析，の 4 つを挙げているが，(1)(2)(4)は因果分析と考えてよい．重回帰分析では変数選択は重要な分析プロセスであり，それは因果分析そのものと考えられてきた．

ところが近年，回帰分析は因果分析には不適切であり，予測を主な目的とすべしという認識が広がってきた．重回帰モデルは因果分析には不適切な場合でも予測には使えることがあるというのが一番大きな理由である．竹内(1986, p. 88)は「「因果性」は「予測可能性」を意味するが，逆は真ではないといってもよい」と述べている．

もう1つの理由は，構造方程式モデリングやグラフィカルモデリング*32など因果分析によりふさわしい方法論が発達したこと，そして，実務家や応用研究者が簡単に使えるソフトウェアが普及したことである．すなわち，回帰分析よりよい方法論が登場したのであるからそれらを使うべきだという主張である．

図14を参照しながら上記の議論を詳しくみてみる．交絡変数 Z の(X と Y への)役割が(b)または(c)である場合，重回帰モデルによる分析結果は(a)となる*33．すなわち，真の構造が(b)であれ(c)であれ重回帰モデルは結果変数への直接効果を正しく評価する．では，因果と予測についてはどうだろうか．具体的な違いを表4にまとめてある．結論を端的に述べれば，予測に関しては Z の役割に依らないが，因果は Z によって異なるのである．したがって，因果(総合効果)を知るには重回帰分析では不十分であり，Z の役割を知る必要がある．

因果関係は同一個体に対する原因変数 X の違いが結果変数 Y にどのような差を生じるかを記述したものであるから，Z が交絡変数の場合は，X の変化は Z に影響せず，Y の平均的変化は a となる．Z が中間変数のときは，X の変化は Z の変化をよび，そして Y へ影響するから，Y の平均的変化は X の総合効果 $a+bc$ となる．第3変数のありようによって因果効果に違いが生じる．回帰分析では，このような因果効果に生じる違いを説明できないのである．

一方，予測を目的とするときは，Z が交絡変数であろうと中間変数であろうと，X の値の変化に伴って Z の値が変化してよい．Z が交絡変数であっても，X の値が大きいということは X の原因変数である Z の値も大

*32　宮川(1997)や Lauritzen(1996)を参照されたい．

*33　標準解(標準偏回帰係数)の場合である．非標準解の場合は b の推定値が異なる．

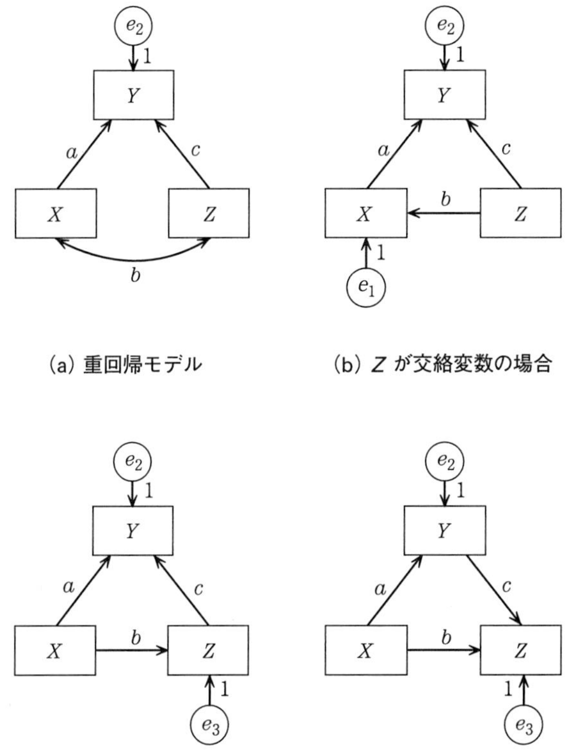

(a) 重回帰モデル　(b) Z が交絡変数の場合

(c) Z が中間変数の場合　(d) Z が合流点の場合

図 14　第 3 変数 Z の役割と重回帰モデル

表 4　因果と予測の違い

		第 3 変数 Z の役割	
		(b)交絡変数	(c)中間変数
因果	$X=x_0$ の個体に対して $X=x_0+1$ となるように介入(制御)したときの Y の平均の変化	a	$a+bc$
予測	$X=x_0$ としたときの母集団の平均と $X=x_0+1$ としたときの母集団の平均の差	$a+bc$	$a+bc$

きかった可能性が高く，それが Y へ伝播するのである．すなわち，$X{=}x_0$ のとき，平均的にみて Z の値は $\hat{Z}{=}E(Z|X{=}x_0){=}bx_0$ と推定され[*34]，それが Y の平均的な値を $c\hat{Z}{=}cbx_0$ だけ変化させる．X の直接効果である ax_0 と併せると，$X{=}x_0$ における Y の平均的な値は $\hat{Y}{=}(a+bc)x_0$ と予測できる．この議論は，Z が交絡変数であろうと中間変数であろうと成立し，これらは回帰分析に基づく予測とも一致する．以上により，表 4 の「予測」の欄には $(a+bc)(x_0+1)-(a+bc)x_0$ の値が記述されている．

1 章で，X から Y への影響は条件付分布 $f(y|x)$ で記述できるかもしれない，と書いた．しかし，正確には，$f(y|x)$ は予測には使えるが，因果関係を表しているとは限らない．

7.3 直接効果の評価

図 14 では，第 3 変数としての Z の役割に関して 4 つの場合を挙げている．重回帰モデルは(a)であるが，X から Y への直接効果を評価する場合には，第 3 変数が交絡変数(図 14(b))であっても中間変数(図 14(c))であっても，重回帰モデル(a)を利用することができることは前節で述べた．では，どのような場合でも，重回帰モデルは直接効果の評価に有用なのだろうか．それは偽である．図 14(d)にあるように，第 3 変数 Z が合流点になっている場合は，Z を(説明変数として)重回帰モデルに取り入れてしまうと誤った推定値が出力される．実際，標準化されたパス係数を図 14(c)のように書くと，変数間の相関行列は

	X	Y	Z
X	1		
Y	a	1	
Z	$b+ac$	$c+ab$	1

となるから，X から Y への偏回帰係数は

＊34 正規性の仮定のもとで条件付期待値がこのようになる．

$$\frac{a-(b+ac)(c+ab)}{1-(b+ac)^2}$$

となり，これは一般に a と等しくない．また，たとえ b=0 であったとしても Z を説明変数に加えることはできない．

合流点の扱いについては，3 章で有向独立グラフと無向独立グラフとの関連でも問題になった．Y の結果変数を調整してはいけないという至極あたりまえの事実を指摘しているのであるが，見過ごされることが多いのも事実である．例を挙げると，大学入試でセンター試験と個別試験の関係を論ずる場合である．両者の相関が正であったとしても，合格するかどうか(Z)で調整された，すなわち，合格者のみのデータに基づく両試験の相関係数は負の値になることがある．とくに倍率が高いときにその傾向が顕著になる．図 15 を参照されたい．

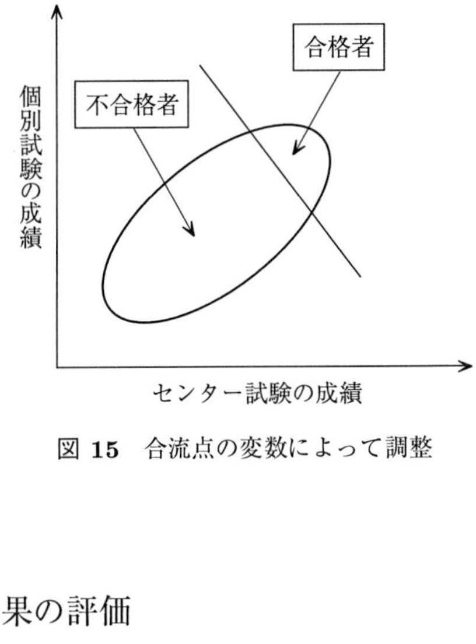

図 15　合流点の変数によって調整

7.4　総合効果の評価

X から Y への総合効果を求めたいとしよう．コストを考慮すると，当該変数である X, Y 以外の観測は最少に留めたいという場合がある．真の因果の構造が図 14(c)であるときは，3 変数すべてを観測してこのパス解析モデルで分析すればよい．しかし，実は，変数 Z を観察しなくても，X から

Y への単回帰分析を行えば総合効果を正確に求めることができ，こちらのほうがコストがかからない．一方，図 14(d)であるときは単回帰分析を用い，Z を入れて重回帰分析をしてはならないことはすでに述べた．図 14(b)のように Z が交絡変数であるときは，Z を入れてパス解析を行うか重回帰分析を行うことになる．このように，総合効果を求める際，第 3 変数 Z の役割によって分析モデルが異なり，(i)(Z を外した)単回帰分析，(ii)Z を説明変数に加えた重回帰分析，(iii)X, Y, Z 間のパス解析，が行われる．

一般に，第 3 変数が複数個あるとき，どの変数を観測してどのようなモデルを立てれば，正確に総合効果を求めることができるのだろうか．Pearl(1995, 1998)はこの問題に対して，重回帰分析を用いたときに正確な総合効果を求めるための条件を提示し，それを**バックドア基準**(back-door criterion)と称した．宮川と黒木(1999)によると，X, Y 以外の変数の集合 $\boldsymbol{Z}$ に対して，$\boldsymbol{Z}$ の部分集合 $\boldsymbol{Z}_1$ がバックドア基準を満たすとは，以下の 2 条件を満足するときをいう．

[B-1] X から $\boldsymbol{Z}_1$ への有向道(有向パス，直接・間接効果)がない

[B-2] X から出る矢線をすべて除いたグラフにおいて，$\boldsymbol{Z}_1$ が X と Y を有向分離する

Pearl(1998)はバックドア基準を満たす $\boldsymbol{Z}_1$ に対して，$(X, \boldsymbol{Z}_1)$ を説明変数とした重回帰分析を実行すれば X の偏回帰係数として総合効果が得られることを示した[*35]．バックドア基準の条件[B-1]は，$\boldsymbol{Z}_1$ には間接効果を導く道がないことを保証する．すなわち，$\boldsymbol{Z}_1$ を止めても X から Y への間接効果に影響を及ぼさない．条件[B-2]は $\boldsymbol{Z}_1$ が交絡変数を調整するための条件である．なお，$\boldsymbol{Z}_1$ が X と Y を有向分離することは次のように定義される．X と Y を結ぶ各道に対して，$\boldsymbol{Z}_1$ が次の条件のいずれかを満たすとき，$\boldsymbol{Z}_1$ は X と Y を有向分離するという[*36]．

[D-1] X と Y を結ぶ道に合流点があるとき，$\boldsymbol{Z}_1$ は合流点とその子孫を含まない

---

*35 ここでの議論は構造方程式モデリング(パス解析)の枠組みに限定しているが，Pearl はより一般的な確率密度関数において議論を展開している．

*36 詳しくは宮川と黒木(1999, p. 153)を参照のこと．

［D-2］ X と Y を結ぶ道に非合流点があるとき，$\boldsymbol{Z}_1$ は少なくとも 1 つの非合流点を含む

図 16 にバックドア基準を満たす第 3 変数の例を示す．図の右半分は X から出る矢印の影響を，左半分は X へ矢印が向く影響を表している．X から Y への総合効果は直接効果に Z_2 を経由する間接効果を加えたものである．また，交絡変数は Z_1 であり，それ以外の道(Z_3 と Z_4 を経由する道; Z_5 と Z_6 を経由する道)には合流点があるので，これらの道を考慮する必要はなく，逆に，合流点で調整してはいけない．したがって，バックドア基準を満たす自然な集合として $\boldsymbol{Z}_1=\{Z_1\}$ をとることができる．

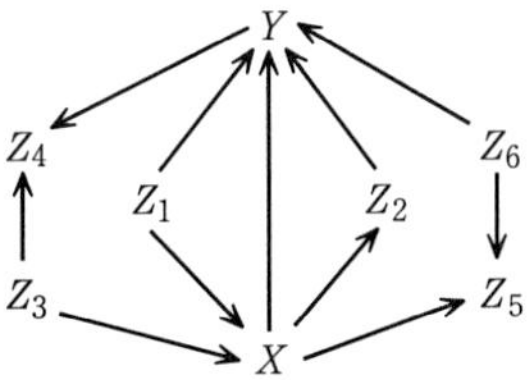

図 16　バックドア基準

なお，数学的議論で実質的な意味はないかもしれないが，$\boldsymbol{Z}_1$ として $\{Z_1, Z_3, Z_4\}$ とすることもできることに注意する．$\{Z_1, Z_4\}$ は[B-2]を満たさないが，Z_3 を加えることで Z_3 と Z_4 を経由する道は[D-2]を満たし，それゆえ [B-2] が満足されるのである．

バックドア基準を満たす $\boldsymbol{Z}_1$ は一意ではない．そこで，どのような基準でバックドア基準を満たす $\boldsymbol{Z}_1$ を選択すればよいかが問題になる．1 つの基準は観測しやすい変数の中から $\boldsymbol{Z}_1$ を選ぶことであり，これはきわめて実用的な基準である．推定精度が高くなるように $\boldsymbol{Z}_1$ を選ぶということも考えられる(宮川，黒木，1999)．

8 非正規性の問題

本章のタイトルに非正規性の問題と書いた．「問題」と表現すると，悪いもの，解決すべきものというニュアンスがあるが，統計科学において，「非正規性の問題」には，非正規性を積極的に利用するという方法論もある．その代表例が後述される独立成分分析（independent component analysis, ICA），独立因子分析（independent factor analysis, IFA）や射影追跡（projection pursuit, PP）であろう．

直交因子分析モデルを考える:

$$\boldsymbol{X} = \Lambda \boldsymbol{f} + \boldsymbol{e} \tag{19}$$

ここで $\mathrm{Var}(\boldsymbol{f})=I_k$，$\mathrm{Cov}(\boldsymbol{f},\boldsymbol{e})=O$，$\mathrm{Var}(\boldsymbol{e})=\Psi$（対角行列）という標準的な仮定をおくと，共分散構造は $\mathrm{Var}(\boldsymbol{X})=\Lambda\Lambda' + \Psi$（$=\Sigma$ と書く）となる．このとき，因子負荷行列 Λ は Σ から一意に決定できず，回転の自由度が存在する．すなわち，任意の k 次直交行列 Q に対して ΛQ も上記方程式を満たすことはよく知られている（たとえば，丘本，1986）．正規性の仮定のもとでは 1 次と 2 次のモーメントですべてが記述されるため，このような不定性が生じてしまう．

構造方程式モデリングの端緒となった検証的因子分析モデルでは，この問題を Λ に関する先見情報を利用することで解決した（Jöreskog, 1969）．

$\boldsymbol{f}$ の各要素が単に無相関ではなく独立に分布するという仮定をおくとき，式(19)を IFA という．とくに，誤差を考えない（たとえば，$\boldsymbol{e}=\boldsymbol{0}$）場合を ICA という（Hyvärinen *et al.*, 2001）．ICA や IFA の研究者は，$\boldsymbol{f}$ が独立かつ<u>非正規</u>であるならば[*37]，Λ が一意に定まり推定可能であることを示した[*38]．ICA と IFA は独立な複数個の信号を分離するという blind source separation の分野から生まれた．

*37 正確にいうと，正規分布にしたがう因子は 1 つあってもよい．

*38 計量心理学の分野でも Mooijaart（1985）によって対応する結果が得られている．

ICA や IFA の推定問題ではさまざまなアルゴリズムが提案されている(たとえば，Amari and Cardoso, 1997; Hyvärinen, 1999)．その 1 つが，$\boldsymbol{w}'\boldsymbol{X}$ の非正規性を最大にするような重みベクトル $\boldsymbol{w}$ を探す方法である．ICA で考えると，$\boldsymbol{w}'\boldsymbol{X}=\boldsymbol{w}'\Lambda\boldsymbol{f}$ であるから，これは独立な成分をもつ $\boldsymbol{f}$ の線形結合である．中心極限定理から容易に想像できるように独立な確率変数を加えると正規分布に近づくから，非正規性を高めるという規準は $\boldsymbol{f}$ の線形結合の中から $\boldsymbol{f}$ の 1 つの成分を選ぶことになろう．このように，独立成分を同定するという問題は非正規性を最大化するという問題に置き換えることができるのである．一方，統計学において，多変量ベクトルの線形結合で非正規性を最大にするものを選ぶという方法論は射影追跡とよばれ Freedman と Tukey(1974)によって提案されている．射影追跡には独立という概念はない．したがって，ICA は，潜在変量 $\boldsymbol{f}$ が独立に分布するならば，射影追跡はその独立成分を同定するという重要な特徴付けを与えたことになる．

ICA や IFA は，認知心理学における脳磁図や脳電図と行動の関連をみる研究で盛んに用いられていることを除けば，社会科学分野での適用は限られている．しかし，「正規＋無相関」から導かれる分析結果に加えて，「非正規＋独立」から生み出される情報は社会科学においてもきわめて重要なものになると思われる*39．

ICA や IFA の社会科学分野での応用を考えたとき，潜在変数 $\boldsymbol{f}$ が「独立」に分布するかどうかの検証が重要になる．信号処理の分野ではデータがとられた状況から比較的簡単に「独立」の条件をチェックできるし，また，復元された信号からも吟味できる．一方，社会科学では独立性の仮定が成立しないことがより多いと考えられるにもかかわらず，そのチェックが難しい．Shimizu と Kano(2001)は 3 次モーメントを用いた ICA モデルの適合度検定を通して独立性を吟味する方法論を提案している．ICA についての詳細は第 I 部を参照されたい．

非正規性の問題における従来の枠組みは，正規理論が非正規分布のときにどのような問題が生じるかという古典的ロバストネスの議論，そして，正

*39 筆者は，ICA とグラフィカルモデリングや ICA と構造方程式モデリングの融合に興味をもっている．現在ではまったく未知の分野である．

規理論を参照しながら非正規分布での方法論を構築することであろう．加えて，正規性の仮定が本質的に整合的でなく正規理論を参照できないという問題も存在する．構造方程式モデリングの枠組みで考えるならば，交互作用や非線形モデルをどう扱うかという問題である．4.2 節での分析は従来の方法を用いているが，本来は，低セルフコントロールと犯罪機会の交互作用が研究の焦点であった*40．また，インフルエンザの例(図 1)でも X と Z との交互作用が必要かもしれない．

次の非線形構造方程式を考えてみる．

$$\eta = \gamma_{11}\xi_1^2 + \gamma_{12}\xi_1\xi_2 + \gamma_{22}\xi_2^2 + \zeta$$

このとき，ξ_i に正規性を仮定しても η は正規分布にはならない．回帰モデルと異なり，構造方程式モデルでは独立潜在変数もランダム効果であるため，非線形の関係は容易に分析できないのである．現在もっともしばしば行われている方法は，独立変数に正規性を仮定しモーメント法で推定するものであるが，発展途上の感は否めず，依然として改善の余地がある*41．

構造方程式モデリングにおける非正規性に関連する最近の話題は，非線形構造に加えて，離散潜在変数や混合分布にしたがう潜在変数のモデリングである．紙幅の関係でここでは議論しないので，興味のある読者は Muthén(2002)や豊田(2000)を参照されたい．

非正規母集団における(線形)構造方程式モデリングの統計的推測問題は 1980 年代に発展した*42．構造方程式モデリングにおいて，統計的推測の基本的性質は，(i)推定量の漸近分散が，標本共分散行列 S に基づく推定量の族の中で最小であること(best asymptotically normal, BAN)，(ii)推定量の漸近標準誤差が正しいこと，(iii)適合度をみる尤度比検定統計量の漸近カイ 2 乗性が正しいこと，である．これらにつき，正規分布に尖度パラメータを付加した楕円分布のもとでは，(i)は正しいが，(ii)と(iii)は尖度

---

*40 セルフコントロールが低いというだけで罪を犯すのではなく，そのような人間が犯罪機会を得たときに初めて犯罪者となるという考えである．

*41 Arminger と Muthén(1998)はマルコフ連鎖モンテカルロ法を用いたベイズ推定法を提案している．

*42 Browne(1982)と，Browne と Shapiro(1988)がよくまとまっている．邦文では狩野(1990)を参照されたい．

パラメータによる修正が必要であることがわかっている．一方で，ここでは詳細を述べるスペースがないが，潜在変数が独立に分布するならばおおむね(i)(ii)(iii)が成立することもわかっている．

Browne(1982, 1984)は 4 次モーメントが有界という広い条件のもとで，(i)(ii)(iii)が正しくなる推測方法を提示した．それは，ADF(asymptotically distribution-free)法とよばれており，次の規準を最小にする．

$$F(S, \Sigma(\boldsymbol{\theta})) = (v(S) - v(\Sigma(\boldsymbol{\theta})))'\hat{W}^{-1}(v(S) - v(\Sigma(\boldsymbol{\theta}))) \qquad (20)$$

ここで，$v(S)$ は対称行列 S の対角要素を含めた下三角部分をベクトル化したものであり，W は $v(S)$ の共分散行列でノンパラメトリックに推定される．ADF 法は漸近的にはよい性質を有するものの，きわめて大きなサンプルが必要であることがわかってきた(Hu, Bentler and Kano, 1992)ため，Yuan, Bentler や Satorra らによっていくつかの改良が提案されている(たとえば，Yuan and Bentler, 1997)．また，Kano，Berkane と Bentler(1990)は ADF 法と楕円分布によるモデリングとの中間にあたるモデルを提案している．

次に，傾向スコア(5 章を参照)による因果分析との対比で問題になった順序カテゴリカル変数を含むデータの分析を取り上げる．カテゴリカル変数はある意味で究極の非正規分布である．

順序カテゴリカル変数 X は，正規分布にしたがう(潜在)変数 X^* が離散化されて生じると考える．すなわち，

$$X = k \quad \text{if} \quad \tau_{k-1} < X^* < \tau_k \qquad (k = 1, \cdots, K)$$

ここで τ_k は閾値(threshold)といわれデータから推定するパラメータである[*43]．ただし $\tau_0 = -\infty$, $\tau_K = \infty$ とする．このとき

$$P(X = k) = \int_{\tau_{k-1}}^{\tau_k} N(x|\mu, \sigma^2)dx \qquad (21)$$

となる．この考え方は，統計学ではプロビット法(probit method)，心理学では系列範疇法(method of successive categories)と関連している．順序カテゴリカル変数が r 個あるときは，X_i に対する閾値を $\tau_{i,1}, \cdots, \tau_{i,K_i}$ として

*43　k が 1 から始まることは本質的でない．

$$P(X_1 = k_1, \cdots, X_r = k_r) = \int_{\tau_{1,k_1-1}}^{\tau_{1,k_1}} \cdots \int_{\tau_{K,k_r-1}}^{\tau_{K,k_r}} N_r(\boldsymbol{x}|\boldsymbol{\mu}, \boldsymbol{\Sigma}) d\boldsymbol{x}$$
$$= p(\boldsymbol{X}_1 = \boldsymbol{k}|\boldsymbol{\mu}, \Sigma, \boldsymbol{\tau}) \qquad (22)$$

となる．

いま，多変量正規分布 $N_p\left(\begin{bmatrix}\boldsymbol{\mu}_1 \\ \boldsymbol{\mu}_2\end{bmatrix}, \begin{bmatrix}\Sigma_{11} & \Sigma_{12} \\ \Sigma_{21} & \Sigma_{22}\end{bmatrix}\right)$ にしたがう確率ベクトル $\begin{bmatrix}\boldsymbol{X}_1^* \\ \boldsymbol{X}_2^*\end{bmatrix}$ に対して構造方程式モデルが成立しているとし，観測ベクトル $\boldsymbol{X}_1 = [X_1, \cdots, X_r]'$ と $\boldsymbol{X}_2$ をそれぞれ順序カテゴリカル変数と連続変数とする．このとき，

$$\begin{cases} X_1 = k_1 & \text{if} \quad \tau_{1,k_1-1} < X_1^* < \tau_{1,k_1} \\ \quad\vdots & \\ X_r = k_r & \text{if} \quad \tau_{r,k_r-1} < X_r^* < \tau_{r,k_r} \\ \boldsymbol{X}_2 = \boldsymbol{X}_2^* & \end{cases}$$

を仮定するのが一般的である．観測変数 $[\boldsymbol{X}_1', \boldsymbol{X}_2']'$ に基づく尤度は

$$L(\boldsymbol{\mu}, \Sigma, \boldsymbol{\tau}) = P(\boldsymbol{X}_1 = \boldsymbol{k}|\boldsymbol{X}_2) N_{p-r}(\boldsymbol{X}_2|\boldsymbol{\mu}_2, \Sigma_{22})$$
$$= P(\boldsymbol{X}_1 = \boldsymbol{k}|\boldsymbol{\mu}_1 + \Sigma_{12}\Sigma_{22}^{-1}(\boldsymbol{X}_2 - \boldsymbol{\mu}_2), \Sigma_{11} - \Sigma_{12}\Sigma_{22}^{-1}\Sigma_{21}, \boldsymbol{\tau})$$
$$\times N_{p-r}(\boldsymbol{X}_2|\boldsymbol{\mu}_2, \Sigma_{22})$$

と導かれる．上記では式(22)での記号を用いている．この尤度に構造方程式モデル $(\boldsymbol{\mu}(\boldsymbol{\theta}), \Sigma(\boldsymbol{\theta}))$ を代入することで $(\boldsymbol{\theta}, \boldsymbol{\tau})$ の尤度が求まり，最尤法に基づく統計的推測が可能になる．ただ，順序カテゴリカル変数やカテゴリーの数が多い場合は，各セルにおちるデータ数が限られること，また，多重積分が評価しにくくなるという問題がでてくる．そこで，まず，モデルを考慮せずに $(\hat{\boldsymbol{\mu}}, \hat{\Sigma}, \hat{\boldsymbol{\tau}})$ を求め[*44]，続いて $(\hat{\boldsymbol{\mu}}, \hat{\Sigma})$ に基づき構造パラメータ $\boldsymbol{\theta}$ を推定するという 2 段階推定法がとられることがある[*45]．普通，2 段階目の推定では一般化最小 2 乗法が用いられる．

＊44　通常の相関係数，多分相関係数(polychoric correlation)と多分系列相関係数(polyserial correlation)を最尤推定，ないしはモーメント法で推定する．

＊45　Lee，Poon と Bentler(1994)などを参照のこと．この他にも計算量減少という観点でさまざまな提案がある．

最後にブートストラップ(bootstrap)法についてふれる．非正規分布に対するノンパラメトリック法としてブートストラップ法は避けて通れない．構造方程式モデルでは，一般にサンプルサイズが大きいこと，観測変数の次元が大きい場合が多いこと，推定に複雑な反復計算が必要なこと，不適解などしばしば推定に困難が生じることなどの問題があり，以前はブートストラップ法の適用を躊躇する状況であった．しかし，計算機の性能がすばらしく改善したこと，モデルが適切であれば，探索的因子分析モデルよりも構造方程式モデルのほうが安定した推定が可能であることがわかってきたこと，重要なソフトウェアがブートストラップ法をサポートしたことなど状況の変化があり，実務家や応用研究者にとっても有用なオプションとなった．興味のある読者は，構造方程式モデリングにおけるブートストラップ法の発展を概観した Yung と Bentler(1996)や Ichikawa と Konishi による一連の論文(たとえば，Ichikawa and Konishi, 2001)などを参照されたい．

9 構造方程式モデリングの役割——まとめに代えて

本稿では構造方程式モデリングを中心にして因果推論について議論してきた．構造方程式モデリングが開発されて四半世紀が経つ．その間，方法論としての絶え間ない発展があり，また，その適切な適用方法や因果推論についても議論されてきた．(実験データではない)調査データに基づく因果推論に対して，構造方程式モデリングはどのように寄与するのだろうか．構造方程式モデリングはときに因果構造分析ともいわれ，複雑に絡んだ因果関係をズバリ決定するエースという宣伝文句もあるようだが，これはまったくのプロパガンダなのだろうか．

Goldberger(1972, p. 979)には，構造方程式モデルは，単に相関関係の記述でなく因果のリンク(causal link)を表しているとある．つまり，構造方程式モデルでは，方程式は因果関係を表し，交絡変数はすべてモデルに取り入れられ，因果のパスは既知で正しく指定されていることが前提となっており，そして，パラメータの値のみが未知だという解釈である．以上のことは，構造方程式モデリングは完全な検証的分析の道具であると言い換えてもよいだろう．このような立場では，構造方程式モデリングによる分析から得られることは，適合度による因果仮説の吟味とパラメータの推定値のみということになる．そして，因果仮説についての全責任はモデルの作成者がもつことになる．

筆者は Goldberger とは少し違った立場をとりたい．Goldberger の定義は，「データをとる前に因果構造に関して最大限の努力を払い，ベストな因果モデルを構築しておく」と読み替えたい．

■構造方程式モデリングによる因果推論の問題点

Rubin の因果モデルと比したとき，構造方程式モデリングによる因果推論の問題点は，交絡変数の存在と個体内の変動を個体間の変動で模擬していることであった．この問題は調査データに基づく分析に共通する欠点であり，古典的な相関分析ではもちろんのこと，構造方程式モデリングにおいても解決されていない．6 章で指摘したように，交絡変数の存在は因果の方向の決定に影響を与えるし，もちろん，因果の大きさを正確に推定できないことは周知のとおりである．

一方，実験における「無作為割り付け」という操作は，これらの問題を適切に解決してくれる．それゆえ，無作為割り付けが不可能な状況での因果推論を認めないという立場もある．因果推論の論文として名高い Holland(1986)は，個体が，(変数の)どの値もとり得る(potentially exposable，曝露可能)変数のみが原因となることができるとし，したがって，属性変数(たとえば，性別・人種)は原因変数ではないと主張する．そして，“no causation without manipulation” というモットーを最後に論文を閉じている．確かに，属性変数は割り付けを行うことができないので，属性変数を要因に含む分析は交絡変数の影響を受ける．この意味で，それは調査データの分析の範疇に入る．Holland の主張(操作なければ因果なし)に対し Bollen(1989)は，もしそうならば，月の公転が潮汐の原因になる，台風が被害を及ぼす，といった因果関係が説明できないと反論している．

■属性変数は原因変数でない？

属性変数を原因変数としないという枠組みは賛同できなくもない．性差が認められても，性による違いを構成する要因はさまざまである．身長や体重の違い，ホルモンの違い，性格の違いなどが真の原因かもしれない．したがって，属性の違いに留まらず，より細かい原因変数の探求が必要であろう[*46]．もし幸運にも，その原因変数が割り付け可能であるならば，交絡要因を統制した実験研究に持ち込むことができる．

属性変数に関わる因果推論についてはRubinの枠組みの外にあると考えるべきではないか．Rubinの因果モデルは，個体レベルの因果効果(unit-level causal effect)に基づいている．すなわち，同一個体に要因のすべての水準を割り付けたときの結果変数の値の変動を因果効果と定義する．勉強すれば成績が上がる，投薬すると病気が治る，自己効力感を高めると抑うつが改善されるということがRubinの意味で因果であることが確かめられたならば，実践的な指針を得たことになる．すなわち，「勉強する」「投薬する」「自己効力感を高める」という操作から結果変数の変化を予測することができ，そして実際そのような行動をとることができる．曝露可能な変数に対する因果推論をRubinのモデルで考える価値はここにある．一方，たとえば性差の研究で，「男性のほうが話を聞かない」ということの定義に「女性を(性転換して)男性に変えたら話を聞かなくなる」ということを要求する価値はあるだろうか．このような場合には，Rubinの意味での因果は立証できないし応用する場もないのである．

属性研究の成果は，個体内で属性を変化させるというように応用するのではなく，男性は「話を聞かない」傾向があり，女性は「地図を読めない」傾向があるというように予測に用いられる．したがって，Rubinの因果は必要がないのである．属性変数の問題点は，曝露不可能ということではなく交絡変数の影響を受けるということにあるが，しかし，7.2節で議論したように，予測においては交絡変数の問題は小さい．

---

*46　もちろん属性の違いを確認することを最終目的とする研究もある．

■実験研究は万能ではない

実験研究による因果分析は万能であるというわけではない．まず，構造方程式モデリングを適用するような複雑な因果関係が研究対象であるとき，適切な実験デザインが組めるかという問題がある．次に，水準・制御という実験を行うための基本的な事柄に関する問題がある．実験をするためには水準が必要であり，事前に(恣意的に)設定された水準で因果効果が認められたとしても，それ以外の水準での因果効果は想像するしかない．固定された値に関する一般化可能性が問題になるのである*47．一方，調査データでは，水準などは分析者によって定められるわけではなく，ランダムネスへ押し込まれてしまう．

何でもかんでも無作為割り付けによってバランス化するのは，実験誤差が，そして第2種の過誤が大きくなり問題である．たとえば，投薬の有無を無作為割り付けすると「Z: 症状の程度」もバランスよく割り付けられるが，Z による変動は誤差へ含められ実験誤差が大きくなる．実験誤差を小さくするためには，既知の交絡要因についてはできるだけデータを採取し，それらをモデリングすることが有効である．そのための道具として共分散分析やその拡張である構造方程式モデリングを用いることができる．無作為割り付けは，未知の交絡変数やデータが採取できない交絡変数の影響をバランス化するための最終手段と考えるべきであろう．

■個体内の変動と個体間の変動

この問題はほとんど議論してこなかった．南風原と小松(1999)は，発達研究において個体の経時変化(個体内変動)とある時点における個体間の変動が必ずしも一致しないことを指摘している．この問題は，工学における空間平均が時間平均(の極限)に一致するというエルゴード性の仮定に類似している．5.2節で紹介したように，交絡変数で調整できることもあるが，すべてがこのようには対処できないだろう．

---

*47　この議論については豊田(1998，9章)が詳しい．

南風原と小松(1999)は，個体内の変動が個体間の変動で近似できるための条件として，(i)個体内変動の同質性，(ii)個体内の変動が，散布図上の同じ位置に重なって存在する，(iii)個体内の変動は十分な個体差がある，を挙げている．図10で考えるならば，(i)は，個体内変動の線分が平行で同じ長さであること，(ii)は，線分が重なること，すなわち，「学校関係の事柄に費やす時間」が一定ということ，(iii)は，個体を表す点が線分上でいろいろばらつくこと，つまり，教科学習と課外活動に割く時間の割合がさまざまであることを意味している．実際は誤差が付加されるので，(ii)と(iii)は，得られたデータに基づく回帰直線もしくは主成分直線が個体内変動の線分の方向と一致することと言ってもよいだろう．しかし，横断的研究では個体内変動を表す線分は観測することができないので，線分に関する事前情報か，もしくは何らかのモデリングが必要になる．

一方，個体差を記述する構造方程式モデルもある．代表例が，経時データを分析する潜在曲線モデルである．同モデルでは，個体差を交互作用として取り出すことができる．紙幅の関係で詳細は省略する．

■時間の先行性

因果推論における原因変数の時間的先行性は重要な概念である．哲学者のDavid Humeは因果推論に関して時間的先行性の重要性を強調している．Holland (1986, p. 946)は “in causal inference the role of time has a greater significance” と言い，また，Bollen(1989, p. 67)は因果の方向性の解析に関して “Knowing that one variable precedes another in time is probably the single most effective means” と述べている．インフルエンザの例では因果の方向は問題にならない．というのは「投薬 → 治癒」という因果の方向が確定しているからである．Rubinのモデルはもっぱら，因果の方向は既知だという場合に，その大きさを正確に推定するという状況を対象にしている．

時間的順序関係が明確でない変数群における因果関係の同定においては，因果の方向も分析対象になり因果推論はずっと難しくなる．とくに1時点でしかデータがない横断的研究では，因果の方向の問題は重大である．質問紙調査による研究ではプライバシーの問題があり，回答者を同定しないことが多い．そのような場合は，同一回答者を経時的に調査することが困難であり横断的研究にならざるを得ない場合がある．6 章で述べた操作変数法による双方向因果モデルは，このような状況に対する 1 つの解答を与えている．しかし，同モデルは検証しにくい多くの仮定*48のもとに成立し，それらの仮定が崩れたときの頑健性がないように思われる．したがって，因果推論に関する双方向因果モデルによる結論は一時的なものと考えるほうがよく，フォローアップ研究(たとえば縦断的研究)が必要である．

■構造方程式モデリングは古典的相関分析を越える

では，因果分析に関して，構造方程式モデリングが古典的相関分析(たとえば，偏相関分析，回帰分析，探索的因子分析，正準相関分析)を越える部分は何なのか．

Bullock，Harlow と Mulaik(1994)は，構造方程式モデリングは因果推論に関して何か新しいものを提供したのかという問いかけに対して “yes and no” と答えている．交絡要因などの調査研究に内在する問題点については no であるが，肯定的な内容として，効果の分解，誤差の分離，潜在変数を規定する多重指標の考え方，測定モデルと構造モデルの分離と同時推定を挙げている．

筆者はまず，万人が認める因果関係をモデルに反映できるようになったことを強調したい．そして，もし，パス図が正確で想定以外の交絡変数が存在しない場合は，構造方程式モデリングによって，因果の大きさや方向，効果の分解，誤差の分離，多母集団比較など，因果推論に関して求められる成果の多くを得ることができる．したがって，研究者はその前提条件に集中し，前提条件を満足するにはどのようにすればよいかに全力を傾けることができる．

次に，古典的分析からの発展として，適合度によって不適切なモデル(たとえば，対立モデル)の排除が可能になったことを挙げたい．われわれは，

*48 交絡変数，直接効果がないという操作変数の仮定，被験者間変動による被験者内変動の近似など．これらはすでに指摘済みである．

誤って間違ったパスを引いてしまったモデルがとんでもなく悪い適合度を報告することをしばしば経験する．科学的方法論としては反証可能であり，そのためのオプションが提供されていることが必須であろう．3つ目は，モデル規定の柔軟性であるが，これについては後述する．

最後に，構造方程式モデリングでは多母集団の同時分析や平均構造モデルを用いることによって実験的研究から得られたデータも分析できることを挙げておきたい．古典的な ANOVA，MANOVA，ANCOVA やその他の複雑なデザインにも対応できる．しかし，より重要なのは，古典的分析の実行だけでなく新しい可能性を切り開いたことにある．たとえば，複数母集団での因子分析結果の統計的比較や因子平均に関する統計的吟味，また，因子分析モデルと分散分析モデルの統合などである(たとえば，豊田，真柳，2001)．

■ベストな方法論を選択する

因果を探る種々の方法論に対してそれぞれの欠点を指摘することはできる．また，データからの因果推論を全否定することもできる．Karl Popper にしたがえば，どんな科学的仮説も証明することは不可能だということにもなる．筆者は，因果分析については，おかれている状況に対してベストな方法論を用いて情報を取得し，そして，その欠点を認識した上で，結果を解釈し応用することが重要であると考える．無作為割り付けが可能であるのに実行しないのは誤りである．交絡変数を制御・調整するマッチングやサブグループ化，そしてモデリングは有効であるし，また，ときには傾向スコアを用いることもできる．属性変数を含むデザインは調査データの分析に分類されると言った．しかし，多くの属性変数はその頻度を制御することができることが多い．とすれば，各セルが同数になるようサンプリングすることができるかもしれない．そうすれば分散分析は釣り合い型となり，取り上げた要因の因果の大きさを同定しやすくなる．

■背後の理論の説得力

ベストな方法論を用いた研究であっても，分野や状況によって主張できる因果のレベルは自ずと異なる．調査研究であっても，背後にしっかりとした理論があれば，因果関係として主張できるであろう．たとえば，「月の公転が潮汐の原因になる」である．竹内(1986，p. 86)は「因果関係の中にはきわめて明解なもの，比較的明解なもの，あまり明解でないものがある」と述べている．繁桝(2002)は「(調査データに基づく因果関係は)実験的方法に比べ，当該の因果関係の確証の程度は低い」と述べている．このように，一般的にいって，調査データに基づく因果構造に関する記述が，無作為割り付けによって得られたものと同等に明解であると考えるのは間違いであろう．連続な原因変数を離散化して分散分析を行った結果が，分散分析を使っているというだけで「きわめて明解なもの」と考えるのもよくない．

■構造方程式モデリングの処方箋

では，調査研究しかできず，しかも背後の理論が強くないという状況に対してどのように対処するのがよいのだろうか．研究者が怠慢だからこのような状況に出くわすのではない．ヒトや動物の行動に関わる研究分野にはこのような状況がいくつもある．

まず，因果関係を確立するには十分ではないかもしれないが，目的に関連する理論研究をしっかりと行うことである．そして，できるだけ正確なパス図を作成する．パス図を描くことができれば，データを採取できるかどうか，そして，そのモデルがデータから推定できるかどうかを吟味する．重要な変数のデータがとれないときには，代替特性を考えてみる．どの変数を観測すべきかを検討するときは，グラフィカルモデリングにおけるバックドア規準が有用かもしれない．

因果の方向に興味があるときは，モデリングに細心の注意を払わなければならない．6章で議論したように，比較したい複数個のモデルが互いに同値モデルにならないようにモデリングしなければならない．しかしながら，横断的データによるこのような方法は，先に述べたように調査研究の問題点――未観察の交絡変数など――の影響をまともに受け信頼性が高くないことを承知しておくべきである．

調査研究はここで留まるべきではない．

■調査研究は積み重ねる

1 回の調査研究で得られる因果に関する知見は弱いかもしれない．4.2 節で紹介した犯罪心理学の研究では，犯罪類似行動を 3 種類に分けて 3 回分析を行い整合的な結果を得ている．加えて，母集団を変更したり調査の方法を変えたりすることの影響を検討する必要もあろう．新たに交絡変数を導入したり，交互作用を考慮したモデリングを行うこともできる．このように，調査データに基づく研究では，研究結果を積み重ね，必要ならば，因果モデルを少しずつ洗練し，より確実なものへ仕上げていくことが重要である．

社会科学の分野では最初からすべての仮定が満たされたもとで統計的推測を行うことは難しい．調査研究の積み重ねは，分析において必要な仮定をクリアしていくためのプロセスと言い換えてもよいかもしれない*49(たとえば，Mulaik and James, 1995, p. 135)．交絡変数がないという仮定が不適切だということがわかったら新たな交絡変数を導入する．因果関係をより精緻にするため中間変数を考えてみる．中間変数が制御可能であれば結果変数に対して何らかの働きかけができるかもしれない．線形性の仮定が適合しないならば非線形項を導入してみる．正規分布の仮定が大きく崩れているのならば非正規分布対応の分析方法を採用する．新しい理論が提唱されたならば，その理論を実現するようにモデルを修正するということもある．

そのプロセスにおいて，因果モデルは常に批判にさらされた一時的なものであることを認識する必要がある．種々の仮定をクリアしていくこと，背後にある理論が進展すること，それを実現する方法論が発展すること，これらに伴って因果モデルは進歩し続ける．このような考えは，科学的方法論を「推測と反駁の絶えざる連鎖」と捉える Popper の反証主義と通じるものがある．

---

*49　このように書くと，どんなモデルや分析でも公表できるように聞こえるかもしれないがそうではない．研究には最低限満たされていなければならない必要要件がある．たとえば，記述統計量の検討，線形性の確認，適合度の吟味などである．

調査研究における因果推論では，

「因果推論とは交絡変数・中間変数を探す旅である」

をモットーとしたい．

■なぜ構造方程式モデリングか

調査データの因果分析にとって構造方程式モデリングは重要な選択肢である．すでにいくつかの特徴を挙げたが，ここでは以下の 2 点を強調したい．まず，モデルをパス図によって視覚に訴えることで，多くの研究者が分析に用いられた因果モデルを理解しやすくなったことである．これは同時に，多くの研究者から批判を受ける可能性が高まることも意味する．誤ったモデルは直ちに修正され，見過ごしていた交絡変数を発見したり，また，新しいアイデアが生まれやすい環境を提供する．パス図は，先に指摘した「研究の積み重ね」に重要な役割を果たすだろう．

次に，これは多くの研究者によって指摘されてきたことであるが(たとえば，豊田，1998)，モデル規定の柔軟性である．いくら新しいアイデアを出してもそれを実現する数理モデルが利用可能でなければ，そのアイデアを実証することは難しくなる．構造方程式モデリングは多くの伝統的な多変量解析法を下位モデルとして実現することができる．また，先人が考えもしなかったまったく標準的でないモデルでも，構造方程式モデリングによる実現可能性を試してみる価値がある．この構造方程式モデリングの特徴は

「構造方程式モデリングは現象をかたる言語である」

と形容できるだろう．

時間をかけ多くの研究によってモデルを洗練させていき，真の因果構造に迫るというプロセスが，社会科学における多くの研究のとるべきスタイルであり，そのプロセスにもっとも適合する方法論が構造方程式モデリングだと言ってよいだろう．

参考文献

文献のうち主要なものについて解題を付す.

構造方程式モデリング全般

[1]狩野裕(1997a): グラフィカル多変量解析——目で見る共分散構造分析. 現代数学社. 狩野裕, 三浦麻子(2002)増補版.

[2]豊田秀樹(1998): 共分散構造分析——構造方程式モデリング[入門編]. 朝倉書店.

[3]豊田秀樹(2000): 共分散構造分析——構造方程式モデリング[応用編]. 朝倉書店.

[4]Bollen, K. A. (1989): Structural Equations with Latent Variables. Wiley: New York.

[5]Jöreskog, K. G. and Sörbom, D. (1993): LISREL 8: User's Reference Guide. Scientific Software International, Inc.: Chicago, IL.

[6]Muthén, B. (2002): Beyond SEM: General latent variable modeling. *Behaviormetrika*, **29**, 81-117.

[1], [2], [3], [4]は構造方程式モデリング(SEM)の基礎から応用までを一通り学習するための書籍である. [1]が一番やさしい. 増補版では潜在曲線モデルと 2 段抽出モデルの解説が追加された. [2]では, 典型的な SEM——因子間のパス解析——を中心に解説されている. 一方, [3]は SEM で扱える各種の応用モデルを解説している. [4]は SEM 関係の書物の中で最も引用が多い文献と思われる. 出版されて 10 年以上経過するが本書を越えるものはない. SEM における因果推論や識別可能性などの基礎的なトピックにもかなりのページを割いている. [5]は SEM のソフトウェアである LISREL のマニュアルであり, 著者の Jöreskog は SEM の始祖である. 適用事例が豊富であり, マニュアルだけでも購入する価値がある. SEM における諸概念や記号は LISREL に負うところが多い. [6]は SEM の最新情報が満載された論文である. 最近注目されている離散潜在変数のモデルなども解説されている.

構造方程式モデリングにおける統計的推測

[1]狩野裕(1990): 因子分析における統計的推測: 最近の発展. 行動計量学, **18**, 3-12.

[2]Browne, M. W. (1982): Covariance structures. In D. M. Hawkins (ed.): Topics in Applied Multivariate Analysis. Cambridge University Press: Cambridge, UK, pp. 72-141.

[3]Browne, M. W. (1984): Asymptotically distribution-free methods for the analysis of covariance structures. *British Journal of Mathematical and Statistical Psychology*, **37**, 62-83.

[4]Browne, M. and Shapiro, A. (1988): Robustness of normal theory methods in the analysis of linear latent variate models. *British Journal of Mathematical and Statistical Psychology*, **41**, 193-208.
[5]Hu, Li-tze, Bentler, P. M. and Kano, Y. (1992): Can test statistics in covariance structure model be trusted? *Psychological Bulletin*, **112**, 351-362.

[2], [3]は SEM における楕円分布論や ADF 法を紹介した初めての論文である．[2]は概説で各種モデルや応用例が豊富に示されている．[3]では[2]の結果の証明が与えられている．[4]は 1980 年代後半に発展した漸近頑健性を証明した論文である．数学的であるがその証明はエレガントである．付録が充実しており自習ができる．主要結果の概要は[1]でも読める．[5]は SEM における各種の推定方法を数値実験によって比較した論文．ADF 法が n=5000 でやっとその良さが確認できることなどが報告されている．

グラフィカルモデリング

[1]宮川雅巳(1997): グラフィカルモデリング．朝倉書店．
[2]宮川雅巳(1999): グラフィカルモデルによる統計的因果推論．日本統計学会誌，**29**, 327-356.
[3]Dempster, A. P. (1972): Covariance selection. *Biometrics*, **28**, 157-175.
[4]Lauritzen, S. L. (1996): Graphical Models. Oxford Science Publications: Oxford.
[5]Pearl, J. (2000): Causality: Models, Reasoning, and Inference. Cambridge University Press: Cambridge.

[1], [4]はグラフィカルモデリングの成書．[1]は理論と応用のバランスがとれた良書である．グラフィカルモデリングに興味ある読者はまず[1]を読むことを勧める．同著者による[2]では，バックドア規準や Pearl による介入効果，無向独立グラフから有向独立グラフの構成などが解説されている．[4]はやや数学的であるが細かいところまできっちりとした証明が与えられている．[3]は共分散選択を発展させた論文．[5]は因果推論とグラフィカルモデリングの第一人者による書下ろし．日本人には難解である．しかし，欧米人でもそのようである．

因果推論

[1]竹内啓(1986): 因果関係と統計的方法．行動計量学，**14**, 85-90.
[2]Bullock, H. E., Harlow, L. L. and Mulaik, S. A. (1994): Causal issues in structural equation modeling research. *Structural Equation Modeling*, **1**, 253-267.
[3]Holland, P. W. (1986): Statistics and causal inference (with discussion). *Journal of the American Statistical Association*, **81**, 945-970.
[4]Mulaik, S. A. and James, L. R. (1995): Objectivity and reasoning in science and structural equation modeling. In H. Hoyle (ed.): Structural Equation Modeling: Concepts, Issues, and Applications. Sage Publications: CA,

pp. 118-137.
[5]Rosenbaum, P. R. and Rubin, D. B. (1983): The central role of the propensity score in observational studies for causal effects. *Biometrika*, **70**, 41-55.
[6]Rubin, D. B. (1974): Estimating causal effects of treatments in randomized and non-randomized studies. *Journal of Educational Psychology*, **66**, 688-701.

[1]は日本語で読める唯一の因果推論についての詳細な解説と思われる．雑誌「行動計量学」の当該号には本論文を含めて 4 篇の因果推論に関する論文が収められている．因果推論に関する Rubin モデルを提唱した論文が[6]である．[3]は[6]に始まる Rubin の一連の論文をまとめたもので，因果推論に関する歴史的なレビューもあり興味深い．因果推論の論文として名高く，最も頻繁に引用されるものの 1 つ．[2], [4]は SEM における因果推論を論じた論文である．SEM に肩入れすることなくバランスがとれた記述である．著者の 1 人である Mulaik 氏は科学哲学者であり SEM の第一人者でもある．[5]は傾向スコアに関する基本論文で，その数理的性質から応用まで詳細に記述されている．

引用文献

邦　文

猪原正守，天坂格郎(1998): 小集団活動の活性化支援モデル．豊田秀樹(編)共分散構造分析[事例編]．北大路書房，pp. 167-174.
丘本正(1986): 因子分析の基礎．日科技連．
狩野裕(1997b): 共分散構造分析とソフトウェア: 種々の共分散構造モデル(4)．*BASIC* 数学，1 月号，40-46.
久米均，飯塚悦功(1987): 回帰分析．岩波書店．
繁桝算男(2002): 心理学における因果関係の分析．理論心理学研究(印刷中)．
盛山和夫(1986): 社会学における因果推論の問題——パスモデルにおける loop をめぐって．行動計量学，**14**, 71-78.
竹内啓 編集代表(1989): 統計学辞典．岩波書店．
豊田秀樹，真柳真誉美(2001): 繰り返し測定を伴う実験のための因子分析モデル——アイスクリームに関する官能評価．行動計量学，**28**, 1-7.
南風原朝和(1998): 実践の観点から見た因果モデル．豊田秀樹(編)共分散構造分析[事例編]．北大路書房，pp. 195-199.
南風原朝和，小松孝至(1999): 発達研究の観点から見た統計: 個の発達と集団統計量との関係を中心に．日本児童研究所(編)児童心理学の進歩，**38**, 213-238.
宮川雅巳，黒木学(1999): 因果ダイアグラムにおける介入効果推定のための共変量選択．応用統計学，**28**, 151-162.

英 文

Amari, S. and Cardoso, J. (1997): Blind source separation: Semiparametric statistical approach. *IEEE Transactions on Signal Processing*, **45**, 2692–2700.

Arminger, G. and Muthén, B. (1998): A Bayesian approach to non-linear latent variable models using the Gibbs sampler and the Metropolis-Hastings algorithm. *Psychometrika*, **63**, 271–300.

Fuller, W. A. (1987): Measurement Error Models. Wiley: New York.

Freedman, J. H. and Tukey, J. W. (1974): A projection pursuit algorithm for exploratory data analysis. *IEEE Transactions on Computers*, **C-23**, 881–890.

Goldberger, A. S. (1972): Structural equation models in the social sciences. *Econometrica*, **40**, 979–1001.

Gottfredson, M. R. and Hirschi, T. (1990): A General Theory of Crime. Stanford University Press: Stanford, CA. 松本忠久訳(1998)：犯罪の基礎理論．文憲堂．

Grasmick, H. G., Tittle, C. R., Bursik, R. J. Jr. and Arneklev, B. J.(1993): Testing the core empirical implications of Gottfredson and Hirschi's general theory of crime. *Journal of Research in Crime and Delinquency*, **30**, 5–29.

Hirai, K., Suzuki, Y., Tsuneto, S., Ikenaga, M., Hosaka, T. and Kashiwagi, T. (2002): A structural model of the relationships among self-efficacy, psychological adjustment, and physical condition in Japanese advanced cancer patients. *Psycho-oncology*, **11**, 221–229.

Hyvärinen, A. (1999): Fast and robust fixed-point algorithms for independent component analysis. *IEEE Transactions on Neural Networks*, **10**, 626–634.

Hyvärinen, A. Karhunen, J. and Oja, E. (2001): *Independent Component Analysis*. Wiley Interscience: New York.

Ichikawa, M. and Konishi, S. (2001): Efficient bootstrap tests for the goodness of fit in covariance structure analysis. *Behaviormetrika*, **28**, 103–110.

Jöreskog, K. G. (1969): A general approach to confirmatory maximum likelihood factor analysis. *Psychometrika*, **34**, 183–202.

Kano, Y., Berkane, M. and Bentler, P. M. (1990): Covariance structure analysis with heterogeneous kurtosis parameters. *Biometrika*, **77**, 575–585.

Lee, S.-Y., Poon, W-.Y. and Bentler, P. M. (1994): Covariance and correlation structure analysis with continuous and polytomous variables. In T. W. Anderson, T. K. Fang and I. Olkin (eds.): *Multivariate Analysis and Its Applications*. IMS Lecture Notes - Monograph Series 24. IMS: Hayward, CA. pp. 347–358.

McArdle, J. J. and McDonald, R. P. (1984): Some algebraic properties of the Reticular Action Model for moment structures. *British Journal of Mathematical and Statistical Psychology*, **37**, 234–251.

Mooijaart, A. (1985): Factor analysis for non-normal variables. *Psychometrika*,

50, 323–342.

Pearl, J. (1995): Causal diagrams for empirical research. *Biometrika*, **82**, 669–709.

Pearl, J. (1998): Graphs, causality and structural equation modeling. *Sociological Methods and Research*, **27**, 226–284.

Robins, J. M., Mark, S. D. and Newey, W. K. (1992): Estimating exposure effects by modelling the expectation of exposure conditional on confounders. *Biometrics*, **48**, 479–495.

Shimizu, S. and Kano, Y. (2001): Examination of independence in independent component analysis. *IMPS2001 ABSTRACTS*, p. 54. Osaka University.

Spirtes, P., Glymour, C. and Scheines, R. (2000): *Causation, Prediction, and Search, 2nd ed.* The MIT Press: Cambridge.

Yuan, K.-H. and Bentler, P. M. (1997): Mean and covariance structure analysis: Theoretical and practical improvements. *Journal of the American Statistical Association*, **92**, 767–774.

Yung, Y.-F. and Bentler, P. M. (1996): Bootstrapping techniques in analysis of mean and covariance structures. In G. A. Marcoulides and R. E. Schumacker (eds.): Advanced Structural Equation Modeling Techniques, LEA: Hillsdale, NJ. pp. 195–226.

Wainer, H. (1991): Adjusting for differential basis rates: Lord's paradox again. *Psychological Bulletin*, **109**, 147–151.

III

疫学・臨床研究における因果推論

佐藤俊哉・松山裕

目　次

1 因果を探る

読者のみなさんは医学研究というと，どんなイメージをもっているだろうか．

ビーカーやフラスコが複雑につながった実験室で，白衣の科学者が難しい顔をして黙々と試験管をふっている．褐色の液体を分析器にかけると，なにやら一連の数字が印刷された紙が次々と出力される．食い入るように見つめる科学者．やがて目を興奮に輝かせ「できたぞ，どんなウイルスにも効く新薬の完成だ」．

こんな光景をイメージされていたとすると，残念ながら大きな誤解である．この続きを予想すると次のようになる．

科学者は自信満々で，自分が合成した自称「新薬」を患者に使ってみるに違いない．何人かの患者は，それでも実際に病気が治るかもしれない．なぜかというと，ほとんどのウイルス感染は自分の免疫だけで治ってしまうからである．したがって，この「新薬」の効果ははなはだ疑問なのだが，効果があるのだかないのだかわからない「新薬」でも，ただ１つ確実にいえるのは，有害作用は必ず存在するということである．

その有害作用は，かゆみがでるという程度の軽いものですむかもしれないし，ひょっとするとウイルス感染症を悪化させ，最終的には死に至らしめるような重い有害作用かもしれない．効くか効かないかはっきりしない「新薬」を使われて，自分が死んでしまったとしたら，これほど割に合わないことはないだろう．

これから得られる教訓は，科学者の勝手な思い込み(「理論」ともいう)だけでは薬はできない，ということである．自分が作ったものが「薬」であると主張するためには，証拠が必要となる．その証拠が得られるまでは，単なる「新薬候補物質」の１つにすぎない．また，未だかつて人間に使用されたことのない物質をいきなり患者に使うのは，毒性，安全性の面で大いに問題であるから，組織細胞，動物などを使って，毒性，安全性のチェックをしておくことも重要である．

しかし，わたしたちが必要としているのは，「動物に効く薬」「動物に安全な薬」ではない．あくまでも「わたしたちが病気になったときに効く薬」「病気を治すために許容できる安全性をもった薬」であるから，最終的には患者を使った実験により，効果と安全性を証明することが必要となる（藤田，1999）．

大方のイメージとは異なり，白衣の科学者が実験室で研究を重ねるだけでは，医学の進歩はないのである．

医学研究では，非常に多くの対象者について実験や調査を行う必要がある．その際，個人個人で病気になりやすさに差があったり，治療の効き方が異なったりといった個人差が問題となる．しかし，この個人差は排除しなければならない誤差ではなく，評価の際に適切に考慮しなければならない要因であるため，医学研究にはどうしても統計的な考え方が必要となる．生物統計の専門家も医学の進歩に貢献しているのである．

本稿で取り上げるのは，医学研究の中でも病気の原因を探ることが目的の疫学研究と，医薬品や治療の効果を調べることが目的の臨床試験である．疫学研究では「たばこを吸うと肺がんにかかるのか？」といった問題を取り扱う．また，臨床試験では「C 型肝炎の治療のために開発された新薬の候補は，C 型肝炎に効果があるのか」といった問題を取り扱う．どちらの研究でも，「たばこは肺がんの原因か？」「新薬の候補は C 型肝炎に効果があるか？」という因果関係を調べることが大きな目的となる．

因果関係を調べるためには，想像以上の困難がともなう．表 1 に「お酒を飲むと心臓病の発症が増えるか」ということを男性 2000 名について調べた疫学研究の仮想例をしめす．このようなデータは，（心臓病の 1 つである）心筋梗塞にかかっていない対象者を，飲酒ありグループと飲酒なしグループに分類し，何年間も追跡して，心筋梗塞にかかったかどうかを調べてはじめて得ることができる．表 1 の結果から，飲酒ありグループでは 1059 名中 71 名，7% が心筋梗塞を発症し，飲酒なしグループでは 941 名中 29 名，3% が心筋梗塞を発症した．心筋梗塞を発症する割合をリスク（risk）と

表 1 飲酒と心筋梗塞との関連(仮想例)

飲 酒	心筋梗塞の発症		合 計
	あ り	な し	
あ り	71(6.7%)	988	1059
な し	29(3.1%)	912	941
合 計	100	1900	2000

表 2 飲酒と心筋梗塞との関連. 表 1 のデータを喫煙で層別

飲 酒	喫煙なし			喫煙あり		
	心筋梗塞の発症		合 計	心筋梗塞の発症		合 計
	あ り	な し		あ り	な し	
あ り	8(2.6%)	304	312	63(8.4%)	684	747
な し	22(2.6%)	836	858	7(8.4%)	76	83
合 計	30	1140	1170	70	760	830

いうことにすると，飲酒ありグループのほうが心筋梗塞のリスクが 2 倍以上高いという結果となった.

表 2 に表 1 の 2000 名の結果を，タバコを吸うかどうかでさらに分類した結果をしめした. 表 2 中の「喫煙なし」で飲酒あり，心筋梗塞の発症ありの 8 名と,「喫煙あり」で飲酒あり，心筋梗塞発症ありの 63 名を足すと 71 名であり，表 1 の飲酒ありで心筋梗塞発症ありの 71 名と同じになっている. 表 2 の「喫煙なし」と「喫煙あり」を足し合わせると表 1 が得られることを確認してほしい. さて，表 1 では「飲酒ありグループに心筋梗塞のリスクが 2 倍以上高い」という結果であったが，喫煙で分類した表 2 ではどうだろうか.

「喫煙なし」の人たちの間では，飲酒ありグループでは 312 名中 8 名，2.6% が心筋梗塞を発症したが，飲酒なしグループでは 858 名中 22 名，2.6% が心筋梗塞を発症していて，心筋梗塞のリスクは同じであった.「喫煙あり」の人たちの間では，飲酒ありグループでは 747 名中 63 名，8.4% が心筋梗塞を発症し，飲酒なしグループでは 83 名中 7 名，やはり 8.4% が心筋梗塞を発症していて，こちらも心筋梗塞のリスクは同じであった．これはどういうことだろうか．

表1と表2の結果は，

(1) 飲酒は心筋梗塞のリスクを2倍以上高める(表1の結果が正しい)

(2) 飲酒と心筋梗塞は関連がない(表2の結果が正しい)

(3) 対象者全体でみると飲酒は心筋梗塞のリスクを2倍以上高めるが，喫煙別にみると飲酒と心筋梗塞とは関連がない

という3通りの解釈ができるが，(3)は同じ集団のデータに対して明らかに矛盾している解釈をしていて，おかしな結論である．さて(1)と(2)，いったいどちらの解釈が正しいのだろうか？

表1，表2では飲酒と心筋梗塞との関連を調べていたが，もし表1，表2中の「心筋梗塞」というラベルを「発疹」に変えた場合，

(1) 飲酒は発疹のリスクを2倍以上高める(表1の結果が正しい)

(2) 飲酒と発疹は関連がない(表2の結果が正しい)

このどちらの解釈が正しいのだろうか．この奇妙な現象は疫学では交絡(confounding)，統計学ではシンプソンのパラドックス(Simpson, 1951)としてよくしられているが，読者のみなさんはどちらの解釈が正しいと考えるだろうか？

疫学研究では研究者は受身であり，対象者を観察してデータを得ることが基本となる．一方，臨床試験では研究者は対象者に新薬や新治療の候補を積極的に実施してデータを得るという，実験研究が基本となる．新薬や新治療の候補をまとめて本稿では「候補治療」とよぶことにしよう．候補治療の効果を調べるためには，患者さんに対し候補治療を使用するか使用しないかを決めて，候補治療を使用したグループと使用しないグループの結果を比較する必要がある．しかし，候補治療を使用するかどうかを医師が決めることには問題がある．医師が，「この患者さんは重症だから新しい候補治療を使ってみよう」「この患者さんは軽症だから候補治療を使わなくても十分治るだろう」といった選択をしてしまうと，せっかく候補治療に効果があったとしても，みかけ上効果がないような結果となってしまうからである．

こういった患者選択を避けるために，候補治療の効果を調べるための臨床試験では，候補治療を使用するかしないかを偶然の要素にもとづいて，ランダムに決定する．この操作のことを，治療のランダム割り付けとよんでいる．臨床試験に参加した人が，割り付けられた治療を守って正しく試験を完了すれば，ランダム化臨床試験の結果は，単純に候補治療使用グループと非使用グループを比較すればいいので，解析は簡単である．しかし，現実の臨床試験ではさまざまなことがおこる．

表3はインドネシアで実施された，大規模なランダム化試験の結果である(Sommer and Zeger, 1991)．この試験は，子どもにビタミンAを飲ませることで，1年間の死亡状況を改善できるかどうかを調べるために実施された．合計23682名の子どもが対象となり，12094名がビタミンA補充(グループA)，11588名が無治療(グループB)に割り付けられた．

表3 ビタミンA補充療法の効果

割り付け治療	実際の治療	死亡	生存	合計	グループ
ビタミンA		46	12048	12094	A
(内訳)	ビタミンA	12	9663	9675	A1
	無治療	34	2385	2419	A0
無治療	無治療	74	11514	11588	B
合計		120	23562	23682	

ところが，ビタミンA配送上の問題から，ビタミンA補充を割り付けられた12094名の子どものうち実際にビタミンAを飲むことができたのは9675名(グループA1)であり，残りの2419名は結果として無治療となってしまった(グループA0)．この試験結果から考えられる比較は次の3つである．

(1) ビタミンAの効果を調べるにはビタミンAを飲んでいなければ話にならないので，実際に受けた治療にもとづいて，ビタミンAを飲んだ「グループA1」と，飲まなかった「グループA0とグループBを併せたグループ」を比較する

(2) 割り付けられた治療を守らなかった人は試験の計画に違反している

ので，割り付けを正しく守った人たち，ビタミン A を割り付けられたグループでは実際にビタミン A を飲んだ「グループ A1」と無治療を割り付けられて実際に無治療であった「グループ B」を比較する

(3) この試験ではビタミン A 補充を行うかどうかをランダムに割り付けているので，治療を割り付けた後にそれを守ったかどうかにかかわらず，当初の予定通り，ビタミン A を割り付けられた「グループ A」と無治療を割り付けられた「グループ B」を比較する

読者のみなさんはどの比較が適切だと考えるだろうか？

本稿では，疫学研究，臨床試験を実施する上で現実におこるこれらの問題に対して，因果推論からのアプローチを解説する．最初の疫学研究の問題では，「飲酒と心筋梗塞の関連」を調べる場合には，喫煙で分類した結果である「飲酒と心筋梗塞は関連がない」が正しく，「飲酒と発疹の関連」を調べる場合には，喫煙を無視した全体の結果である「飲酒は発疹のリスクを 2 倍以上高める」が正しい．なぜ，結果のラベルが異なるだけで，まったく同じデータの解釈が異なるのだろうか．ビタミン A 補充療法の治療効果を調べる試験では，実際にビタミン A を飲んだかどうかは無視して，割り付けられたグループにもとづいて比較することが正しい．なぜ実際にはビタミン A を飲まなかった子どもを「ビタミン A グループ」として解析することが正当化されるのだろうか．

本稿の以下の章では，これら一見奇妙に思える結論が，因果モデルから演繹的に導かれることをしめすことにする．

本稿の構成は，次の通りである．2 章では，因果関係を考える上で重要な枠組みを与える反事実モデルを導入する．反事実モデルを用いて，因果効果の定義，交絡の定義，などについて述べる．3 章では，因果グラフという因果推論の道具を導入し，知識の整理を行うことの重要性をしめす．さらに，因果効果が推定できるかどうかは，因果グラフを操作することで簡単に調べられることをしめす．4 章では，具体的に因果効果を推定するための統計的方法について解説する．4 章はややテクニカルになるが，傾向スコア，操作変数，構造ネストモデル，周辺構造モデルといった因果効果推定のための道具を解説する．最後に，5 章でこれまでになされている因

果推論に関するディスカッションを簡単にまとめることにする.

2 因果モデル

因果関係というと，わたしたち日本人はすぐ「因果応報」「因果は巡る」といった意味での「因果」を思い浮かべてしまう．これは「因果」というものの仏教的な解釈からきており，広辞苑(第5版)を引いてみると，

> 因果 ①[仏]㋐直接的原因(因)と間接的条件(縁)との組合せによってさまざまの結果(果)を生起すること．㋑特に，善悪の業によってそれに相当する果報を招くこと．また，その法則性．㋒悪業の果報である不幸な状態．不運なめぐり合せ．②原因と結果．

と確かに仏教的な意味が最初に記されている．こうしてわたしたちは，病気になった原因は「先祖の供養を怠ったから」であったり，「小さいころ動物をいじめてばかりいたから」であると考えてしまうのである．

仏教にしばられない西洋では，因果はどのように定義されているだろうか．原因は cause であり，その意味は which produces an effect or result となっているが，produce の意味として to cause があり，堂々巡りに陥ってしまう．effect に至っては，動詞としては cause と同義であり，一方，名詞としては result と同義となり，さらに result を引くと effect と同義という体たらくである(Greenland, Robins and Pearl, 1999)．

このように，わたしたちが日常的に「因果」や「原因」というとき，その意味は非常にあいまいであり，きちんと定義しなければ因果関係を科学的に論じることはできない．18 世紀を代表するスコットランドの哲学者である David Hume は，このような循環論法に陥ることなく，

> 「われわれは，別な事象に伴われるある事象を原因と定義しよう．ここで，2 番目の事象は，最初の事象がおこらなかったとしたら，決しておきることがなかったであろうものである．」(Hume, 1748)

と原因を定義した.

2.1 反事実

佐藤俊哉さんはお酒が好きで，長年お酒を飲んでいたが，50 歳になったときに心筋梗塞をおこしてしまった．佐藤俊哉さんが心筋梗塞になったのは，長年お酒を飲んでいたことが原因なのであろうか？ 佐藤さんの飲酒が心筋梗塞の原因であったかどうかを調べるためには，Hume の因果の定義によると，「佐藤俊哉さんがお酒を飲んでいなかったとしたら，それでも心筋梗塞になっていたかどうか」を調べなければならない．佐藤俊哉さんは心筋梗塞の発症に関するさまざまなリスク(喫煙者であるとか，毎日コーヒーを飲むとか)をもっているはずであるが，それらのリスクに加えて，「お酒を飲んでいた」か「お酒を飲んでいなかった」かで，心筋梗塞を発症するかどうかがあらかじめ決まっているという決定論的なモデルを考えてみよう．

このモデルのもとでは，すべての人は表 4 にしめす 4 つのタイプに分類できる．タイプ 1 の人はお酒を飲んでいても，飲んでいなくても，結局心筋梗塞を発症するので，Hume の定義から，お酒を飲んでいたことは心筋梗塞の原因ではない．同じことがタイプ 4 の人にもいえる．お酒を飲んでいても，飲んでいなくても，心筋梗塞を発症しないので，タイプ 4 の人も飲酒と心筋梗塞の発症とは関係がない．タイプ 2 の人は，お酒を飲んでいた場合に限って心筋梗塞を発症するので，Hume の定義から，お酒を飲んでいたことが心筋梗塞の原因だと考えることができる．反対に，タイプ 3 の人は，お酒を飲んでいた場合に心筋梗塞を発症しないで，お酒を飲まな

表 4 飲酒と心筋梗塞の発症

	飲酒していた場合	飲酒していなかった場合
タイプ 1	あり*	あり
タイプ 2	あり	なし
タイプ 3	なし	あり
タイプ 4	なし	なし

* 心筋梗塞の発症

いと心筋梗塞になってしまうので，お酒を飲むことは心筋梗塞の発症に予防的に働くことになる．

すべての人は，表4のどれかのタイプであることはわかっていて，お酒を飲むかどうかで心筋梗塞を発症するかどうかは，大げさにいうと，生まれる前から決まっているのであるが，残念ながらわたしたちには，誰がどのタイプであるのかはわからない．佐藤俊哉さんはお酒を飲んでいて心筋梗塞を発症したので，タイプ1かタイプ2のどちらかであるかまではわかるが，どっちのタイプであるのかは「佐藤俊哉さんがお酒を飲んでいなかった場合」の状況がわからないとわからないし，タイプ1であるかタイプ2であるかがわからないと，お酒を飲んでいたことが心筋梗塞の原因であったのかどうかもわからない．

この非常に簡単な因果モデルからすぐにわかることは，「個人に関する因果関係はわからない」(Holland, 1986)ということである．なぜなら，「佐藤俊哉さんがお酒を飲んでいた場合」と「佐藤俊哉さんがお酒を飲んでいなかった場合」の2つの状況を観察することは不可能だからである．佐藤俊哉さんはお酒を飲む人であるから，「佐藤俊哉さんがお酒を飲んでいた場合の心筋梗塞発症の有無」は観察できるが，もう一方の「佐藤俊哉さんがお酒を飲んでいなかった場合の心筋梗塞発症の有無」は決して観察することができない．この因果モデルは，観察できる事実である「佐藤俊哉さんがお酒を飲んでいた場合」と，事実に反した観察できない「佐藤俊哉さんがお酒を飲んでいなかった場合」の比較にもとづいているため，反事実(counterfactual)モデルとよばれている．

2.2 因果効果と交絡

特定個人についての因果推論は無理だとしても，せめて特定の集団についての因果推論なら，統計の力を借りてなんとかならないだろうか？ お酒を飲んでも飲まなくても心筋梗塞になる人もいれば，お酒を飲んだら心筋梗塞になる人，お酒を飲むと心筋梗塞にならない天邪鬼な人，飲んでも飲まなくても心筋梗塞にはならない人，と世の中実にさまざまな人がいる．

特定の集団にも，表4のタイプ1からタイプ4の人が混ざっていると考えられる．たとえば，佐藤俊哉さんを含んだ「40歳から60歳の京都市伏見区居住者」という集団を考えてみよう．

飲酒と心筋梗塞の因果的な効果を求めるため，原因と想定している飲酒するかどうかを記号 S で表し，S=1 なら飲酒あり，S=0 なら飲酒なし，また結果である心筋梗塞の発症は記号 Y を用いて，Y=1 なら心筋梗塞あり，Y=0 なら心筋梗塞なし，としよう．さらに，特定個人である佐藤俊哉さんについての結果であることをしめすために，事実と反事実を，

$$Y(\text{佐藤俊哉}, S = 1), \qquad Y(\text{佐藤俊哉}, S = 0)$$

と書くことにする．これにより，佐藤さん個人に対する飲酒の因果的効果は，たとえば，飲酒ありのときと飲酒なしのときの結果 Y の差をとった，

$$Y(\text{佐藤俊哉}, S = 1) - Y(\text{佐藤俊哉}, S = 0)$$

を評価することで調べることができる．佐藤さんがタイプ1かタイプ4であれば，この式は0となり因果的な効果なし，タイプ2であれば1で因果的な効果あり，タイプ3であれば −1 で予防的な効果あり，と判断できる．

特定の集団に対する因果的な効果は，この個人の効果の平均をとって調べることにしよう．平均をとる集団は「40歳から60歳の京都市伏見区居住者」であり，この集団を集団Aとする．集団Aのメンバー i について，全員が飲酒していた場合の $Y(i, S{=}1)$ の平均を R_{A1}，全員が飲酒していなかった場合の $Y(i, S{=}0)$ の平均を R_{A0} とすると，平均因果効果(average causal effects)は，

$$\text{因果リスク差} = R_{A1} - R_{A0}$$

となる．$Y(i, S)$ の平均は集団Aの心筋梗塞発症リスクとなるので，因果リスク差(causal risk difference)とよぶことにする．このように，因果効果とは，1つの集団(集団A)の2つの異なった状況(S=1 のときと S=0 のとき)の比較である．

伏見は酒どころであり，たまたま集団Aのメンバーは全員が飲酒していたとすると，R_{A0} は個人の因果効果と同様に決して観察することができない．このため，わたしたちにできることは，飲酒をしていない人たちの集団，たとえば伏見区の隣の宇治市に住む40歳から60歳の飲酒していない

人たちをコントロールとして観察し，心筋梗塞発症がどれくらいかを調べることになる．「40 歳から 60 歳の飲酒していない宇治市居住者」の集団を集団 B としよう．このときわたしたちが調べているのは，因果リスク差ではなく，

$$リスク差 = R_{\mathrm{A1}} - R_{\mathrm{B0}}$$

である．このように，わたしたちが通常の研究で行っているのは，2 つの集団(集団 A と集団 B)の 2 つの異なった状況(集団 A は $S=1$，集団 B は $S=0$)の比較であるため，これを因果効果と区別するために，**関連**(association)とよぶことにする．

このリスク差が，因果リスク差と等しくなるための条件は，

$$R_{\mathrm{A0}} = R_{\mathrm{B0}} \qquad (1)$$

である．「集団 A が飲酒していなかった場合」というのは，実際には飲酒している集団 A のいわば理想のコントロールであり，一方，「(飲酒していない)集団 B」は現実のコントロールである．理想のコントロールの心筋梗塞発症リスクと，現実のコントロールの心筋梗塞発症リスクが異なってしまうと，わたしたちは因果効果を正しく推定することができなくなってしまう．このように，因果効果を正しく推定できないことを**交絡**(confounding)とよんでおり，式(1)は交絡の定義を与えている(Greenland and Robins, 1986; Wickramaratne and Holford, 1987; 佐藤，1994a)．

この交絡の定義は，集団 A と集団 B が**比較可能**(comparable)であるかどうか，または，集団 A と集団 B のパラメータ R_{A0} と R_{B0} が**交換可能**(exchangeable)かどうか，にもとづいた定義である．この交絡の定義には観察できない量である R_{A0} を含んでいるが，観察できないものが一体なんの役に立つのであろうか？

まず，交絡の定義自体が観察できない量にもとづいていることから，「交絡がないことは保証できない」(Greenland and Robins, 1986)ことがすぐにわかる．集団 B をどのように決めようとも，R_{A0} が観察できない以上，$R_{\mathrm{A0}}=R_{\mathrm{B0}}$ であることをしめすことは決してできないからである．わたしたちにできることは，せいぜい交絡のない可能性を高めることであり，そのもっとも強い操作が**ランダム化**(randomization)あるいは**ランダム割り付**

け(random allocation)とよばれるものである．

ランダム化は，飲酒と心筋梗塞の例でいうと，40 歳から 60 歳の人を集めてきて，メンバー 1 人 1 人に飲酒をするかどうかを「コインを投げる」「さいころを振る」といった偶然の要素にもとづいて等確率で決定する．そしてランダムに分けられた，飲酒する集団 A と飲酒しない集団 B を 10 年間追跡して，心筋梗塞を発症するかどうかを調べるのであるが，このとき，

$$E(R_{\mathrm{A0}}) = E(R_{\mathrm{B0}}) \tag{2}$$

が成立する．ここで，E はランダム化をくり返し行ったときの期待値を意味する．

もちろん，この例のように，お酒を飲むかどうかをランダムに割り付けて，心筋梗塞の発症を調べることは倫理的に許されないが，候補治療の効果を調べるための臨床試験においては，治療をランダムに割り付けて，因果効果を調べることが現実に要求されている．しかし，ランダム化という非常に強い操作を行っても，ある集団に対してランダム化を何回も何回も実施すれば，長い目で見て式(2)が成立することが保証されているだけであり，1 回 1 回の臨床試験で式(1)が成り立つことを保証しているわけではない．したがってランダム化を行ったからといって，現実の 1 つの臨床試験で「交絡はない」ことは保証できないが，それでもランダム化により，交絡のない可能性は高められている．

本稿では，飲酒や喫煙のように研究者が意図的にコントロールできない(ランダム割り付けができない，許されない)要因のことを**曝露**(exposure)，新医薬品の候補のように研究者がコントロールできる(ランダムに割り付けることができる)要因のことを**治療**(treatment)とよぶことにする．

2.3 交絡要因と交絡の調整

これまでの反事実モデルにもとづく交絡の定式化では，心筋梗塞のリスクに影響を与える変数が集団 A と集団 B との間で差があるとか，バランスが崩れているといったこととは無関係に，R_{A0} と R_{B0} が異なっているかどうかということだけに着目していた．ここでは，集団 A と集団 B の間で，

心筋梗塞リスクに影響を与える変数に違いがあり，その変数の違いによって因果効果 $R_{\mathrm{A1}}-R_{\mathrm{A0}}$ の推定が交絡していると考えよう．そのような変数を**交絡要因**(confounding factor，confounder または confounding variable)とよぶ．

ある変数が交絡要因であるためには，集団Aが曝露を受けていない(飲酒していなかった)場合であっても，曝露を受けていない(もともと飲酒していない)集団Bと心筋梗塞発症リスクが異なるのであるから，

(1) その変数は，問題としている結果(心筋梗塞)に因果的に影響を与える変数(**リスク要因** risk factor)でなければならない

また，集団Aと集団Bがもっとも異なっているのは曝露を受けたかどうかであるから，

(2) その変数は，曝露と関連していなければならない(曝露を受けた集団Aと曝露を受けなかった集団Bでバランスが崩れていなければならない)

この2つの交絡要因の必要条件は，しばしば交絡要因の定義とされるが，これらの条件を満たす変数があっても，ほかの要因が相殺することによってなおかつ $R_{\mathrm{A0}}=R_{\mathrm{B0}}$(交絡はない)であることはありうるため，十分条件とはなっていない．

またこの2つの交絡要因の必要条件に因果推論の一般論である，

(3) 曝露と結果の間にある中間変数であってはならない

を加えた3つを交絡要因の必要条件とすることもある．

交絡の影響を受けずに，あるいは交絡の影響を取り除いて因果効果の推定を行うには，どうしたらいいだろうか．交絡の定義から明らかにいえるのは，R_{B0} が R_{A0} と等しいことがわかっている集団Bをコントロールとしてもってくればよいということである．しかし，R_{B0} が R_{A0} と等しいことがわかっていれば苦労はないわけであり，そのような集団Bをみつけることが難しいからこそ交絡が問題となるのである．適切なコントロール集団をみつけることが難しいのであれば，いっそのこと R_{B0} が R_{A0} と等しい集団を作ってしまったらどうだろうか．

交絡要因があらかじめ判明している場合，たとえば性別が交絡を引きお

こしているならば，対象を「40 歳から 60 歳の飲酒している京都市伏見区居住者」と「40 歳から 60 歳の飲酒していない宇治市居住者」の女性のみに限定(restriction)することで，交絡の影響を取り除くことができる．しかし，多くの交絡要因で限定してしまうと，対象者数がどんどん少なくなってしまうし，また結果の一般化も難しくなる(京都市に住む女性で，年齢が 55 歳から 60 歳で，喫煙者で，婚姻している集団での飲酒と心筋梗塞との関連が，はたしてほかの集団でも成り立つかどうか？)．

対象を限定する代わりに，交絡要因でマッチング(matching)を行うことで，限定と同様の効果をあげることができる．性別が交絡を引きおこしているならば，「40 歳から 60 歳の飲酒している京都市伏見区居住者」の男女比と同じになるように「40 歳から 60 歳の飲酒している宇治市居住者」からサンプルをとってくれば，性別のバランスがとれるので交絡はおこらない．しかし，多くの交絡要因でマッチをとろうとすると，マッチする相手がいなくなってしまうという問題がおきる(「55 歳の既婚女性喫煙者で酒造業を営んでいる」京都市伏見区居住の飲酒者にマッチする「55 歳の既婚女性喫煙者で酒造業を営んでいる」飲酒していない宇治市居住者がはたして存在するか？)．

限定にしてもマッチングにしても，限定しなかった要因，マッチをとらなかった要因，さらには測定されていない要因や未知の要因についてバランスが崩れることを防ぐことはできない．測定されていない要因や未知の要因について，データがないのにバランスをとることなんてできっこない，と思われるかもしれない．ところが，ランダム化はまさに測定されていない要因や未知の要因に対してもバランスの崩れを防いでいるのである．コインを投げたり，さいころを振って 2 つの集団にわけると，それぞれの集団で年齢や性別はほぼ均等にわかれているはずである．

しかしわたしたちは年齢に注目して年齢が均等にわかれるように，あるいは性別に注目して性別が均等にわかれるように操作をしているわけではない．ただひたすらにコインを投げ，さいころを振りつづけているだけである．コインを投げ，さいころを振るだけで，わたしたちのしらないところで年齢や性別が勝手に均等にわかれてくれるのなら，わたしたちのしらない未知の要因も 2 つの集団間で均等にわかれてくれるはずではないか．残念ながら，式(2)でみたように，ランダム化によってバランスの崩れを防ぐ方法といえども，確率的な意味においてでしかない．

限定，マッチング，ランダム化といった交絡の影響をとりのぞく方法は，比較可能なコントロール集団を人為的に作り出すという意味で，デザインで交絡に対処する方法である．多くの要因で限定やマッチングを行うと対象がいなくなってしまったり，またランダム化は因果推論に対する強力な武器ではあるが，健康に悪い影響をおよぼすと考えられている要因には倫理的な理由から用いることができないという難点がある．このように，デザインで交絡に対処する方法には限界があることから，解析のときに交絡を調整する数多くの方法が提案されている．解析で交絡を調整する方法については 4 章で解説を行うことにする．

2.4 喫煙は調整すべき交絡要因か

ある要因が交絡要因であるかどうかはどうやって判断したらいいだろうか．よくみかけるのは，交絡要因の必要条件を満たしているかどうかを統計的仮説検定で調べ，満たしていれば(検定の結果が有意であれば)交絡要因だと判断して，調整を行うという方法である．交絡要因の必要条件は，リスク要因であることと曝露と関連していること(集団間でバランスが崩れている)であったので，統計的仮説検定により，ある要因が，

(1) 結果と関連があるかどうかを調べる

(2) 集団間で割合や平均値が異なっているかどうかを調べる

の両方を満たすことをしめさなければならないが，通常はどちらかを調べて交絡要因だと判断することが多い．結果との関連は，交絡要因の候補を回帰モデル中に変数として加えて，回帰係数が有意であれば調整する，また集団間で異なっているかどうかはカイ 2 乗検定や t 検定を用いて有意であれば調整する，という方法がとられる．

統計的有意性検定のロジックは，「帰無仮説を設定して，帰無仮説のもとでおこる可能性の非常に小さいことがおこった場合(帰無仮説とデータが

矛盾する場合)，帰無仮説は誤っている」と判断するものであった．ある要因が交絡要因であるかどうかを検定するためには，帰無仮説「交絡はない」を設定することになる．ところが，2.2 節でしめしたように，ランダム化という非常に強い操作を行っていてさえ，「交絡がない」という保証はできなかった．ましてや，ランダム化を行っていない観察研究では交絡は調整しなければならないほど大きいか，あるいは無視できるほど小さいか，といった程度の問題であって，交絡はほぼ確実にあると考えたほうがよい．したがって，「交絡はない」という帰無仮説を考えること自体が無意味であり，通常の有意性検定のロジックはそぐわない(Greenland, 1989)．

一方，ランダム化を行っている研究では，わたしたちは平均的に「交絡がない」ことを知っている．したがって，「交絡がないという帰無仮説を設定し，そのもとでおこる可能性の非常に小さいことがおこった場合」，それは単に起きる可能性が非常に小さいことがたまたまほんとうにおこっただけにすぎない(佐藤，1994a)．つまり，ランダム化により 2 つの集団を作る操作を 100 回くり返した場合，集団間で「女性の割合に差がない」という仮説検定は，平均 5 回は 5% 水準の検定で有意となる．したがって，仮説検定をすること自体が無意味となる．

それでは一体，交絡要因であるかどうかはどのように判断したらいいのであろうか．

データから交絡がないことをしめすことができない以上，わたしたちは背景情報，事前情報を十分に利用して交絡要因を判断する必要がある．1 章で例として取り上げた飲酒と心筋梗塞の研究を考えよう．飲酒と心筋梗塞の単純な比較は，表 1 にしめしたように「飲酒は心筋梗塞のリスクを 2 倍以上高める」という結果であった．一方，表 2 では表 1 のデータを喫煙の有無で層別したところ，「飲酒と心筋梗塞は関連がない」という結果となった．

これまでに数多くなされている研究の結果から，喫煙は心筋梗塞の強いリスク要因であることがわかっている．また，喫煙と飲酒も(健康によくない生活習慣をもつ傾向，として)相関が高いことは知られている．このように医学・疫学的な背景情報から，喫煙は交絡要因の必要条件を満たし，交絡をおこしている可能性が高いことがわかる．この考察から，飲酒と心筋梗塞の関連を調べる場合には，喫煙で調整した(喫煙の有無で層にわけた)「飲酒と心筋梗塞は関連がない」という結果を信じるべきである．

それでは，「心筋梗塞」というラベルを「発疹」に変えた場合はどうだろうか．今度は喫煙が発疹のリスク要因となっている強い医学的証拠はこれまでのところ見当たらない．喫煙と飲酒の相関が高いことは心筋梗塞の場合と同様であるが，リスク要因でなければならないという必要条件の１つを満たしていないので，喫煙は交絡要因たりえない．この考察から，飲酒と発疹との関連を調べる場合には，たとえ飲酒と心筋梗塞の場合とまったく同じデータであっても，喫煙で調整しない「飲酒は発疹のリスクを２倍以上高める」という結果を信じるべきである．

このように，わたしたちが研究対象としている病気について，十分な医学，疫学，生物学的情報をもっていなければ，どの要因が交絡要因であり，どの要因は交絡要因ではないのか，正しい判断を下すことはできない．１章の「飲酒と心筋梗塞」「飲酒と発疹」の例のように，まったく同じデータであっても，背景情報によっては解析の仕方が異なるのである．これは観察研究から因果推論を行わなければならない場合に決定的な制約になるので，生物統計家は統計に関する知識だけではなく，対象としている病気に関しても十分な知識がなければ，正しい因果推論は行えないことを肝に銘じてほしい．

次章では，因果グラフを用いて，事前の知識を整理し，どの変数を交絡要因として調整すべきかを調べる方法を解説する．

3　因果グラフ

実際のデータ解析において交絡の調整となると，ある要因が交絡要因かどうかを判断する必要が生じる．ある要因が交絡要因かどうかを見極める際には，まずその要因が２章で述べた交絡の定義から直接導かれる交絡要因の必要条件(交絡要因は結果に因果的に影響している，交絡要因は比較する集団間でその分布が異なっている，曝露-結果間の中間変数ではない)を満たしていなければならないが，その見極めには医学的・疫学的な常識・知識などの背景情報がなによりも必要である(Robins, 2001)．

Pearl(1995, 2000)は，有向非巡回グラフとよばれる因果ダイアグラムにもとづく因果推論を展開している．このアプローチでは，データからではなく，背景情報から変数間の直接・間接的な因果関係をグラフで表現し，裏口テストとよばれるグラフィカルなアルゴリズムにもとづいて，交絡のない因果効果を得るために測定すべき変数，調整すべき変数の組の同定を行う(Greenland, Pearl and Robins, 1999)．

3.1 因果グラフの基礎

グラフとは，(測定・未測定にかかわらず)変数を表すいくつかの頂点とそれらを結ぶ辺がなす1つの構造である．とくに，変数間の順序性・因果性を考慮し，頂点間を結ぶすべての辺が矢線で表現されたグラフは有向グラフ(directed graph)とよばれる．図1に有向グラフの例をしめす．ただし，曝露(原因)を表す変数を E，疾病発症(結果)を表す変数を D，測定されたリスク要因(潜在的交絡変数)を A, B, C で表している．図1で，隣り合う頂点間の関係はその変数間の直接的な因果関係を表している．たとえば，$A \to C$ は変数 A から C への直接効果を表す．一方，図1の $A \to C \to D$ のような関係は，変数 A と D の間接的な因果関係，すなわち変数 A は，C(あるいは E)を通してのみ D に影響を与えることを表す．このような変数間の関係を医学，疫学，生物学的な背景情報から事前に決定しておくことがグラフにもとづく因果推論を行うためには必要である．

隣り合う頂点間を結ぶ線，あるいは矢じりの向きとは関係なくいくつかの頂点間を結ぶ一連の辺はパスとよばれる．とくに，矢じりの向きにそって進むパスは，有向パスとよばれる．また，ある変数から別の変数に進むパスのうち，最初の頂点に矢じりが向いているパスは裏口パスとよばれる．たとえば，図1で $B \to C \to E$ や $E \leftarrow A \to C \to D$ がパスの例で，前者が有向

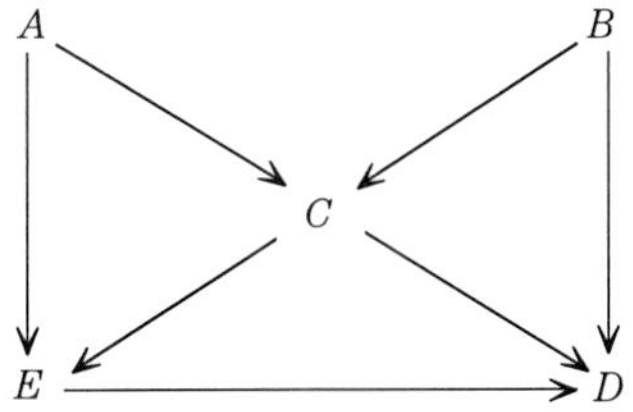

図 **1**　DAG の例(E: 曝露変数，D: 結果変数，A, B, C: 交絡変数)

パス，後者が変数 E から D への裏口パスの例である．

有向グラフにおいて，すべての有向パスが因果のループ(たとえば，$X \to Y \to X$ のような巡回閉路)を形成しない場合を**非巡回グラフ**(acyclic graph)とよぶ．図 1 のように有向でかつ非巡回的なグラフが**有向非巡回グラフ**(directed acyclic graph, DAG)とよばれ，グラフにもとづく因果推論では中心的な役割を果たす．

DAG では，矢線が頂点の間に順序関係を与えるので，ある変数 X から別の変数 Y へ有向パスがあるとき，X は Y の先祖，Y は X の子孫とよぶ．たとえば，図 1 で，変数 A, B, C は変数 E, D の先祖，変数 E, D は変数 A, B, C の子孫である．また，ある変数とその変数の子孫を除いた変数を非子孫とよぶ．さらに，ある変数 X から別の変数 Y に直接の矢線で結ばれているとき，X は Y の直接原因，あるいは X は Y の親，Y は X の子とよぶ．たとえば，図 1 で，変数 A と C は変数 E の親であり，変数 E と C は変数 A の子である．

ある変数と別の変数を結ぶパスにおいて，図 1 の $E \leftarrow A \to C \leftarrow B \to D$ における変数 C のように，矢じりにそって入り，矢じりの向きとは反対方向に出て行く場合，そのパスはその変数で衝突しているとよぶ．また，あるパスに少なくとも 1 つの衝突が存在すれば，そのパスはブロックされているとよぶ．たとえば，図 1 で変数 E から D への裏口パス $E \leftarrow C \leftarrow B \to D$ は，C と B のいずれにおいても衝突がおきていないのでそのパスはブロックされていないが，$E \leftarrow A \to C \leftarrow B \to D$ は変数 C で衝突が存在するため，そのパスはブロックされている．

3.2 交絡と因果グラフ

さまざまな背景情報から DAG を構成できれば，交絡のない因果効果を得るために測定すべき変数，調整すべき変数の組を簡単に同定することができる．曝露と疾病間の因果関係を調べる際，仮に曝露に効果がなかったとしても，曝露が疾病と関連している場合に交絡が存在するとよばれるが(Miettinen and Cook, 1981)，DAG を用いればこの交絡の条件は次のように言い換えることができる．曝露変数 E あるいは結果変数 D の非子孫から構成される変数のある組 Z (調整変数の組)を与えたもとで，変数 E から D へのブロックされていない(変数の組 Z を通らない)裏口パスが存在すれば交絡が存在する(Pearl, 1995)．この条件は，**裏口テスト** (back-door test)とよばれる以下のような簡単なグラフィカルなアルゴリズムで調べることができる(Greenland, Pearl and Robins, 1999)．

(1) 曝露変数から出るすべての矢線を消す(すべての曝露効果を取り除く)．

(2) 調整変数の組 Z 自体に含まれる変数，あるいは Z にその子孫が含まれる変数を子として共有する親のペアを線で結ぶ．

(3) 上記の(1)と(2)のステップを実行することにより得られる新しいグラフ(操作グラフ)において，曝露変数 E から結果変数 D へのブロックされていない(調整変数の組 Z を通らない)裏口パスがあるかどうかを調べる．

(4) すべての裏口パスがブロックされていれば，変数の組 Z は曝露変数 E と結果変数 D の交絡のない因果効果を得るための調整変数として十分である．一方，ブロックされていない裏口パスが存在すれば，その裏口パスを通る変数でさらなる調整を行わなければ変数 E–D 間の交絡のない因果効果を得ることはできない．

観察研究における DAG のもっとも単純な例を図 2 にしめす．この例では，コレステロール値と心筋梗塞発症との間の因果関係を調べることにもっとも関心がある．このとき，高脂肪摂取のようなコレステロール値(曝露)と

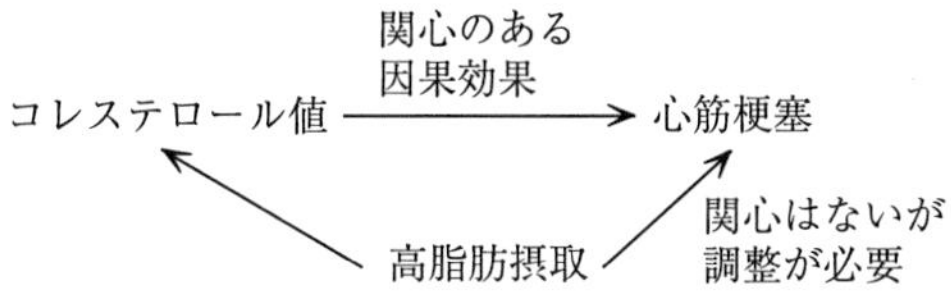

図 2　観察研究におけるもっとも単純な DAG の例

も心筋梗塞の発症(結果)とも関連があり，曝露と結果の間の中間変数でないような交絡変数が常に観察研究には存在し，その効果には通常関心はないが交絡のない曝露効果を得るためには調整しなければならない．

このDAGに対して前述の裏口テストのステップ(1)をあてはめた結果得られる操作グラフを図3にしめす．この帰無仮説の状態を表すグラフにおいて，高脂肪摂取を介した曝露から結果へのブロックされていない裏口パスが存在する．したがって，図2のようなデータから交絡のない「コレステロール値と心筋梗塞発症の因果関係」を調べるためには，その単純な関係を「高脂肪摂取」という変数で(層別解析，回帰モデルなどにより)調整する必要がある(裏口テストにおいて，Z={高脂肪摂取} とする)．

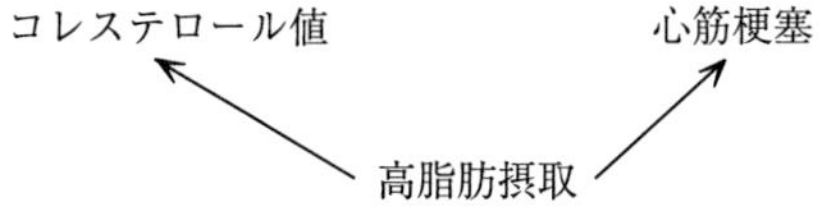

図 3　図 2 の DAG における帰無仮説の状態

次に，コレステロール値の高い対象者における心筋梗塞発症を予防することを目的としたコレステロール低下薬のランダム化予防研究を考えてみる．そのようなランダム化研究における DAG を図 4 にしめす．この DAG では，図 2 の観察研究の DAG と異なり，高脂肪摂取からコレステロール値への直接の矢線が存在しない．これは，要因のランダム化が「平均的には」グループ間で既知，未知にかかわらずさまざまな背景要因を均一化することを意味している．この DAG に前述の裏口テストのステップ(1)をあてはめた結果得られる操作グラフを図 5 にしめす．この帰無仮説の状態を表すグラフにおいて治療から結果へブロックされていない裏口パスは存在しないので，図4のようなランダム化研究から交絡のないコレステロール治療の因果効果を得るためには，単純な治療効果の比較を行えばよく，何も調整する必要がないことがわかる(裏口テストにおいて，$Z=\{\quad\}$と表す).

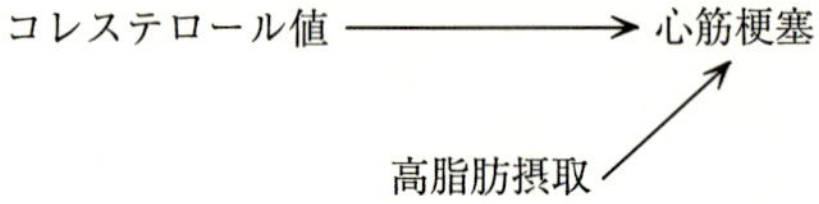

図 4　ランダム化研究における DAG の例

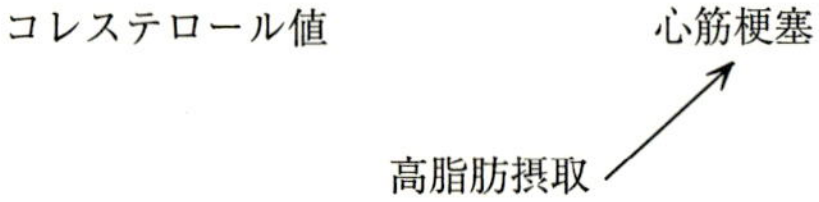

図 5　図4の DAG における帰無仮説の状態

図6に，コレステロール値と心筋梗塞発症との間の関係を調べた観察研究における複雑な DAG の例をしめす．この DAG は一見複雑に見えるが，裏口テストにおいてブロックされていないパスは必ず曝露変数，結果変数の先祖，調整変数を通らなければならないので，そのような変数に関係しない部分をグラフから取り除いて考えるとわかりやすい．図7にしめすように，調整変数として高脂肪摂取と運動の状態，あるいは食習慣と運動の状態，あるいはそれらのすべてを用いれば，交絡のない「コレステロール

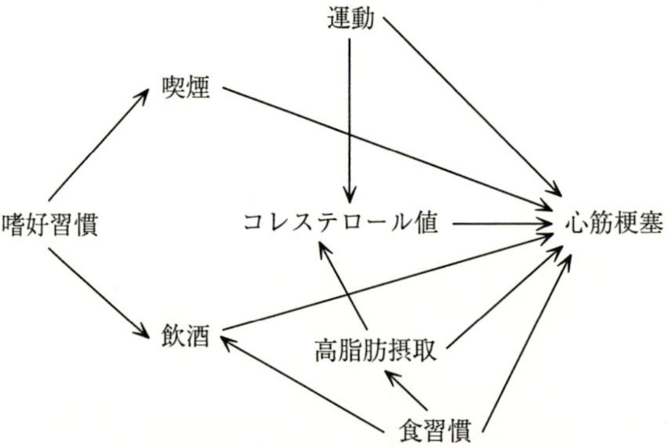

図 6　観察研究における複雑な DAG の例

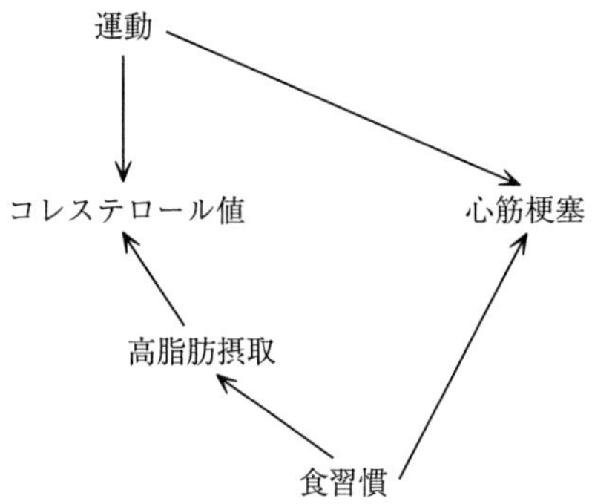

図 7　操作グラフ(図 6 の DAG に裏口テストを実行した結果)

値と心筋梗塞発症の因果関係」を調べることができる．なお，調整すべき変数の組み合わせは 1 通りではないことに注意すること．

3.1 節でしめした図 1 において変数 E-D 間の交絡のない因果効果を得るために調整すべき変数の組を決めるために前述の裏口テストをあてはめてみる．調整変数の組として，$Z=\{A, C\}$, $Z=\{B, C\}$, $Z=\{C\}$ の 3 通りを考える．いずれの場合も上記の(1)と(2)のステップを実行した結果，図 8 にしめす操作グラフが得られる．ここで，裏口テストのステップ(2)において，変数 A と B の間に線が結ばれることに注意すること．この操作グラフにおいて，変数 E から D へのすべての裏口パスは変数 A あるいは C を通るので，$Z=\{A, C\}$ は交絡のない因果効果を得るための調整変数として十分である．また，$Z=\{B, C\}$ も変数 E から D へのすべての裏口パスをブロックしているので，調整変数として十分である．しかしながら，裏口パス $E \leftarrow A — B \rightarrow D$ は変数 C を通らないので，$Z=\{C\}$ は交絡のない因果

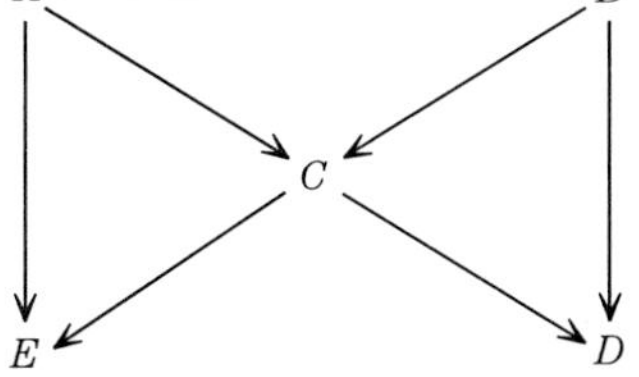

図 8　操作グラフ(図 1 の DAG に裏口テストを実行した結果)

効果を得るための調整変数として十分でない．

さまざまな背景情報から想定されるDAGが図9になる場合を考えてみる．調整変数の組を $Z=\{C\}$ とした場合，裏口テストから得られる操作グラフは図10であり，裏口パス $E \leftarrow A - B \rightarrow D$ は変数 C を通らないので，$Z=\{C\}$ は調整変数として十分でない．一方，図9のDAGに対して調整変数の組として $Z=\{\ \}$（何も調整しない）を用いた場合，操作グラフは図11となる．この操作グラフでは，変数 C で衝突が起きているため，変数 E から D へのブロックされていない裏口パスは存在しない．したがって，図9で変数 E-D 間の交絡のない因果効果を得るためには何も調整する必要がないことがわかる．

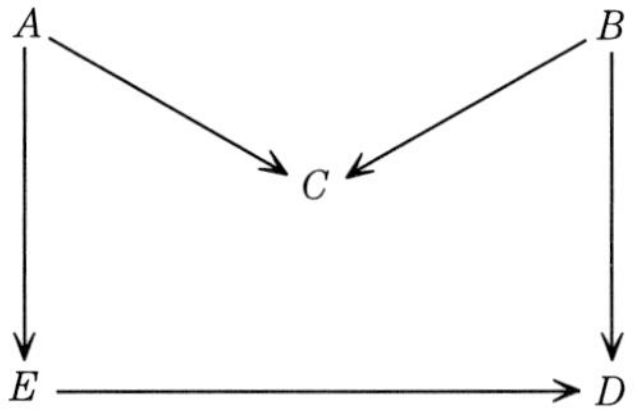

図 9　DAGの例（E: 曝露変数，D: 結果変数，A, B, C: 交絡変数）

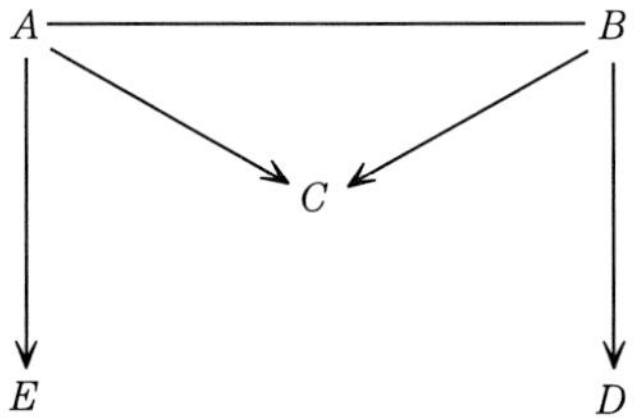

図 10　操作グラフ（図9のDAGに $Z=\{C\}$ に対する裏口テストを実行した結果）

次に，図12のようなDAGが想定される場合について考える．ただし，変数 U は未測定の潜在的交絡変数を表す．図12では，たとえ変数 C を調整したとしても，$E \leftarrow U \rightarrow D$ という裏口パスが存在する．したがって，未測定の変数 U に関する情報（$Z=\{C, U\}$ とする），あるいは U の良いサロゲートになる変数（$U \rightarrow F \rightarrow E$，あるいは $U \rightarrow F \rightarrow D$ を満たす変数 F を測定

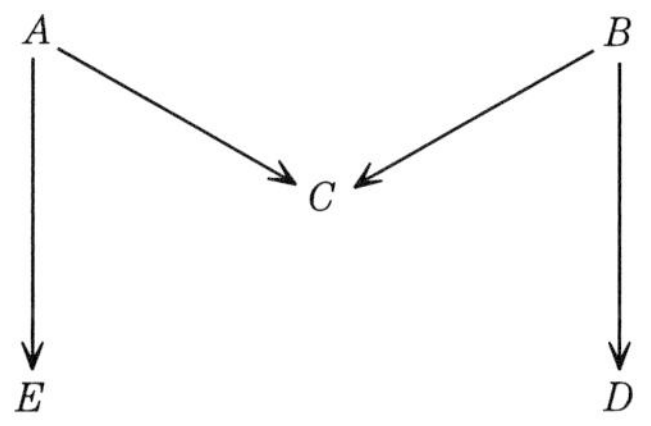

図 11　操作グラフ(図 9 の DAG に $Z=\{\ \ \}$ に対する裏口テストを実行した結果)

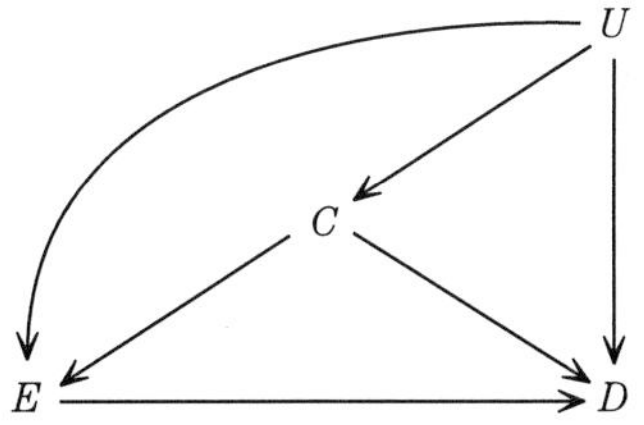

図 12　DAG の例(C: 測定された交絡変数，U: 未測定の交絡変数)

し，$Z=\{C, F\}$ とする)を得ない限り，変数 E-D 間の交絡のない因果効果を推定することはできない．

1章で取り上げた，ビタミン A 補充療法の効果を調べたランダム化臨床試験データの例(表 3)に対して想定される DAG を図 13 にしめす．変数 R は割り付け治療，変数 S は実際に受けた治療，変数 Y は結果(生存／死亡)を表すとする．変数 U は，治療への反応に影響を与える(測定，未測定を含む)すべてのリスク要因である(したがって，変数 U から Y への直接の矢線が存在する)．変数 U から S への矢線は，変数 U が対象者の治療の選択

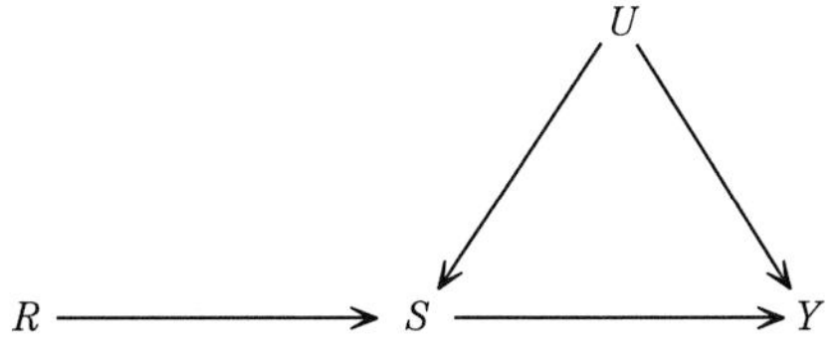

図 13　表 3 に対する DAG(R: 割り付け治療，S: 実際の治療，Y: 結果，U: すべてのリスク要因)

にも影響を与えることを意味しており，割り付けられた治療 R と実際に受けた治療 S との間に存在する複雑な選択過程を表している．

このDAGにおいて，「治療 S は結果 Y に影響しない」という因果帰無仮説の妥当な検定を行うためには，変数 R–Y 間と S–Y 間のどちらの比較を行えばよいかを決めるために，変数 R と S に対して裏口テストをあてはめてみる．図14の「割り付けられた治療の効果がない」という帰無仮説の状態を表す操作グラフから，変数 R–Y 間の裏口パスは存在せずそれらの単純な関係を調べることは妥当であることがわかる．一方，「実際に受けた治療の効果がない」という帰無仮説の状態を表す図15の操作グラフから，変数 S–Y 間の単純な関係を調べることは妥当ではなく，変数 U で調整する必要があることがわかる．一般に，すべてのリスク要因 U を測定することは不可能であり，また未知のリスク要因も存在することから，実際に受けた治療にもとづいて治療効果の比較を行うと常に交絡が存在することになる．したがって，表3のような治療の不遵守が生じたデータにおいて因果帰無仮説「治療 S は結果 Y に影響しない」の妥当な検定を行うためには，実際にビタミンAを飲んだかどうかは無視して，割り付けられたグループにもとづいて比較すればよいことがわかる．

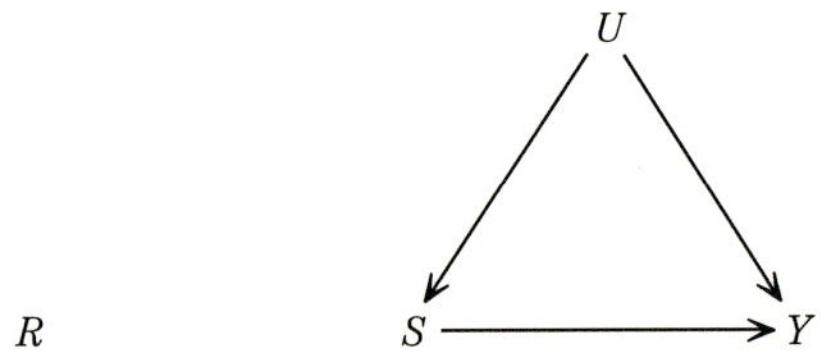

図 14 図13に対する操作グラフ 1

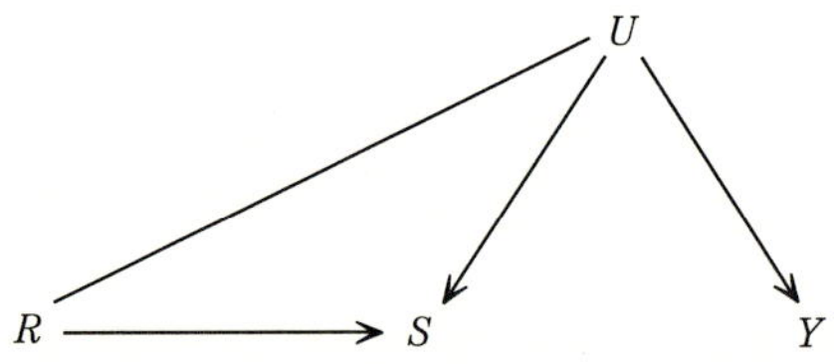

図 15 図13に対する操作グラフ 2

4 因果パラメータの推定

3 章では，因果グラフを用いて，交絡のない因果効果が得られるかどうかを判断するための手順について解説した．本章では，具体的に因果効果，因果パラメータを推定するための方法についてまとめる．最初に，曝露や治療が 1 回限りの場合の因果パラメータの推定方法を解説し，次いで，曝露や治療をくり返し実施する場合の因果パラメータの推定方法を解説しよう．

4.1 曝露や治療が 1 回限りの場合

(a) 層別解析による方法

2 章で述べたように，交絡は「曝露を受けた集団 A が，もし曝露を受けなかったとしたら，その場合のリスク R_{A0}」が，「曝露を受けなかった集団 B の観察されたリスク R_{B0}」と異なっていることであった．因果グラフによる裏口テストによって調整すべき交絡要因の組が同定され，その交絡要因の組で層別して表 5 の結果となった．各層内では交絡が無視できる程度となり，第 k 番目の層で集団 A がリスクを受けなかった場合のリスク $R_{\mathrm{A0}k}$ と，集団 B のリスク $R_{\mathrm{B0}k}$ をほぼ等しく $R_{\mathrm{A0}k}=R_{\mathrm{B0}k}$ とすることができたとしよう．

表 5 交絡要因で層に分けた結果

	リスク	対象者数
集団 A	$R_{\mathrm{A1}k}$ ($R_{\mathrm{A0}k}$)	$N_{\mathrm{A}k}$
集団 B	$R_{\mathrm{B0}k}$	$N_{\mathrm{B}k}$

R_{A0} は，

$$R_{\mathrm{A}0} = \frac{\sum_k N_{\mathrm{A}k} R_{\mathrm{A}0k}}{N_{\mathrm{A}}}$$

であるから，観察不能な $R_{\mathrm{A}0k}$ に $R_{\mathrm{B}0k}$ を代入して，

$$R^*_{\mathrm{A}0} = \frac{\sum_k N_{\mathrm{A}k} R_{\mathrm{B}0k}}{N_{\mathrm{A}}}$$

と求めることができる．ただし，$\sum_k$ はすべての層について和をとることを意味し，N_{A} は集団 A の構成人数 $N_{\mathrm{A}} = \sum_k N_{\mathrm{A}k}$ である．これより $R^*_{\mathrm{A}0}$ を用いて，因果リスク差 $R_{\mathrm{A}1} - R_{\mathrm{A}0}$，因果リスク比 $R_{\mathrm{A}1}/R_{\mathrm{A}0}$ などを推定することができる．$R^*_{\mathrm{A}0}$ は集団 A を標準集団とした場合の**標準化**(standardization)として知られており(佐藤，1994a; Rothman and Greenland, 1998)，標準化によって交絡の影響を取り除いた因果効果の推定が可能となる．

標準集団として，「集団 A と集団 B 全体」を考えると，この集団全体が曝露を受けた場合のリスク R_1 と集団全体が曝露を受けなかった場合のリスク R_0 は，

$$R^*_1 = \frac{\sum_k (N_{\mathrm{A}k} + N_{\mathrm{B}k}) R_{\mathrm{A}1k}}{N_{\mathrm{A}} + N_{\mathrm{B}}}, \quad R^*_0 = \frac{\sum_k (N_{\mathrm{A}k} + N_{\mathrm{B}k}) R_{\mathrm{B}0k}}{N_{\mathrm{A}} + N_{\mathrm{B}}}$$

となる．集団 A を標準集団とした場合の因果パラメータは，「(曝露を受けた)集団 A が曝露を受けたことによるリスクの増加」であり，集団 A と集団 B をいっしょにして標準集団とした場合の因果パラメータは「集団全体が曝露を受けた場合の，集団全体が曝露を受けなかった場合に対するリスクの増加」と，標準集団をどうとるかによって因果パラメータの解釈が異なる．

標準化では各層ごとのリスク差 $R_{\mathrm{A}1k} - R_{\mathrm{B}0k}$ やリスク比 $R_{\mathrm{A}1k}/R_{\mathrm{B}0k}$ に対しなんの仮定もおいていないが，もしリスク差やリスク比が層を通じて共通であれば，「共通である」という仮定を積極的に使った推定値を求めることで効率を上げることができる(Greenland and Robins, 1985; 佐藤ほか，1998)．標準的な層別解析の方法については多くの教科書で解説されているので，そちらを参照してほしい(Breslow and Day, 1980, 1987; 佐藤，1995a; Rothman and Greenland, 1998)．

標準化にしても，共通性の仮定を用いた場合でも，多くの交絡要因で層

別を行うと，データがまばらになり，いくつかの層では $N_{\mathrm{A}k}$ または $N_{\mathrm{B}k}$ が 0 となって比較ができなくなったり，比較の効率が悪くなってしまうという問題がある．

(b) 傾向スコア

交絡要因で層別することで，1つ1つの層の中では交絡要因がそろって，交絡を防止できる．性が交絡要因であれば，男性の層，女性の層，それぞれで比較を行えば交絡はおこらない．しかし，個々の層の中で交絡要因をそろえることが交絡を防止するための必要条件ではない．曝露と関連していなければ，交絡はおこりえないため，個々の層の中で交絡要因のバランスがとれていれば十分である．したがって，多くの交絡要因で調整しなければいけない場合であっても，多くの交絡要因が個々の層でバランスがとれているように層別を行えば，交絡の防止には十分である．

交絡要因の組 X で，曝露(あるいは治療) S を受ける確率を推定することを考えよう．曝露を受ける確率を，たとえばロジスティックモデル，

$$\begin{aligned}\operatorname{logit} P(S=1|X) &= \log \frac{P(S=1|X)}{1-P(S=1|X)} \\ &= \alpha_0 + \alpha_1 X_1 + \alpha_2 X_2 + \cdots = \alpha' X\end{aligned}$$

で推定しよう．この曝露を受ける確率は**傾向スコア**(propensity score)とよばれ，傾向スコアで層別を行うことで，層内での交絡要因のバランスをとることができる(Rosenbaum and Rubin, 1983)．したがって，傾向スコアで層別を行った後(たとえば傾向スコアを 0.1 刻み，あるいは 0.2 刻みで層別し)，標準化や共通パラメータの推定といった標準的な層別解析の方法を用いたり，層別データに回帰モデルをあてはめることで，因果パラメータを推定することができる(D'Agostino, 1998; Joffe and Rosenbaum, 1999)．

複数の交絡要因による層別を傾向スコアという1つの変数による層別に次元を落とすことによって，データがまばらになる可能性を低くすることができる．また，傾向スコアで層別するのではなく，傾向スコアを用いて因果パラメータをセミパラメトリックに推定する方法も提案されている(Robins, Mark and Newey, 1992; 佐藤，2002)．

(c) 操作変数法

3章の最後に述べたDAG(図13)を考えよう．この図の変数 R のように，

(1) 未測定の変数 U と独立

(2) 曝露(治療) S と関連

(3) R から直接結果 Y への効果はなく，S を通してのみ Y に影響

を満たす変数を**操作変数**(instrumental variables)とよぶ．1章にしめしたビタミンA補充療法のランダム化臨床試験では，ビタミンA補充の割り付けがこの条件を満たし，操作変数 R となっている．ビタミンA補充の割り付けはランダムに行われているので，変数 R に入る矢線は存在しない．また，対象者はできるだけ割り付け結果を守ろうとするであろうから，R は実際の治療 S と関連している．最後に，ビタミンA補充を実施するかどうかを割り付けただけで，結果である生存か死亡かに影響するとは医学的には考えられず，結果 Y に影響を与えるのは実際にビタミンA補充を行ったかどうかであると考えられるので，R は S を通してのみ Y に影響する．

3章最後にしめしたように，このような状況では実際に受けた治療 S にもとづいて解析を行うと，未測定の変数 U が交絡要因となり因果効果を正しく推定できないし，「治療 S は結果 Y に影響しない」という因果帰無仮説の検定も交絡してしまう．一方，操作変数 R にもとづいた比較は，「治療 S は結果 Y に影響しない」という因果帰無仮説の妥当な α レベル検定となる．この解析は **intention-to-treat** 解析とよばれ割り付けられた治療がきちんと守られない場合(ノンコンプライアンス，noncompliance)の標準的な解析方法となっている(佐藤，1995b)．

しかし intention-to-treat 解析による治療効果の推定は，割り付けられた治療を守らなかった試験参加者を，もともとの割り付けられたグループとして解析を行うので，多くの場合うすまった治療効果を推定することになる(因果帰無仮説のもとでは，治療効果はそれ以上うすまりようがない)．表3の結果では，割り付けられた治療にもとづく intention-to-treat 解析によりリスク差を求めると，

$$RD_{\mathrm{ITT}} = \frac{46}{12094} - \frac{74}{11588} = -0.0026$$

と，ビタミン A を補充することで死亡のリスクが 0.26% 減少するという結果となる．

一方，操作変数法では，この intention-to-treat 解析によるリスク差を，割り付け治療を守った程度で補正して，交絡のない因果効果の推定を行う（佐藤，1994b; Angrist, Imbens and Rubin, 1996; Greenland, 2000）．操作変数法によるリスク差は，

$$RD_{\mathrm{IV}} = \frac{RD_{\mathrm{ITT}}}{\dfrac{9675}{12094} - \dfrac{0}{11588}} = \frac{RD_{\mathrm{ITT}}}{0.80} = -0.0032$$

と intention-to-treat 解析よりも若干大きい治療効果を与える．操作変数法によるリスク差の分母は，ビタミン A 補充割り付けグループで正しく割り付けを守った割合と，無治療グループで割り付けを守らなかった割合の差となっている（この例では，無治療を割り付けられたグループは全員が無治療であった）．つまり，この操作変数推定量は，操作変数 R が結果 Y に与えた影響を，操作変数 R が治療 S に与えた影響で割ったものとなっている．

4.2 時間依存性治療に対する因果効果の推定

臨床研究，疫学研究では多くの場合，治療や曝露は一度で終了することはない．治療であれば，治療を受けることで患者の状態が変化する，その結果によって次に行う治療を決める，その結果によって次に行う治療を決める，…，という過程の繰り返しである．このとき，血液検査の項目などの治療によって変化する中間結果が，死亡などの最終結果のリスク要因であり，かつ次の治療を決定する要因にもなっている場合，これらの中間結果は**時間依存性交絡要因**（time-dependent confounder）とよばれる（Robins, 1989）．時間依存性交絡要因は，交絡要因であるため調整しないと治療効果の推定にバイアスが入るが，一方で治療と最終結果の間の中間要因であるため通常の層別解析や回帰モデルなどで調整するとやはり治療効果の推定

にバイアスが入る．

たとえば，HIV 感染者に対してくり返し行われる AZT 治療の効果について考えてみる．S_k を時点 k (k=0, $\cdots$, K) で感染者に行われる AZT 治療，Y を追跡終了時点 $K+1$ で測定される結果変数(血中 HIV-RNA 量が検出されなければ 1，されれば 0 となる 2 値変数)とし，図 16 に $K=1$ の場合の DAG をしめす．図 16 で，L_k は結果 Y に対する時点 k で測定されたすべてのリスク要因(年齢，CD4 リンパ球数，白血球数など)，U_k は時点 k における未測定のすべてのリスク要因を表す．

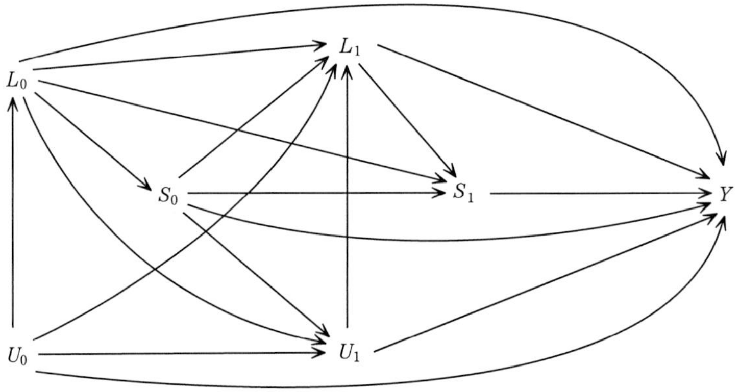

図 16 繰り返し治療に対する DAG(ただし，未測定の交絡変数は存在しない)

このような繰り返し治療をともなう複雑な構造のデータであっても，図 16 のように未測定のリスク要因 U_k から治療変数 S_k への直接の因果関係を表す矢線が存在しなければ，すなわち「測定されていない交絡要因はない」という仮定のもとでは，たとえ時間依存性交絡要因が存在したとしても単純に(ノンパラメトリックに)平均因果効果を推定することができる(Robins, 1987; Pearl, 1995)．しかしながら，測定時点が多い場合や調整すべき変数が多い，あるいは連続型の交絡変数を扱う場合などは，極端に大きなサンプル数でない限り，安定した平均因果効果を単純に推定することができない．そのため，反事実変数に対するモデルである因果構造モデル(causal structural model)がいくつか提案されている．Robins(1999)は，構造ネストモデルと周辺構造モデルの 2 つのモデルを提案し，観察研究で推定可能な因果パラメータについて議論している．

時点 k ($k=0,\cdots,K$) までの治療歴，リスク要因歴をそれぞれ，$\bar{S}_k=(S_0,\cdots,S_k)$，$\bar{L}_k=(L_0,\cdots,L_k)$ で表し，$\bar{S}\equiv\bar{S}_K$，$\bar{L}\equiv\bar{L}_K$ とする．また，性別などの時間によって変化しないリスク要因を X で表す．観察された治療歴 $\bar{S}$ ではなくある治療歴 $\bar{s}=(s_0,\cdots,s_K)$ にすべての対象者が従った場合に時点 K において観察されたはずの結果変数(反事実結果変数)を $Y(\bar{s})$ と表す．ある治療歴 $\bar{s}$ とは，観察期間を通してずっと治療する，あるいは 1 日おきに治療するなどのさまざまな治療方針であり，治療変数が 2 値データ(各時点で治療を受けるか受けないか)の場合でも，2^K 通りの治療方針(それに対応した反事実結果変数)が存在することになる．

時間とともに変化する治療に関して交絡のない平均因果効果が得られるためには，次式のような「測定されていない交絡要因はない」という仮定が必要である(Robins, 1997, 1999)．

$$Y(\bar{s}) \perp\!\!\!\perp S_k|\bar{L}_k, \bar{S}_{k-1}, X \qquad (3)$$

ここで，$A \perp\!\!\!\perp B|C$ は，C を与えたという条件のもとで A と B は独立であることを意味する．

この条件は，2 章で述べた治療が 1 回のみの場合の交絡の定義を，治療が複数回行われる場合に拡張したものであり，ある時点 k までに観察された状態を与えた(層別した)もとでは，もともとリスクの高い人，あるいは低い人ばかりが時点 k において一方の治療グループに集まらないことを意味している．時点ごとに治療法を逐次ランダム化した場合には(割り付け確率はそれまでの履歴に依存してよい)，平均的に式(3)が成立することが保証されるが，要因のランダム化を行わない観察研究の場合には，2 章の議論と同様にデータから式(3)が成立するかどうかはデータから判断できない(むしろ，ほぼ確実に式(3)は成立しないと考えられる)．観察研究から因果推論を行うためには，変数間の因果関係が少なくとも図 16 のように未測定のリスク要因 U_k から治療変数 S_k への直接の因果関係を表す矢線が存在しない，すなわち式(3)が近似的に成立していることを保証できるくらい，十分多くの交絡要因を測定することが重要になる．

（a） 構造ネストモデル

ある治療歴 $\bar{s}$ に対して，時点 k までは $\bar{s}$ と同じ治療でその後は無治療という治療歴を $(\bar{s}_k, 0)$ と表すとすると，構造ネスト平均モデル（structural nested mean model, SNMM）は時点 k までの履歴が同じ対象者の中での治療 s_k の平均的な治療効果に対して次のようなモデルを仮定する．

$$E[Y(\bar{s}_k, 0)|\bar{l}_k, \bar{s}_k, x] - E[Y(\bar{s}_{k-1}, 0)|\bar{l}_k, \bar{s}_k, x] = \gamma(\bar{l}_k, \bar{s}_k, x; \varphi) \qquad (4)$$

ただし，上式の $E[\cdot|\cdot]$ は集団全体に対する条件付き期待値を意味する．また，$\gamma(\bar{l}_k, \bar{s}_k, x; \varphi)$ は，$s_k=0$ あるいは治療効果を表すパラメータ φ が $\varphi=0$ のときにのみ 0 となる時点 k までの履歴 $(\bar{l}_k, \bar{s}_k, x)$ の関数である．たとえば，時点 k での平均的な治療効果が時点によらずその時点の治療のみに依存すると仮定したモデルでは，$\gamma(\bar{l}_k, \bar{s}_k, x; \varphi)=\varphi s_k$ である．

平均的な治療効果の大きさを表すパラメータ φ を推定するために，次式のような関数を定義する．

$$H_k(\varphi) = Y - \sum_{t=k}^{K} \gamma(\bar{L}_t, \bar{S}_t, X; \varphi)$$

$H_k(\varphi)$ は，φ の値を与えることでデータ $(Y, \bar{L}, \bar{S}, X)$ から計算できる．この関数 $H_k(\varphi)$ の期待値は，ある治療歴 $\bar{s}$ に対して時点 $k-1$ までは $\bar{s}$ と同じ治療歴でその後は治療をまったく受けなかった場合の結果の期待値 $E[Y(\bar{s}_{k-1}, 0)|\bar{l}_k, \bar{s}_k, x]$ に等しい．したがって，式(3)の交絡が存在しないという仮定のもとでは，全員が時点 k 以降は治療を受けなかった場合の結果に対して次式が成立する（Robins, 1994）．

$$E[H_k(\varphi)|\bar{L}_k, \bar{S}_k, X] = E[H_k(\varphi)|\bar{L}_k, \bar{S}_{k-1}, X]$$

上式は，$(\bar{L}_k, \bar{S}_{k-1}, X)$ を与えたもとでは，$H_k(\varphi)$ が S_k と独立であることを意味するので，この $H_k(\varphi)$ を傾向スコアの推定に，

$$\operatorname{logit} P(S_k = 1|\bar{L}_k, \bar{S}_{k-1}, X, H_k(\varphi)) = \alpha' W_k + \theta H_k(\varphi)$$

として用いると，式(4)の構造モデルが正しく特定されていて，測定されていない交絡要因がなく，かつ φ が真値 φ_0 に等しければ，上式のロジスティックモデルにおける回帰係数 θ の真値は「$\theta=0$」である．ただし，W_k は $(\bar{L}_k, \bar{S}_{k-1}, X)$ の関数である．

この関係を逆転させて，φ の特定の値が真値 φ_0 に等しいかどうかを，$\theta=0$ というスコア検定を使って検定することができる．この $\varphi=\varphi_0$ の検定を G 検定とよぶ．φ_0 の G 推定量 $\hat{\varphi}$ は $\theta=0$ のスコア検定統計量が 0 となる φ の値である．さらに，φ_0 の検定にもとづく 95% 信頼区間は，両側 5% 水準の G 検定で棄却できない φ の値の集合として与えられる．

この推定方法では，治療効果に対しては式(4)のような強いパラメトリックな仮定を置くが，共変量の効果については，仮定を置かずに傾向スコアをモデル化して治療効果のセミパラメトリック推定を行っている．結果変数が 2 値反応，連続反応の場合だけでなく，打ち切りをともなう生存時間の場合にも加速モデルを式(4)の代わりに用いた同様のセミパラメトリック推定方法(structural nested failure time model)が提案されている(Robins *et al.*, 1992; Mark and Robins, 1993a, 1993b; Robins and Greenland, 1994)．

(b)　周辺構造モデル

周辺構造モデル(marginal structural model, MSM)は，複数存在する反事実結果変数 $Y(\bar{s})$ のある特定の場合(周辺分布)のみに対する次式のようなモデルである．

$$E[Y(\bar{s})|x] = d(\bar{s}, x; \eta)$$

ただし，$d(\bar{s}, x; \eta)$ は $(\bar{s}, x)$ の関数，η は未知パラメータであり，$d(\bar{s}, x; \eta)$ が治療歴 $\bar{s}$ に依存しない場合にのみ，η の $\bar{s}$ に関する部分が 0 になるとする．たとえば，$cum(\bar{s})$ をある治療歴 $\bar{s}$ における累積投与量 $\sum_{k=0}^{K} s_k$ とすると，次式のようなロジスティック MSM を考えることができる．

$$\text{logit}\, E[Y(\bar{s})|x] = \eta_0 + \eta_1 cum(\bar{s}) + \eta_2 x \tag{5}$$

一方，観察データ $(Y, \bar{L}, \bar{S}, X)$ に対する通常の回帰モデルは，周辺期待値 $E[Y|\bar{S} = \bar{s}, X = x]$ に対するモデルで，たとえば，次式のようなロジスティックモデルである．

$$\text{logit}\, E[Y|\bar{s}, x] = \eta'_0 + \eta'_1 cum(\bar{s}) + \eta'_2 x \tag{6}$$

ここで，式(5)と式(6)において，時間によって変化しない交絡要因 X のみをモデルで調整しており，中間変数でもある時間依存性交絡要因 $\bar{L}_k$ がモデルに含まれていないことに注意すること．追跡バイアスや測定誤差がなければ，式(6)のモデルを当てはめることにより，η_1' のバイアスのない推定値を得ることができる．さらに，時間依存性交絡要因 $\bar{L}_k$ が存在しなければ，式(5)の因果モデル(causal model)と式(6)の関連モデル(association model)のパラメータは一致するので，関連パラメータ η_1' は因果パラメータ η_1 のバイアスのない推定値となる．

一方，治療法が時間とともに変化するようなデータでは通常そうであるように，$\bar{L}_k$ による交絡が存在する場合には，一般に $\eta \neq \eta_1'$ である．しかしながら，$\bar{L}_k$ による交絡が存在したとしても，式(3)の仮定のもとでは，各対象者が受けた治療を受ける確率の逆数で関連モデル(6)を重み付けしたモデルを当てはめることにより，因果パラメータ η_1 のバイアスのない推定値を得ることができる(Robins, 1999; Robins, Hernán and Brumback, 2000; Hernán, Brumback and Robins, 2000)．この推定量は，IPTW(inverse probability of treatment weighted)推定量とよばれる．

対象者ごとの各時点における実際に受けた治療を受ける確率は，式(3)の仮定のもとでは，それまでに観察された履歴のみの関数 $P(S_k = s_k|\bar{L}_k, \bar{S}_{k-1}, X)$ なので，観察データから推定可能であり，対象者ごとの重みは各時点での確率をすべての時点に関して掛け合わせた値の逆数となる．たとえば，治療変数が 2 値データの場合には次式のようなモデルから重みが推定可能である．

$$\text{logit}\, P(S_k = 1|\bar{L}_k, \bar{S}_{k-1}, X) = \alpha' W_k$$

ただし，W_k は $(\bar{L}_k, \bar{S}_{k-1}, X)$ の関数，α は未知パラメータである．この重みは，治療を受けた対象者では傾向スコアそのものであり，治療を受けなかった対象者では，1 から傾向スコアを引いたものとなる．なお，重みに関しては，極端に大きな重みをもった少数の対象者によって結果が左右されないような安定した重みも提案されている．

式(3)の仮定のもとで，因果パラメータのバイアスのない点推定値は，対象者ごとの各時点における実際に受けた治療を受ける確率の逆数で重み付けた関連モデルを当てはめることにより得られるが，その信頼区間に関しては，重み付けにより同じ対象者の結果を複数回扱うことによる相関を考慮する必要がある．このため経時データ解析において用いられるロバスト分散の使用が提案されている．

周辺構造モデルのもっとも単純な例として，治療が 1 回のみの場合(1 章で取り上げた飲酒と心筋梗塞の例: 表 1 と表 2)を考える．ただし，交絡要因 X(喫煙の有無)を与えたもとでは，測定されていない交絡要因は存在しないと仮定する．表 2 で，各層のリスク差，リスク比はそれぞれ，0, 1(X=1: 喫煙あり)，0, 1(X=0: 喫煙なし)であり，喫煙の影響を調整した集団全体を標準集団と考えた標準化リスク差，標準化リスク比はそれぞれ，0, 1 である．一方，表 1 は，喫煙の有無を無視した単純な結果で，リスク差とリスク比はそれぞれ，0.036, 2.2 である．

表 6 は，対象者が受けた治療を受ける確率 $P(S_0|X)$，およびその逆数である重み $P(S_0|X)^{-1}$ を計算した結果である．表 6 の一番右の列には，(x, s_0, y) の各組み合わせに対する観察人数 N にそれぞれの重みを掛けた擬似集団の数 N^* をしめしている．表 7 と表 8 に，この擬似集団に対する層別の結果と単純な結果をそれぞれしめす．表 7 にしめすように，対象者が受けた治療を受ける確率の逆数で重み付けた擬似集団では，X と S_0 は関連がな

表 6　重みの推定と擬似集団

X	S_0	Y	N	$P(S_0\|X)$	$P(S_0\|X)^{-1}$	N^*
1	1	1	8	0.27	3.75	30
1	1	0	304	0.27	3.75	1140
1	0	1	22	0.73	1.36	30
1	0	0	836	0.73	1.36	1140
0	1	1	63	0.9	1.11	70
0	1	0	684	0.9	1.11	760
0	0	1	7	0.1	10	70
0	0	0	76	0.1	10	760

表 7　擬似集団での層別の結果

	X=1		合　計	X=0		合　計
	Y=1	Y=0		Y=1	Y=0	
S_0=1	30	1140	1170	70	760	830
S_0=0	30	1140	1170	70	760	830
合　計			2340			1660

表 8　擬似集団での単純な結果

	Y=1	Y=0	合　計
S_0=1	100	1900	2000
S_0=0	100	1900	2000
合　計			4000

いことがわかる．したがって，表 8 にしめす擬似集団では交絡は存在せず，単純なリスク差，リスク比は因果パラメータに等しくなる．実際，擬似集団におけるそれらの値は，交絡が存在する表 1 に対する標準化推定値に一致する．

5　因果は巡る

本稿では，反事実因果モデルと因果グラフによる因果推論の方法を解説した．因果モデルのもう 1 つの流儀として，構造方程式モデル(structural equations model)があり，社会科学や行動科学でよく用いられている．図 1 の因果グラフを思い出そう．構造方程式モデルでは，図 1 のグラフに埋め込まれている仮定を，

$$A = f_1(\varepsilon_1), \quad B = f_2(\varepsilon_2)$$
$$C = f_3(A, B, \varepsilon_3)$$
$$E = f_4(A, C, \varepsilon_4)$$
$$D = f_5(B, C, E, \varepsilon_5)$$

の 5 つの式で表す．

一般に構造方程式モデルとよばれているのは，関数 $f_1, \cdots, f_5$ に線形モデルなどを仮定したパラメトリックなものである．ここでは，$\varepsilon_1, \cdots, \varepsilon_5$ が互いに独立であること以外は関数形を仮定しない，上式のようなノンパラメトリック構造方程式モデルを考えよう．右辺の関数の引数(入力)となっている変数は，左辺の変数(出力)に直接効果があることを意味する．図 1 で

は，変数 C は変数 A と B から直接矢線が出ており，変数 D は変数 B, C, E から直接矢線が出ている．また $\varepsilon_1, \cdots, \varepsilon_5$ は未測定の誤差項である．構造方程式では，右辺の誤差項を含む引数が決まれば，決定論的に左辺の結果が定まる．

一方，反事実モデルでは，特定個人が曝露や治療を受けるかどうかによって，反事実的結果が定まっていると考えた．この反事実は次のような構造方程式解釈ができる（Pearl, 1997, 2000）．ノンパラメトリック構造方程式，

$$Y = f(S, \text{松山裕})$$

を考えよう．これは，「松山裕」という引数と曝露 S が決まれば結果 Y が決まることを意味する．曝露 S 以外の Y に影響を与えるすべてのリスク要因歴と誤差項を含めたものの実現が「松山裕」という個人だと考えると，この表現は反事実そのものである．反事実モデルで松山裕さんが曝露 S を受けるかどうかを操作することと，このノンパラメトリック構造方程式モデルで S=1 か S=0 を操作することは同じである．

このように，因果推論の道具として別々の分野，別々のアイデアから発展した，反事実，因果グラフ，（ノンパラメトリック）構造方程式モデルは，因果効果の識別可能性や因果効果の推定について，すべて同じ定理，結果を与えることがわかってきた．

反事実モデルを因果推論の基礎とすることについては，一部の根強い抵抗がある（たとえば，Dawid, 2000）．なぜならば，反事実モデルでは，決しておこらなかったであろうこと，ゆえに観察不能な量にもとづいて因果を考えるため，データからは検証できない仮定にもとづかざるを得ないからである．観察研究から因果推論を行うためには，「測定されていない交絡はない」という仮定が必要であったが，この仮定はデータから検証することはできない．

しかし，観察研究からの因果推論には，どのようなアプローチをとった場合でも，因果効果を識別可能にするためのなんらかの仮定が必要であり，反事実モデルを考えることでそういった仮定を明確にできるという利点がある．因果効果の推定に必要な仮定が明確になれば，その仮定が誤っていた場合の感度解析を実行して，結果にどのくらい影響を与えるかを調べる

ことも可能となる(Balke and Pearl, 1997; Copas and Li, 1997; Robins, Rotnizky and Scharfstein, 1999).

反事実が観察不能である，ということから，因果推論を欠測値の問題としてとらえることで，標本調査で発展した拒否や無回答などによる欠測に対処するための方法と因果推論との関係がわかってきた(Greenland, 2000). 4.1 節(b)項の曝露や治療を受ける確率である傾向スコアを推定し，傾向スコアで層別して交絡を調整するという方法は，標本調査で選択バイアスを調整するためにサンプリング確率で層別して解析する方法とほとんど同じである．また，4.2 節(b)項の周辺構造モデルでは，各対象者が実際に受けた曝露や治療を受ける確率の逆数で重み付けることで交絡を調整したが，これは選択バイアスを調整するためにサンプリング確率の逆数で重み付けて解析する方法とほとんど同じである．

反事実モデルの導入により，因果推論におけるランダム化の重要性が再認識され，観察研究では混同されてきた，因果モデルと関連モデルとの違いが明らかになり，傾向スコアや構造ネストモデル，周辺構造モデルといった因果推論のための道具も整備されてきた．さらには，因果グラフを用いて因果仮説を図にしめし，調べたい因果効果を識別可能にするための条件(調整すべき交絡要因の組)を明らかにすることもできるようになった．これらの方法は，曝露や治療が 1 回限りである場合だけでなく，より現実的な，曝露や治療がくり返し行われる場合に拡張されており，ランダム化試験が不完全に実施された場合や観察研究から因果推論を行うためにますます重要となるであろう．

参考文献

Angrist, J. D., Imbens, G. W. and Rubin, D. B. (1996): Identification of causal effects using instrumental variables (with discussions). *Journal of the American Statistical Association*, **91**, 444-472.

Balke, A. and Pearl, J. (1997): Bounds on treatment effects from studies with imperfect compliance. *Journal of the American Statistical Association*, **92**, 1171-1178.

Breslow, N. E. and Day, N. E. (1980): Statistical Methods in Cancer Research Vol. 1: The Analysis of Case-Control Studies. Oxford University Press.

Breslow, N. E. and Day, N. E. (1987): Statistical Methods in Cancer Research Vol. 2: The Design and Analysis of Cohort Studies. Oxford University Press.

Copas, J. B. and Li, H. G. (1997): Inference for non-random samples (with discussions). *Journal of the Royal Statistical Society*, **B59**, 55-95.

D'Agostino Jr., R. B. (1998): Propensity score methods for bias reduction in the comparison of a treatment to a non-randomized control group. *Statistics in Medicine*, **17**, 2265-2281.

Dawid, A. P. (2000): Causal inference without counterfactuals (with discussions). *Journal of the American Statistical Association*, **95**, 407-448.

藤田利治(1999): 臨床試験とは. 藤田, 椿, 佐藤(編): これからの臨床試験. 朝倉書店, pp. 1-19.

Greenland, S. (1989): Reader reaction: Confounding in epidemiologic studies. *Biometrics*, **45**, 1309-1310.

Greenland, S. (2000): Causal analysis in the health sciences. *Journal of the American Statistical Society*, **95**, 286-289.

Greenland, S., Pearl, J. and Robins, J. M. (1999): Causal diagrams for epidemiological research. *Epidemiology*, **10**, 37-48.

Greenland, S. and Robins, J. M. (1985): Estimation of a common effect parameter from sparse follow-up data. *Biometrics*, **41**, 55-68.

Greenland, S. and Robins, J. M. (1986): Identifiability, exchangeability, and epidemiologic confounding. *International Journal of Epidemiology*, **15**, 413-419.

Greenland, S., Robins, J. M. and Pearl, J. (1999): Confounding and collapsibility in causal inference. *Statistical Science*, **14**, 29-46.

Hernán, M. A., Brumback, B. and Robins, J. M. (2000): Marginal structural models to estimate the causal effect of zidovudine on the survival of HIV-positive men. *Epidemiology*, **11**, 561-570.

Holland, P. W. (1986): Statistics and causal inference (with discussions). *Journal of the American Statistical Association*, **81**, 945–970.

Hume, D. A. (1748): Treatise of Human Nature. Oxford University Press.

Joffe, M. M. and Rosenbaum, P. R. (1999): Propensity scores. *American Journal of Epidemiology*, **150**, 327–333.

Mark, S. D. and Robins, J. M. (1993a): A method for the analysis of randomized trials with compliance information: An application to the multiple risk factor intervention trial. *Controlled Clinical Trials*, **14**, 79–97.

Mark, S. D. and Robins, J. M. (1993b): Estimating the causal effect of smoking cessation in the presence of confounding factors using a rank preserving structural failure time model. *Statistics in Medicine*, **12**, 1605–1628.

Miettinen, O. S. and Cook, E. F. (1981): Confounding: Essence and detection. *American Journal of Epidemiology*, **96**, 168–172.

Pearl, J. (1995): Causal diagrams for empirical research (with discussions). *Biometrika*, **82**, 669–710.

Pearl, J. (1997): On the identification of nonparametric structural models. In M. Berkane (ed.): Latent Variable Modeling and Applications to Causality, Springer-Verlag, pp. 29–68.

Pearl, J. (2000): Causality. Cambridge University Press.

Robins, J. M. (1987): A graphical approach to the identification and estimation of causal parameters in mortality studies with sustained exposure periods. *Journal of Chronic Diseases*, **40**(Suppl. 2), 139s–161s.

Robins, J. M. (1989): The control of confounding by intermediate variables. *Statistics in Medicine*, **8**, 679–691.

Robins, J. M. (1994): Correcting for non-compliance in randomized trials using structural nested mean models. *Communications in Statistics*, **23**, 2379–2412.

Robins, J. M. (1997): Causal inference from complex longitudinal data. In M. Berkane (ed.): Latent Variable Modeling and Applications to Causality, Springer-Verlag, pp. 69–117.

Robins, J. M. (1999): Marginal structural models versus structural nested models as tools for causal inference. In M. E. Halloran and D. Berry (eds.): Statistical Models in Epidemiology: The Environment and Clinical Trials, IMA Volume 116, Springer-Verlag, pp. 95–134.

Robins, J. M. (2001): Data, design, and background knowledge in etiologic inference. *Epidemiology*, **11**, 313–320.

Robins, J. M., Blevins, D., Ritter, G. and Wulfson, M. (1992): G-estimation of the effect of prophylaxis therapy for pneumocytis carinii pneumonia on the survival of AIDS patients. *Epidemiology*, **3**, 319–336.

Robins, J. M. and Greenland, S. (1994): Adjusting for differential rates of PCP prophylaxis in high- versus low- dose AZT treatment arms in an AIDS randomized trial. *Journal of the American Statistical Association*, **89**, 737–749.

Robins, J. M., Hernán, M. A. and Brumback, B. (2000): Marginal structural models and causal inference in epidemiology. *Epidemiology*, **11**, 550–560.

Robins, J. M., Mark, S. D. and Newey, W. K. (1992): Estimating exposure effects by modelling the expectation of exposure conditional on confounders. *Biometrics*, **48**, 479–495.

Robins, J. M., Rotnizky, A. and Scharfstein, D. O. (1999): Sensitivity analysis for selection bias and unmeasured confounding in missing data and causal inference. In M. E. Halloran and D. Berry(eds.): Statistical Models in Epidemiology: The Environment and Clinical Trials, IMA Volume 116, Springer-Verlag, pp. 1–94.

Rosenbaum, P. R. and Rubin, D. B. (1983): The central role of the propensity score in observational studies for causal effects. *Biometrika*, **70**, 41–55.

Rothman, K. J. and Greenland, S. (1998): Modern Epidemiology. Lippincott-Raven.

佐藤俊哉(1994a): 疫学研究における交絡と効果の修飾. 統計数理, **42**, 83–101.

佐藤俊哉(1994b): ランダム化にもとづく intent-to-treat 解析. 応用統計学, **23**, 21–34.

佐藤俊哉(1995a): 疫学. 宮原, 丹後(編): 医学統計学ハンドブック. 朝倉書店, pp. 442–473.

佐藤俊哉(1995b): Intent-to-treat の考え方. 医学のあゆみ, **173**, 925–930.

佐藤俊哉(2002): 傾向スコアを用いた因果効果の推定——紹介されなかった多変量解析法. 柳井(編): 多変量解析実例ハンドブック. 朝倉書店, pp. 240–250.

佐藤俊哉, 高木廣文, 柳川尭, 柳本武美(1998): Mantel-Haenszel の方法による複数の 2×2 表の要約. 統計数理, **46**, 153–177.

Simpson, E. H. (1951): The interpretation of interaction in contingency tables. *Journal of the Royal Statistical Society,* **B13**, 238–241.

Sommer, A. and Zeger, S. L. (1991): On estimating efficacy from clinical trials. *Statistics in Medicine*, **10**, 45–52.

Wickramaratne, P. J. and Holford, T. R. (1987): Confounding in epidemiologic studies: The adequacy of control group as a measure of confounding. *Biometrics*, **43**, 751–765.

補論A

分布の非正規性の利用

竹内啓

1　正規分布の特質

正規分布は統計学において最も標準的な分布とされ，最も広く用いられている．

また通常は正規分布を想定することによって，推定や検定などの統計的推測に関する望ましい結果が導かれ，最適な推測方式が与えられる．

しかし他面からすれば，正規分布はあまりに「正則」regular でありすぎるために，それを前提とすると，かえってデータから得られる情報が乏しくなるという面があることに注意しなければならない．

最も簡単な 1 次元分布の場合，すなわち $X_1, X_2, \cdots, X_n$ が互いに独立に平均 θ，分散 σ^2 の正規分布に従うことが想定される場合，θ, σ^2 を未知母数とすると，標本平均

$$\bar{X} = \sum X_i / n$$

および標本不偏分散

$$S^2 = \sum (X_i - \bar{X})^2 / (n-1)$$

が十分統計量になる．すなわち標本にふくまれるすべての情報は，この 2 つの量にふくまれ，標本から計算されるその他の特性を考えることは一切必要ないことになる．このことは正規分布に関する統計的推測の理論を考える場合の最も基本的な前提となる重要な特性であるが，しかしこのことを裏面からいえば，正規分布を想定すると，標本にふくまれる情報が平均と分散に限られてしまうことを意味するのである．つまり正規分布は標本にふくまれる情報が最も少ない分布であるということもできる．たとえば，$X_1, X_2, \cdots, X_n, \cdots$ が互いに独立，θ を平均，σ^2 を分散とする連続分布に従うとするとき，$\hat{\theta}=\bar{X}$ は θ の不偏推定量であり，分布形について何も仮定しなければ，これ以上よりよい不偏推定量を考えることはできないので，一様最小分散不偏推定量になる．ところが正規分布を前提とすると，やはり $\hat{\theta}=\bar{X}$ が最小分散不偏推定量になる．つまり $\bar{X}$ をそれ以上改良できない．

しかし，正規分布でない分布を仮定すると，$\bar{X}$ よりよい(分散の小さい)推定量を求めることができる．しかも正規分布から大きく離れたいわゆる「す

その長い」分布の場合には，$\bar{X}$ はあまりよくない推定量であって，それよりずっと分散の小さい不偏推定量が存在するのである．

そこで現実のデータについて，それが正規分布にあてはまらないかもしれないことが示されるときには，$\bar{X}$ 以外のより分散の小さい推定量を求めることが考えられる．それがいわゆる適応的な頑健推定量（adaptive robust estimator）を求める問題である．

このような考え方の一例として，次のような方式がある．

$X_1, X_2, \cdots, X_n$ を大きさの順に並べたものを，$X_{(1)}<X_{(2)}<\cdots<X_{(n)}$ とし，これを順序統計量という．そうしてその線形結合

$$\hat{\theta}_L = \frac{1}{n}\sum C_{i,n}X_{(i)}$$

を線形推定量という．ここで

$$\sum C_{i,n} = n, \qquad C_{i,n} = C_{n-i+1,n}$$

ならば，X の分布が対称のとき，$\hat{\theta}_L$ は θ の不偏推定量となる．$C_{i,n}\equiv 1$ ならば $\hat{\theta}_L = \bar{X}$ となる．分布の形がわかっていれば，$\hat{\theta}_L$ の分散が最小になるように $C_{i,n}$ を定めれば，n が大きいとき，漸近的に $\hat{\theta}_L$ は最小分散推定量に一致することが証明されている．

そこで分布の形が未知のときにも，標本から得られる情報を利用して最適な係数 $C_{i,n}$ の推定値 $\hat{C}_{i,n}$ を求め，

$$\hat{\theta}_L = \frac{1}{n}\sum \hat{C}_{i,n}X_{(i)}$$

とすれば，n が大きいときには最小分散推定量に近い推定量が得られるであろうと考えられる．

その 1 つの方法として次のようなものがある．まず適当な k 個のなめらかな関数 $J_1, J_2, \cdots, J_k$ を定め，それに対応して，k 個の線形推定量

$$\hat{\theta}_j = \frac{1}{n}\sum J_j\left(\frac{i}{n+1}\right)X_{(i)}$$

を求める．次にブートストラップ（bootstrap method）などの適当な方法を用いて，$\hat{\theta}_j$ の分散共分散の推定値 $\hat{\sigma}_{jh}$ $(j, h=1, 2, \cdots, k)$ を求める．そうして $\sum\alpha_j=1$ の条件の下で

$$\sum\sum\hat{\sigma}_{jh}\alpha_j\alpha_h$$

を最小にする α_j の値 $\hat{\alpha}_j$ を求めて

$$\hat{\theta}^*_L = \sum\hat{\alpha}_j\hat{\theta}_j$$

とすればよい．

このように標本の分布が正規分布でないことがわかっているとき，あるいは正規分布ではないかもしれないと思われるときには，標本平均，標本分散以外の標本特性を利用して，よりよい推定や検定の方式を得ることができる．

以下の節でこれについていくつかの例を述べる．

2 非正規性の利用——変数誤差モデル

次のようなモデルを考える．

(X_i, Y_i), $i = 1, 2, \cdots, n$ を n 個の互いに独立に分布する 2 変量観測値として

$$X_i = \xi_i + u_i$$
$$Y_i = \alpha + \beta\xi_i + v_i$$

という形のモデルを想定する．ここで α, β は未知の母数，ξ_i, u_i, v_i はいずれも観測されない量であって，u_i, v_i は互いに独立に平均 0 のある 2 次元分布に従うとする．このようなモデルは変数誤差モデル（error-in-variable model）と呼ばれる．これに対してふつうの 2 変数直線回帰モデル

$$Y_i = \alpha + \beta X_i + v_i$$

は $u_i \equiv 0$ の場合に対応し，方程式誤差モデル（error-in-equation model）と呼ばれる．

さらにここで ξ_i が互いに独立にある分布に従うと仮定すると，確率変量モデル（incidental parameter model）と呼ばれる．

そこで u_i, v_i が平均 0, 0，分散共分散 σ_1^2, σ_2^2, $\rho\sigma_1\sigma_2$，ξ_i が平均 μ，分散 τ^2 の正規分布に従うとすると，(X_i, Y_i) は 2 変量正規分布に従い，その平均ベクトル，および分散共分散行列は

$$\begin{pmatrix} \mu \\ \alpha+\beta\mu \end{pmatrix}, \quad \begin{pmatrix} \tau^2+\sigma_1^2 & \beta\tau^2+\rho\sigma_1\sigma_2 \\ \beta\tau^2+\rho\sigma_1\sigma_2 & \beta^2\tau^2+\sigma_2^2 \end{pmatrix}$$

となる．ここですべての母数が未知とすると 2 変量正規分布は 5 個の特性値で決定される一方，ここには 7 個の未知母数がふくまれることになるから，標本から未知母数すべてを推定することはできないことがわかる．さらに $\rho=0$ と仮定しても，なお 6 個の未知母数がふくまれ，α, β が推定できないことが示される．そこでこの場合 α, β が推定可能になるためには，さらに事前の情報(たとえば σ_1^2 と σ_2^2 の比)などが必要になる．

しかしもし ξ_i の分布が正規でないならば，上記のモデルについて α, β の推定が可能になる．今 u_i, v_i の分布は正規分布でないと仮定して，ξ_i の k 次のキュムラントを $\kappa_k\neq0$ $(k\geq3)$ とすると，X_i, Y_i の k 次のキュムラントは，それぞれ κ_k, $\beta^k\kappa_k$ となるから，X, Y の標本観測値から得られるそれぞれの k 次のキュムラントの推定値を $\hat{\kappa}_k(x)$, $\hat{\kappa}_k(y)$ と表し，

$$\hat{\beta}=\left(\frac{\hat{\kappa}_k(y)}{\hat{\kappa}_k(x)}\right)^{\frac{1}{k}}$$

とすれば β の推定値が得られる．また α は $\hat{\alpha}=\bar{Y}-\hat{\beta}\bar{X}$ と推定すればよい．

よりくわしく考えれば，たとえば $\kappa_3\neq0$ ならば，

$$\hat{\kappa}_{k_1,k_2}=\frac{1}{n}\sum(X_i-\bar{X})^{k_1}(Y_i-\bar{Y})^{k_2}, \qquad 0\leq k_1,\, k_2, \quad k_1+k_2=3$$

とすると β の推定量として

$$\hat{\beta}_1=\frac{\hat{\kappa}_{2,1}}{\hat{\kappa}_{3,0}}, \quad \hat{\beta}_2=\frac{\hat{\kappa}_{1,2}}{\hat{\kappa}_{2,1}}, \quad \hat{\beta}_3=\frac{\hat{\kappa}_{0,3}}{\hat{\kappa}_{1,2}}$$

の 3 つが得られるから，これらを適当に結合して β の推定量とすることができる．

また u, v が正規分布に従わない場合でも，もし u, v が独立であると仮定すれば，

$$\hat{\beta}=\hat{\kappa}_{1,2}/\hat{\kappa}_{2,1}$$

とすれば，β を推定することができる．上記の推定量は $\kappa_3\neq0$ ならば β の一致推定量になるが，もし ξ_i の分布の形が正確に知られているならば，最

尤法によって漸近最良推定量を求めることができる．

すなわち ξ_i が位置関数 μ，尺度関数 τ をふくむ密度関数

$$f((\xi-\mu)/\tau)/\tau$$

をもつ分布に従うとし，u, v は正規分布に従うとすれば，X_i, Y_i の同時密度関数は，

$$h(x,y)=\frac{1}{2\pi\tau\sigma_1\sigma_2\sqrt{1-\rho^2}}\int\exp\left(-\frac{1}{2}Q(x,y)\right)f\left(\frac{\xi-\mu}{\tau}\right)\alpha\xi$$

$$Q(x,y)=\frac{1}{1-\rho^2}\left(\frac{(x-\xi)^2}{\sigma_1^2}+\frac{(y-\alpha-\beta\xi)^2}{\sigma_2^2}-\frac{2\rho(x-\xi)(y-\alpha-\beta\xi)}{\sigma_1\sigma_2}\right)$$

となるから，対数尤度

$$\log L=\sum\log h(X_i, Y_i)$$

を最大にする β の値を σ_1^2, σ_2^2, ρ, μ, τ とともに求めればよい．

ξ_i が確率変数でなく，一定の値を持つ母数であるときは，確定母数モデル(fixed parameter model)と呼ばれる．この場合 ξ_i は攪乱母数(nuisance parameter)であり，またそれは各観測値の組 (X_i, Y_i), $i=1,2,\cdots,n$ に対して 1 個ずつ存在するから，その数は標本の大きさとともに無限に増加することになる．このような場合には α, β の推定にいろいろな困難が生ずることが示される．

この場合尤度関数は

$$\log L=\text{const}-n\log(\sigma_1\sigma_2\sqrt{1-p^2})-\frac{1}{2}\sum_i Q(X_i, Y_i)$$

となる．ここで $Q(X_i, Y_i)$ が母数 ξ_i をふくむことに注目して，それを最小にする ξ_i の値，すなわち ξ_i の最尤推定量を求めると

$$\hat{\xi_i}=\frac{(\sigma_2^2-\rho\beta\sigma_1\sigma_2)X_i+(\beta\sigma_1^2-\rho\sigma_1\sigma_2)(Y_i-\alpha)}{\sigma_2^2X_i^2+\sigma_2^2Y_i-2\rho\sigma_1\sigma_2X_iY_i}$$

となり，このときの Q の値は

$$\hat{Q}_i=\frac{(Y_i-\alpha-\beta X_i)^2}{\sigma_2^2+\beta^2\sigma_1^2-2\beta\rho\sigma_1\sigma_2}$$

したがって $\sigma_1^2, \sigma_2^2, \rho, \alpha, \beta$ に関する周辺尤度関数は

$$\log \hat{L} = \text{const} - n\log(\sigma_1\sigma_2\sqrt{1-\rho^2}) \\ - \frac{1}{2(\sigma_2^2+\beta^2\sigma_1^2-2\beta\rho\sigma_1\sigma_2)}\sum(Y_i-\alpha-\beta X_i)^2$$

となる．さらにこれを最大にする α の値

$$\hat{\alpha} = \bar{Y} - \beta\bar{X}$$

を代入すれば，

$$\frac{1}{n}\log\hat{L} = \text{const} - \log(\sigma_1\sigma_2\sqrt{1-\rho^2}) - \frac{S_y^2+\beta^2S_x^2-2\beta S_{xy}}{2(\sigma_2^2+\beta^2\sigma_1^2-2\beta\rho\sigma_1\sigma_2)}$$

ただし

$$S_x^2 = \frac{1}{n}\sum(X_i-\bar{X})^2, \quad S_y^2 = \frac{1}{n}\sum(Y_i-\bar{Y})^2 \\ S_{xy}^2 = \frac{1}{n}\sum(X_i-\bar{X})(Y_i-\bar{Y})$$

となる．

ここで n が大きくなるとき，

$$\frac{1}{n}\sum(\xi_i-\xi)^2 \to S_\xi^2 \neq 0$$

とすると

$$S_x^2 \to S_\xi^2+\sigma_1^2, \quad S_y^2 \to \beta^2S_\xi^2+\sigma_2^2, \quad S_{xy} \to \beta S_\xi^2+\rho\sigma_1\sigma_2$$

となるから，β, S_ξ^2, σ_1^2, σ_2^2, ρ の 5 つの母数がすべて未知とすると，S_x^2, S_y^2, S_{xy} の 3 つの量からこれらが一意に定まらないことは明らかである．したがって周辺尤度関数のみに依存する推定量は一致推定量になり得ない．この場合にも正規分布を前提にした周辺尤度にこだわらなければ，一致推定量を求めることができる．

たとえば，$\hat{K}_{3,x} = \dfrac{1}{n}\sum(X_1-\bar{X})^3$, $\hat{K}_{3,y} = \dfrac{1}{n}\sum(Y_1-\bar{Y})^3$ とおけば

$$K_{3,\xi} = \frac{1}{n}\sum(\xi_0-\bar{\xi})^3 \nrightarrow 0$$

ならば

$$\hat{\beta} = \left(\frac{\hat{K}_{3,y}}{\hat{K}_{3,x}}\right)^{\frac{1}{3}}$$

は β の一致推定量になる．

次に少し異なるモデルを考える．

(X_i, Y_i) が 2 変量分布に従っているとき，

$$X_i = \alpha_1 + \beta_{11} u_i + \beta_{12} v_i$$
$$Y_i = \alpha_2 + \beta_{21} u_i + \beta_{22} v_i, \qquad i = 1, 2, \cdots, n$$

ここに，u_i, v_i は互いに独立に同じ分布に従う観測されない変量とする．ここで母数 β_{ij} あるいは変量 u, v を求めることが問題となる．

今 u, v が平均 0，分散 1 の正規分布に従うとすると，(X_i, Y_i) は平均 α_1, α_2，分散 $\beta_{11}^2 + \beta_{12}^2$，$\beta_{21}^2 + \beta_{22}^2$，共分散 $\beta_{11}\beta_{21} + \beta_{12}\beta_{22}$ の 2 変量正規分布に従うこととなる．この場合十分統計量は，次の 5 つの量からなる．

$$\bar{X} = \frac{1}{n}\sum X_i, \quad \bar{Y} = \frac{1}{n}\sum Y_i$$
$$S_X^2 = \frac{1}{n}\sum (X_i - \bar{X})^2, \quad S_Y^2 = \frac{1}{n}\sum (Y_i - \bar{Y})^2$$
$$S_{XY} = \frac{1}{n}\sum (X_i - \bar{X})(Y_i - \bar{Y})$$

これに対して，未知母数は 6 個存在するから，すべての母数を標本から推定することができない．実際

$$\hat{\alpha}_1 = \bar{X}, \quad \hat{\alpha}_2 = \bar{Y}$$
$$\hat{\beta}_{11}^2 + \hat{\beta}_{12}^2 = S_X^2, \quad \hat{\beta}_{21}^2 + \hat{\beta}_{22}^2 = S_Y^2$$
$$\hat{\beta}_{11}\hat{\beta}_{21} + \hat{\beta}_{12}\hat{\beta}_{22} = S_{XY}$$

となって，$\hat{\alpha}_1, \hat{\alpha}_2$ は推定できるが，β はすべてを推定することができない．ここで

$$\xi_1^2 = \beta_{11}^2 + \beta_{12}^2, \quad \xi_2^2 = \beta_{21}^2 + \beta_{22}^2$$
$$\beta_{11} = \xi_1 \cos\theta_1, \quad \beta_{12} = \xi_1 \sin\theta_1$$
$$\beta_{21} = \xi_2 \cos\theta_2, \quad \beta_{22} = \xi_2 \sin\theta_2$$

と変換すると，

$$\hat{\xi}_1^2 = S_X^2, \quad \hat{\xi}_2^2 = S_Y^2$$
$$\hat{\xi}_1\hat{\xi}_2(\cos\hat{\theta}_1\cos\hat{\theta}_2 + \sin\hat{\theta}_1\sin\hat{\theta}_2) = \hat{\xi}_1\hat{\xi}_2\cos(\hat{\theta}_1 - \hat{\theta}_2) = S_{XY}$$

となって，$\theta_1 - \theta_2$ は推定されるが，θ_1, θ_2 を別個に推定することはできない．

しかし u_i, v_i の分布が正規分布でなければ，すべてを推定することが可能になる．u_i, v_i の分布が平均 0，分散 1，そして 0 でない 3 次のキュムラ

ント κ_3 を持つとする．ここで

$$\begin{aligned} Z_i &= aX_i + bY_i \\ &= \gamma + (a\beta_{11} + b\beta_{21})u_i + (a\beta_{12} + b\beta_{22})v_i \end{aligned}$$

とすると Z_i の 3 次のキュムラントは，

$$\kappa_{3,2} = [(a\beta_{11} + b\beta_{21})^3 + (a\beta_{12} + b\beta_{22})^3]\kappa_3$$

となるから，$\kappa_{3,2} = 0$ ならば

$$\begin{gathered} (a\beta_{11} + b\beta_{21}) + (a\beta_{12} + b\beta_{22}) = 0 \\ a\xi_1(\cos\theta_1 + \sin\theta_1) + b\xi_2(\cos\theta_2 + \sin\theta_2) = 0 \\ a\xi_1 \cos\left(\theta_1 - \frac{\pi}{4}\right) + b\xi_2 \cos\left(\theta_2 - \frac{\pi}{4}\right) = 0 \end{gathered}$$

となる．したがって

$$\sum (aX_i + bY_i)^3 = 0$$

を満たす $\hat{a}, \hat{b}$ を計算して

$$\hat{a}\hat{\xi}_1 \cos\left(\hat{\theta}_1 - \frac{\pi}{4}\right) + \hat{b}\hat{\xi}_2 \cos\left(\hat{\theta}_2 - \frac{\pi}{4}\right) = 0$$

とすれば，これと

$$\hat{\xi}_1\hat{\xi}_2 \cos(\hat{\theta}_1 - \hat{\theta}_2) = S_{XY}$$

から $\hat{\theta}_1, \hat{\theta}_2$ を求めることができる．

また u_i, v_i の推定式は

$$\hat{u}_i = \frac{1}{\hat{\beta}_{11}\hat{\beta}_{22} - \hat{\beta}_{12}\hat{\beta}_{21}}(\hat{\beta}_{22}(X_i - \bar{X}) - \hat{\beta}_{12}(Y_i - \bar{Y}))$$

$$\hat{v}_i = \frac{1}{\hat{\beta}_{11}\hat{\beta}_{22} - \hat{\beta}_{12}\hat{\beta}_{21}}(-\hat{\beta}_{21}(X_i - \bar{X}) - \hat{\beta}_{11}(Y_i - \bar{Y}))$$

で与えられる．

3 因子分析モデル

高次元の場合は次のようにすればよい．

$$(X_{ij}, \cdots, X_{pj}), \quad i = 1, 2, \cdots, n$$

を互いに独立に分布する p 次元確率ベクトル変数とし，

$$X_{ji} = \alpha_j + \beta_{ji}u_{ij} + \cdots + \beta_{jp}u_{pi}$$

ただし，$u_{ij}, \cdots, u_{pi}$ はすべて互いに独立に同じ分布に従う変数とする．

u_{ji} が平均 0，分散 1 の正規分布に従うとすれば，$X_{ji}, j=1,2,\cdots,p$ は p 次元正規分布に従い，その平均は α_j，分散共分散は

$$\sigma_{jk} = \sum_h \beta_{jh}\beta_{kh}$$

となる．そこで正規分布を想定すれば，σ_{jk} は推定できるが，すべての β_{jk} を推定することはできない．

しかし u_{ji} の分布が正規分布でないときには，推定が可能になる．分散共分散行列 $\sum=\{\sigma_{jk}\}$ のスペクトル分解を

$$\sum = \lambda_1\boldsymbol{\xi}_1\boldsymbol{\xi}_1' + \cdots + \lambda_p\boldsymbol{\xi}_p\boldsymbol{\xi}_p'$$

とし，$\boldsymbol{X}_i'=(\boldsymbol{X}_{ij}, \cdots, \boldsymbol{X}_{pi})'$ として変数 $Y_{ji}=\lambda_j^{-1}\boldsymbol{\xi}_j'\boldsymbol{X}_i$ とすれば，

$$V(Y_{ji}) = 1, \quad \mathrm{Cov}(Y_{ji}Y_{ji}) = 0, \quad j \neq h$$

となる．そこで改めて，

$$Y_{ji} = \gamma_j + \delta_{j1}u_{1j} + \cdots + \delta_{jp}u_{pi}$$

と表せば，$\sum_h \delta_{jh}^2=1, \sum_h \delta_{jh}\delta_{jh}=0, j\neq h$ となる．

ここで u_{jr} の 4 次のキュムラント $\kappa_4\neq 0$ と仮定すれば，Y_{ji} の 4 次のキュムラントは，$\kappa_4 \sum \delta_{jh}^4$ となる．今

$$Z_i=\sum a_j Y_{ji}, \quad \sum a_j^2 = 1$$

とすれば，$V(Z_i)=1$ であり，その 4 次のキュムラントは，

$$\kappa_{4,z} = \sum_h \left(\sum_j a_j\delta_{jh}\right)^4 \kappa_4$$

となるが，$\sum_h \left(\sum_j a_j\delta_{jh}\right)^2 = 1$ であるから，$\kappa_{4,z}$ の絶対値の最大値は $|\kappa_4|$ に等しく，またそのとき，1 つの h について $\sum a_j\delta_{jh}=1, j\neq h$ について，$\sum a_j\delta_{jh}'=0$ となる．すなわち $Z_i=\gamma_0 + u_{hi}$ となる．

そこで標本分散行列から $\lambda_i, \boldsymbol{\xi}_i$ を推定して「主成分」を

$$\hat{Y}_{ji} = \hat{\lambda}_j^{-1}\hat{\boldsymbol{\xi}}_j'\boldsymbol{X}_i$$

とし，さらに $\hat{Z}_i = \sum a_j\hat{Y}_{ji}$ として，その 4 次のキュムラントを

$$\hat{\kappa}_{4,\hat{z}} = \frac{1}{n}(\sum a_i\hat{Y}_{ji})^4 - 3$$

と推定する．そうして $|\hat{\kappa}_{4,\hat{z}}|$ を条件 $\sum a_j^2=1$ のもとで最大にする a_j を計算する．局所最大解が p 個存在するのでそれらを $\hat{a}_{jh}$ とすれば

$$\hat{u}_{hi} = \sum \hat{a}_{jh}\hat{Y}_{ji}$$

として，u_{hi} を推定することができる．あるいはまず最初に $|\hat{\kappa}_{4,\hat{z}}|$ が最大になるよう $\hat{Z}_1^*$ を求め，次にそれと直交する（相関 0）条件のもとで，$|\hat{\kappa}_{4,\hat{z}}|$ を最大にする $\hat{Z}_2^*$ を求める．このようにして順次 p 個の変量を計算していくことも考えられる．

上記のモデルをやや変形すれば，次のような因子分析モデル（factor analysis model）が考えられる．

p 次元変量 X_{ji} $(j=1,2,\cdots,p,\ i=1,2,\cdots,n)$ が q 個の共通因子 F_{ki} $(k=1,2,\cdots,q)$ と，特殊因子 u_{ji} によって

$$X_{ji} = \alpha_{ji} + \beta_{ji}F_{ji} + \cdots + \beta_{jp}F_{pi} + r_j u_{ji}$$

と表されるものとする．ここで F_{ki}, u_{ji} はすべて互いに独立に平均 0，分散 1 の分布に従うものとする．

通常の因子分析モデルにおいては，F, u はすべて正規分布に従うものと仮定され，したがって X_{ij} は p 変量正規分布に従い，その分散は，

$$J_{je} = \sum_k \beta_{jk}\beta_{ek} + \delta_{je}\gamma^2, \qquad \delta_{ji} = 1,\ \delta_{je} = 0,\ j \neq e$$

と表される．したがって母数 β および γ に関する情報は標本分散共分散行列にふくまれることになる．

正規因子分析モデルに関しては，きわめて多数の研究が行われ，莫大な量の文献が存在している．そうして通常の最尤法などの推定方法が必ずしもうまくいかない場合があることもよく知られている．それらについてはここでは立ち入らない．

しかしたとえば F の分布が正規でないことを前提にすると，正規分布を想定した場合以上のことが可能になる．

たとえば最も簡単な場合として，$p=2,\ q=1$ とすると，

$$X_i = \alpha_1 + \beta_1 F_i + \gamma_{1i}u_{1i}$$
$$Y_i = \alpha_2 + \beta_2 F_i + \gamma_{2i}u_{2i}$$

となり，分散共分散は

$$\sigma_1^2 = \beta_1^2 + \gamma_1^2, \quad \sigma_2^2 = \beta_2^2 + \gamma_2^2, \quad \sigma_{12} = \beta_1\beta_2$$

となり，分散共分散の 3 つの要素が 4 つの母数によって決定されるので，正規分布の場合には 4 つの母数を推定することはできない．

これに対して，u_1, u_2 は正規分布に従う一方，F の 3 次のキュムラント $\kappa_3 \neq 0$ とすれば，X, Y の 3 次キュムラントは，それぞれ

$$\beta_1^3\kappa_3, \quad \beta_2^3\kappa_3$$

となるから，β_1, β_2 の比が

$$\widehat{\left(\frac{\beta_2}{\beta_1}\right)} = \left(\frac{\sum(Y_i - \bar{Y})^3}{\sum(X_i - \bar{X})^3}\right)^{\frac{1}{3}}$$

と推定できる．そうしてこれと

$$S_x^2 = \hat{\beta}_1^2 + \hat{\gamma}_1^2, \quad S_y^2 = \hat{\beta}_2^2 + \hat{\gamma}_2^2, \quad S_{xy} = \hat{\beta}_1\hat{\beta}_2$$

から，すべての母数を推定することができる．またもしここで u の分布も正規分布でなく，その 3 次のキュムラントが 0 でないかもしれないときには，同時キュムラントを利用して，

$$\widehat{\left(\frac{\beta_2}{\beta_1}\right)} = \frac{\sum(Y_i - \bar{Y})^2(X_i - \bar{X})}{\sum(X_i - \bar{X})^2(Y_i - \bar{Y})}$$

とすればよい．

4　定常時系列の場合

次に定常時系列データについて考えよう．

離散時間 $t = 0, \pm1, \pm2, \cdots$ を指標とする確率変数系列は，任意の k および $t_0, t_1, \cdots, t_k$ について k 個の変数

$$X_{t_0+t_1}, \cdots, X_{t_0+t_k}$$

の同時分布が t_0 に依存しないとき（強）定常時系列という．また

$$E(X_{t_0}), \quad E(X_{t_0}X_{t_0+t})$$

が t_0 に関係しないとき，弱定常時系列という．2 次モーメントの存在を前提とすれば，強定常時系列は弱定常時系列である．また上記の同時分布が正規であるとき，時系列は正規系列と呼ばれるが，正規系列は弱定常ならば強定常となる．

したがって正規定常時系列は，平均

$$\mu = E(X_t)$$

および自己共分散

$$\sigma_t^2 = E(X_{t_0} - \mu)(X_{t_0+t} - \mu), \qquad t = 0, 1, 2, \cdots$$

によって，完全に定義される．それゆえ，長さ T の正規定常時系列 $X_1, X_2, \cdots, X_T$ に含まれる情報は，すべて標本平均

$$\bar{X} = \frac{1}{T}\sum_{t=1}^{T} X_t$$

および標本自己共分散

$$S_k = \frac{1}{N-k}\sum_{t=1}^{T-k}(X_t - \bar{X})(X_{t+k} - \bar{X}), \qquad k = 0, 1, 2, \cdots$$

の中にふくまれることになる．

ここで自己共分散系列 σ_t^2 に対して

$$\sigma_t^2 = \int_{-\pi}^{\pi} e^{it\lambda} f(\lambda) d\lambda$$

$$f(\lambda) = \frac{1}{2\pi}\sum_{t \to \infty}^{\infty} \sigma_t^2 e^{-i\lambda t}$$

$$= \frac{1}{\pi}\left(\sigma_0^2 + \sum_{t=1}^{\infty} \sigma_t^2 \cos \lambda t\right)$$

となる表現が成立し，$f(\lambda)$ はスペクトル密度と呼ばれること，定常時系列の性質はスペクトル密度を通じて分析される場合が多いことは，周知の通りである．スペクトル密度と σ_t^2 とは 1 対 1 に対応するから正規分布を想定すれば，すべての情報はスペクトル密度(および母平均)にふくまれることになる．

また

$$Y_n(\lambda) = U_n(\lambda) + iV_n(\lambda)$$

$$= \frac{1}{\sqrt{2\pi n}}\sum_{t=1}^{n} X_t e^{it\lambda}$$

$$= \frac{1}{\sqrt{2\pi n}}(\sum X_t \cos t\lambda + i\sum X_i \sin t\lambda)$$

と定義すれば，

$$E(Y_n(\lambda)\overline{Y_n(\lambda)}) = E(U_n(\lambda_1^2 + V_n(\lambda)^2)) \to f(\lambda)$$
$$E(Y_n(\lambda)\overline{Y_n(\acute{\lambda})}) \to 0 \qquad (\lambda \neq \acute{\lambda})$$

となることが示される．標本スペクトル密度

$$\hat{f}(\lambda) = Y_n(\lambda)\overline{Y_n(\lambda)} = \frac{1}{2\pi n}\sum_{e=-n+1}^{n-1}(n-|e|)S_e e^{-ie\lambda}$$

が $f(\lambda)$ の推定量となり，漸近的に($\bar{X}$ 以外の)標本にふくまれるすべての情報をふくむことになる．さらに

$$X_t = \sqrt{\frac{2\pi}{n}}\sum_{s=1}^{n} Y_n\left(\frac{2\pi s}{n}\right)e^{-it\left(\frac{2\pi s}{n}\right)}$$
$$= \sqrt{\frac{2\pi}{n}}\sum_{s=1}^{n}\left(U_n\left(\frac{2\pi s}{n}\right)\cos\frac{2\pi s}{n} - V_n\left(\frac{2\pi s}{n}\right)\sin\frac{2\pi s}{n}\right)$$

となって U_n, V_n は漸近的に直交するから，これは標本観測値の直交変量による表現を表す．さらに

$$V(U_n(\lambda)) \sim V(V_n(\lambda)) \sim \frac{1}{2}f(\lambda)$$

であり，$\mathrm{Cov}(V_n(\lambda)V_n(\lambda)) \sim 0$ だから

$$X_t = \sqrt{\frac{2\pi}{n}}\sum_{s}\sin\left(\frac{2\pi s}{n}\right)\cos\left(\frac{2\pi s\omega}{n}\right)$$

と表すと，正規分布を仮定すれば，漸近的に

$$S_n^2\left(\frac{2\pi s}{n}\right)\Big/ f\left(\frac{2\pi s}{n}\right), \quad \omega$$

は互いに独立に自由度 2 の X^2 分布，および区間 $[0,1]$ 内の一様分布に従うことになる．したがって情報はすべて振幅 S の中にふくまれ，位相 ω は，情報をふくまないことになる．

データをフーリエ変換したとき，その振幅がスペクトル密度を表すが，その位相はふつうは無視される．それは正規分布を前提とする限り妥当であることは上記のように示すことができる．

しかし異なる周波数に対応する位相が独立で，かつ一様分布に従うという仮定は，必ずしも現実にあてはまらないように思われることもある．このような場合には正規分布の仮定が疑われることになると同時に，自己共

分散あるいは標本スペクトル以外の標本特性，あるいは位相の値からも情報を得ることができることになる．

正規分布を仮定することから導かれる1つの結論は，定常時系列において時間の方向が区別されないこと，すなわち $\cdots, X_{-1}, X_0, X_1, \cdots, X_t, \cdots$ と $\cdots, X_{-t}, X_1, \cdots, X_{-1}, \cdots$ とがまったく同じ分布をもつことである．このことは，$\sigma_{-t} = \sigma_t$ から直ちに導かれる．そのことはまた位相 ω の分布が対称であること（一様分布であるから当然）からも導かれる．

しかし現実のデータがつねに時間軸に関して対称であるとは限らない．たとえば図1(a)のような時系列データは明らかに時間軸に関して対称でない．

なぜならば，もし時間に関して対称なモデルを想定するとすれば，それは図1(b)のようなデータを同じモデルから得られたものと想定しなければならないからである．

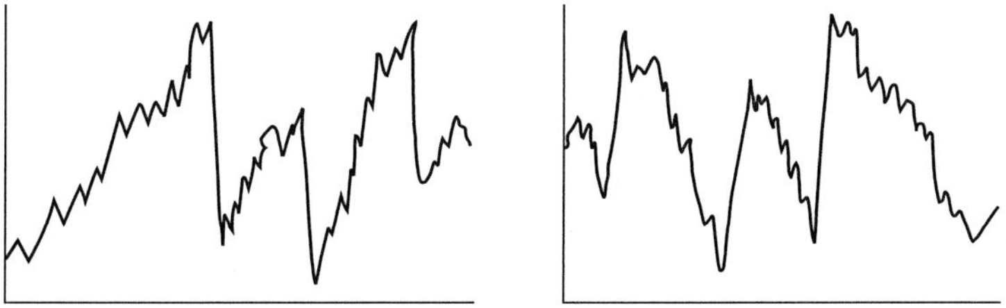

(a)　　(b)

図 1

したがって時間に関して非対称性が見られるならば，非正規分布を仮定しなければならない．そうすればまた，標本スペクトル以外の値から情報が得られることになる．最も簡単な例をあげよう．

u_t, t=0, 1, 2, $\cdots$ が互いに独立に平均0，分散 σ^2 の分布に従うとする．X_t が

$$X_{t+1} = \alpha X_t + u_t, \qquad |\alpha| < 1, \quad t = 0, 1, \cdots$$

という関係を満たすとき，これは1階の自己回帰過程であるという．定常性を仮定すれば X_0 は u_0 と独立に平均0，分散 $\sigma^2/(1-\alpha^2)$ の分布に従うことになる．このとき

$$\sigma_t^2 = \mathrm{Cov}(X_{t_0}X_{t_0+t}) = \alpha^k V(X_{t_0})$$
$$= \alpha^k \sigma^2/(1-\alpha^2)$$

ここで時間の方向を逆にして

$$X_t = \alpha X_{t+1} + u_{t+1}, \qquad |\alpha| < 1$$

というモデルを想定すると，やはり

$$\mathrm{Cov}(X_{t_0}X_{t_0+t}) = \sigma_{-t}^2 = \sigma_t^2$$

となるから，u_t が正規分布に従うとすれば 2 つのモデルは区別されない．

しかし u の分布が 0 でない 3 次のキュムラント κ_3 をもつとすれば，定常性を仮定すれば $\kappa_3/(1-\alpha^3)$ とならねばならない．さらに X_{t+1}, X_t の同時キュムラントについて，$X_{t+1}{=}\alpha X_t + u_t$ を仮定すれば，

$$\kappa_{2,1} = E(X_{t+1}^2 X_t) = \alpha^2 E(X_t^3)$$
$$\kappa_{1,2} = E(X_{t+1} X_t^2) = \alpha E(X_t^3)$$

となり，他方 $X_t{=}\alpha X_{t+1} + u_{t+1}$ を仮定すれば，

$$E(X_{t+1}^2 X_t) = \alpha E(X_{t+1}^3)$$
$$E(X_{t+1} X_t^2) = \alpha^2 E(X_{t+1}^3)$$

となるから，2 つのモデルは異なる同時キュムラントを導くことになり，したがって標本キュムラントを用いて区別することができる．

5 キュムラント以外の統計量

これまで，非正規分布を前提とした場合，平均，分散以外に高次(3 次，あるいは 4 次)のキュムラントを利用することを考えてきた．

しかし高次の標本キュムラントは，一般にきわめて大きい分散をもっており，標本誤差が大きいので，それにもとづく推測は一般に信頼性が高くないと考えねばならない．

そこで標本キュムラント以外の特性値を利用することも考えねばならないが，この問題については，まだほとんど研究が進んでいないので，1 つの考え方だけを紹介しよう．

再び $X_1, \cdots, X_n$ が独立同一分布に従うとする．X_1 の分布の特性関数を

$$\phi(t) = E(\exp itX_1)$$

$$= E(\cos tX_1) + iE(\sin tX_1)$$

とすると X_1 の分布が正規ならば，

$$\phi(t) = e^{i\mu t - \frac{1}{2}\sigma^2 t^2}$$
$$= e^{-\frac{1}{2}\sigma^2 t^2}(\cos\mu t - i\sin\mu t)$$

となる．したがって

$$\psi(t) = E(\cos tX_1), \quad \eta(t) = E(\sin tX_1)$$

とおくと

$$\psi(t) = e^{-\frac{1}{2}\sigma^2 t^2}\cos\mu t$$
$$\eta(t) = e^{-\frac{1}{2}\sigma^2 t^2}\sin\mu t$$
$$\phi(t)\overline{\phi(t)} = \psi(t)^2 + \eta(t)^2 = e^{-\sigma^2 t^2}$$
$$\tan^{-1}\eta(t)/\phi(t) = \mu t$$

そこで標本特性関数を

$$\hat{\phi}(t) = \hat{\psi}(t) + i\hat{\xi}(t)$$
$$= \frac{1}{n}e^{-\frac{1}{2}\hat{\sigma}^2 t^2}(\cos\hat{\mu}t - i\sin\hat{\mu}t)$$

で定義すれば $n \to \infty$ のとき $\hat{\phi}(t) \to \phi(t)$ となるから，

$$\log(\hat{\phi}(t)^2 + \hat{\eta}(t)^2) + \frac{1}{2}\hat{\sigma}^2 t^2 = Q(t)$$

$$\tan^{-1}\left(\frac{\hat{\eta}(t)}{\hat{\phi}(t)}\right) - \hat{\mu}t = S(t)$$

を計算すれば，正規分布からのズレが判定できる．

先にあげた例をもう一度取り上げよう．

$$X_i = \alpha_1 + \beta_{11}u_i + \beta_{12}v_i$$
$$Y_i = \alpha_2 + \beta_{21}u_i + \beta_{22}v_i, \qquad i = 1, 2, \cdots$$

と表され，u_i, v_i が互いに独立に同一の非正規分布に従うとする．その特性関数を $\phi(t)$ とすれば，X_i, Y_i の同時特性関数は，

$$\phi(t_1, t_2) = E(\exp(it_1X_i + it_2Y_i))$$
$$= i\exp(i\alpha_1 t_1 + i\alpha_2 t_2)$$
$$\times\phi(\beta_{11}t_1 + \beta_{21}t_2)\phi(\beta_{12}t_1 + \beta_{22}t_2)$$

となる．したがって，

$$s_1 = \beta_{11}t_1 + \beta_{21}t_2, \quad s_2 = \beta_{12}t_1 + \beta_{22}t_2$$

とおくと

$$\begin{aligned}\log\phi(t_1, t_2) &= \log\tilde{\phi}(s_1, s_2)\\ &= i\gamma_1 s_1 + i\gamma_2 s_2 + \log\tilde{\phi}(s_1) + \log\tilde{\phi}(s_2)\end{aligned}$$

という形になるから

$$\frac{\partial^2}{\partial s_1 \partial s_2}\log\tilde{\phi}(s_1, s_2) \equiv 0$$

となる．そこでこの関係で，

$$\frac{\partial^2}{\partial s_1^2}\log\tilde{\phi}(s_1, s_2) = \frac{\partial^2}{\partial s_1^2}\log\tilde{\phi}(s_1)$$

$$\frac{\partial^2}{\partial s_2^2}\log\tilde{\phi}(s_1, s_2) = \frac{\partial^2}{\partial s_2^2}\log\tilde{\phi}(s_2)$$

から係数を求めることができる．正規分布の場合は，これらの 2 次微分はすべて一定となるから，$\beta_{11}, \beta_{12}, \beta_{21}, \beta_{22}$ をすべて定めることはできないが，そうでなければ推定ができることになる．

補論B

多次元ARモデルと因果関係

石黒真木夫

1 因果の考え方

「多次元 AR モデルを利用することによって与えられたシステムにおける因果関係の有無，形，役割，からみあいを調べることができる」

この文を読んで，すぐに意味がわかる読者はあまりいないと思う．この稿を読み終わったときに，この意味がわかっているようにしたい，というのが筆者のねらいである．上のように言い切ってしまえるのは，いくつかの(面倒な，細かい？)前提条件が満たされていることを暗に仮定しているからである．この隠してある前提条件がなんであるかもわかっていただかないと「わかっている」ことにならない．そのあたりにもだんだんに話を進める．

本論に入る前に言葉の使い方を決めておく．2 つの出来事の間に関係があって，その一方が時間的に前，もう一方が後である場合に前のほうの出来事を「原因」，後のほうの出来事を「結果」その関係を「因果関係」ということにする．原因のほうが人間の自由意志によって操作可能であれば因果関係を利用していろいろなことができる．

「風が吹けば桶屋がもうかる」というのは「風」という原因と「桶屋の売上高」という結果の間の因果関係であり，これが本当なら風を吹かせることによって桶屋の商売を繁盛させることができる．

原因が操作可能でないときの関係を因果関係と考えないという立場もあると思われるがここでは，そういう立場もありえると指摘するだけにして深入りしない．

みちくさ

鶏が先か，卵が先か　この問題も因果関係がからむ問題であるが問題の立て方が悪い．時間，世代の差を無視してしまってはいけないのである．花子という雌の鶏が卵を産んで，その卵が孵化して太郎という雄の鶏になったとすれば，花子が太郎卵の原因であり，太郎卵が太郎鶏の原因である．鶏が卵の原因であり，卵が鶏の原因であるという2つの因果関係がからみあって，卵鶏システムが連綿とつづいている，というのがことの真相である．どちらが先ということもない．

因果関係を視覚的にわかりやすく表すものにドミノ倒しがある．ドミノの駒を適当な間隔で立てて並べておいて，端の1枚を倒してやると，その駒が次の駒を倒し，倒れた次の駒が次の次の駒を倒し，……という具合にことが進む．駒に番号をつけておけば駒 i が倒れれば駒 $i+1$ が倒れるというのが，この場面における因果関係である．このような因果関係には2通りの使い道がある．まずこの因果関係を知っていれば，第1番目の駒が倒れればいずれ1000番目の駒が倒れるであろうことが予測できる．「予測」が因果関係を知ることの第1の効用である．

因果関係を知っていれば，1番目の駒を倒すことによって1000番目の駒が50m先にあっても居ながらにしてその駒を倒すことができるということになる．因果関係を利用することによって人間の活動の範囲が飛躍的に広くなる．人類の歴史は，この意味での因果関係の利用拡大の歴史であったと見ることもできる．科学が因果関係を発見し，技術がそれを利用してきた．

数式によって因果関係を表現するには関数を用いる．習慣的に因を右辺に，果を左におく．たとえば

$$x_i = \sum_{m=1}^{M} a_m x_{i-m} + \varepsilon_i$$

と書く．この式の x_i という値と $\{x_{i-1}, x_{i-2}, \cdots, x_{i-M}, \varepsilon_i\}$ という値の組の間では後者が因であり，前者が果であることを匂わせている．$\{x_{i-1}, x_{i-2}, \cdots, x_{i-M}, \varepsilon_i\}$ を与えれば x_i は簡単に計算できる．

(注: みちくさを飛ばして読めば話の大きなすじが見えるようにしたつもりである．しかしみちくさを読めばより楽しく，「役に立つ」ようにもしたつもり．世の常のみちくさがすべてそうであるように……)

2　AR モデル

なにかを一定時間間隔でくり返し測定して，$\{x_1, x_2, \cdots\}$ というデータがとれるものとする．そのとき，どの時刻 j においても

$$x_j = \sum_{m=1}^{M} a_m x_{j-m} + \varepsilon_j \tag{1}$$

という関係が成り立ち ε_j が平均 0，分散 σ^2 の正規分布に従う確率変数であるとき $\{x_1, x_2, \cdots\}$ を AR 系列，式(1)を(1 次元)AR モデルという．

AR モデルは $x_{j-M}, \cdots, x_{j-1}$ という「前」の出来事と x_j という後の出来事の間の因果関係を表現した式である．ε_j という確率変数が入ってきているためにこの因果関係は決定論的なものでなく確率的であるが，確率的な関係であっても関係には違いない．

これを多次元に拡張して $\boldsymbol{x}$ と $\boldsymbol{\varepsilon}$ をベクトルとして

$$\boldsymbol{x}_j = \sum_{m=1}^{M} A_m \boldsymbol{x}_{j-m} + \boldsymbol{\varepsilon}_j$$

$$\boldsymbol{\varepsilon}_j \sim N(0, \Sigma)$$

としたのが多次元 AR モデルである．

みちくさ

線形予測と自己回帰モデル　時刻 1 から観測を始めたとすると，時刻 j までにデータ $\{x_1, x_2, \cdots, x_{j-1}\}$ が手に入る．ある時点までのデータに基づいてその先のデータの出方を予想するのが予測である．

x_j をそれに先立つ M 時点の観測値(の 1 次式)で予測する式は，一般的に

$$\hat{x}_j = \sum_{m=1}^{M} a_m x_{j-m} \tag{2}$$

と書くことができる．この式を M 次線形予測という．この予測の誤差は

$$\varepsilon_j = x_j - \hat{x}_j \tag{3}$$

で定義される．この誤差がなるべく「小さく」なるように $\{a_m\}$ を選べば $\hat{x}_j$ による予測は精度のよいものになる．

データ $\{x_1, \cdots, x_N\}$(図1)

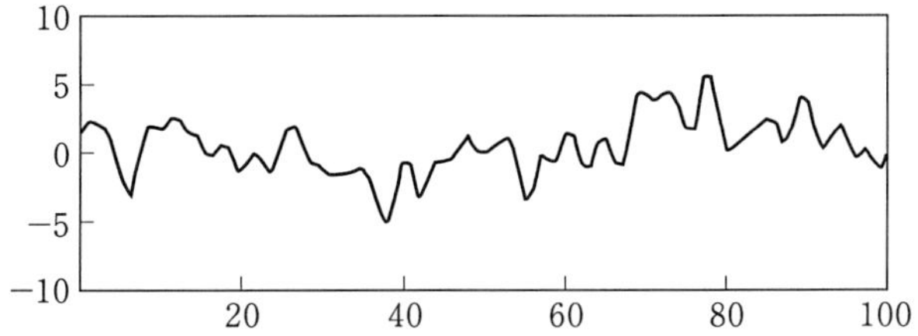

図1 時系列データ

の予測式が手に入れば，予測誤差の系列 $\{\varepsilon_{M+1}, \varepsilon_{M+2}, \cdots, \varepsilon_N\}$(図2)

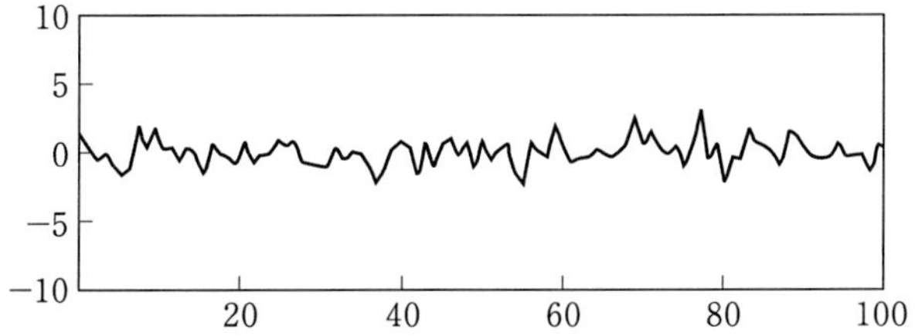

図2 残差の系列

を求めることができる．逆に初期値 $\{x_1, \cdots, x_M\}$ と予測誤差の系列 $\{\varepsilon_{M+1}, \varepsilon_{M+2}, \cdots, \varepsilon_N\}$ からもとのデータ $\{x_1, \cdots, x_N\}$ を求めることができる．式(3)は x_j の予測値 $\hat{x}_j$ に予測誤差を加えると実測値 x_j が得られることを示しているから，これに予測値の計算式(2)を組み合わせて得られる式

$$x_j = \sum_{m=1}^{M} a_m x_{j-m} + \varepsilon_j \tag{4}$$

を使えばいいのである．

式(4)を利用してもとの系列を回復するだけでなく，シミュレーショ

ンデータを作ることができる．ε_j としてデータから得られる誤差系列でなく，誤差系列と似ているけれど違うものをもってくるのである．たとえば

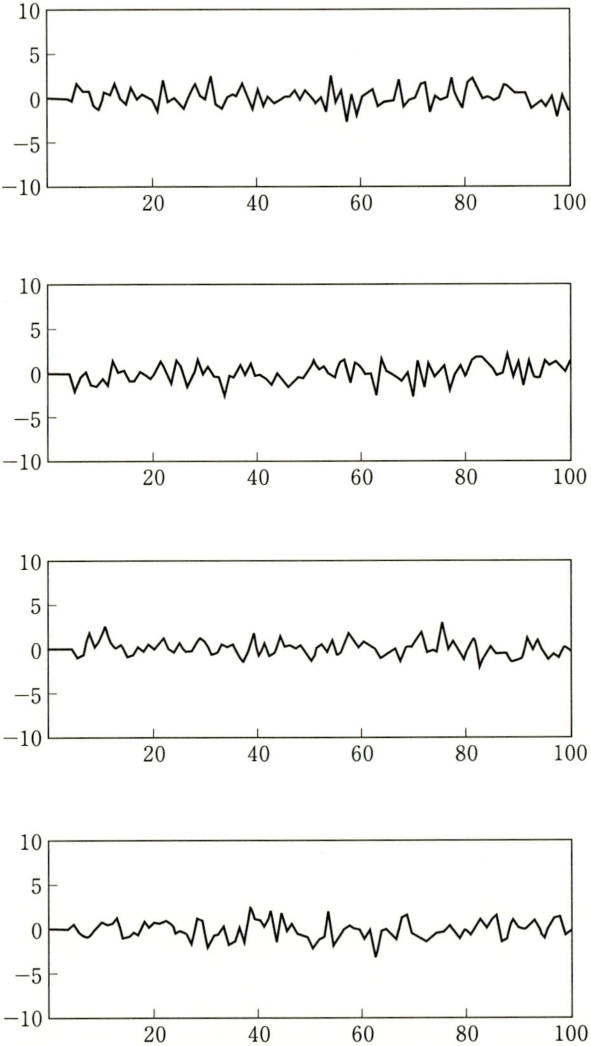

図 3　残差系列のシミュレーション

に示す系列を ε_j として用いると式(4)を用いて

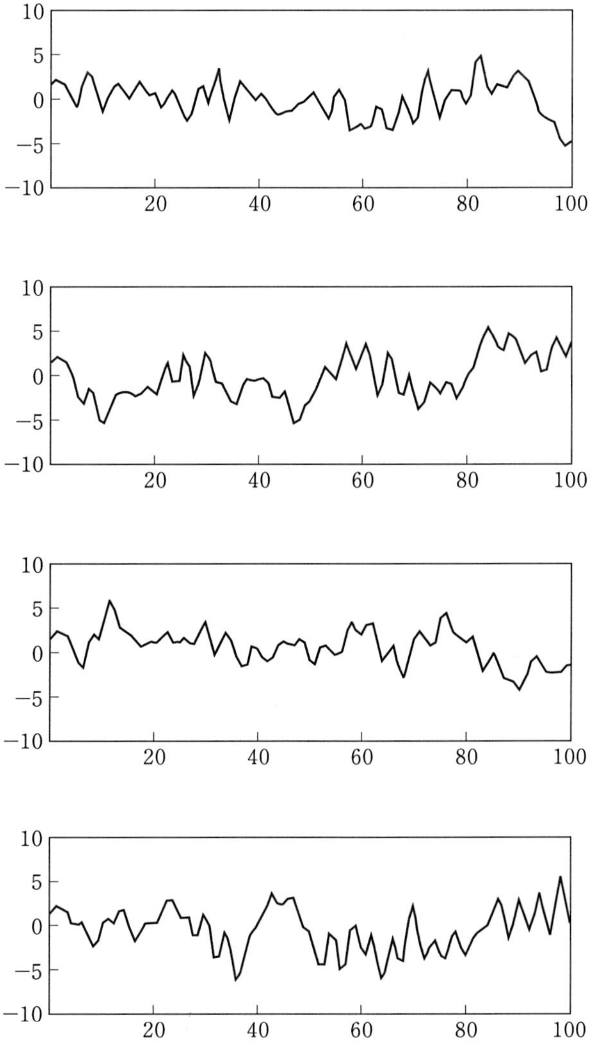

図 4 シミュレーションデータ

に示す系列が得られる．これが図 1 と似ていることは明らかだろう．図 3 の系列は互いに独立な平均 0，分散 σ^2 の正規乱数

$$\varepsilon_j \sim N(0, \sigma^2) \tag{5}$$

である．分散は図 2 のデータに合わせてある．$\{\varepsilon_j\}$ は互いに無相関．$\{x_1, \cdots, x_M\}$ とも相関をもたないものとする．

式(4)と式(5)で定義されるモデルが AR モデルである．M 次の AR モデルという．AR というのは auto regressive(自己回帰)の頭文字である．なぜこれを自己回帰と名づけるかの理由に関しては後述．

3 多次元 AR モデル

多次元 AR モデルにおいて A はマトリクスであり，成分表示では

$$x_{ij} = \sum_{m=1}^{M} \sum_{k=1}^{K} A_{ikm} x_{k(i-m)} + \varepsilon_{ij} \qquad (i = 1, 2, \cdots, K) \tag{6}$$

である．$\boldsymbol{x}_i$ が K 次元ベクトル，A_m が K 次元マトリクスであるとき，M 次 K 次元 AR モデルという．

次元 K が 2 の場合の式を丁寧に書けば

$$x_{1j} = \sum_{m=1}^{M} A_{11m} x_{1(j-m)} + \sum_{m=1}^{M} A_{12m} x_{2(j-m)} + \varepsilon_{1j}$$

$$x_{2j} = \sum_{m=1}^{M} A_{21m} x_{1(j-m)} + \sum_{m=1}^{M} A_{22m} x_{2(j-m)} + \varepsilon_{2j}$$

と書ける．この式で見るべき点は，x_{1j} という 1 チャンネルの出来事と $x_{2(j-M)}, \cdots, x_{2(j-1)}$ という 2 チャンネルの出来事の間の因果関係と同時に，x_{2j} という 2 チャンネルの出来事と $x_{1(j-M)}, \cdots, x_{1(j-1)}$ という 1 チャンネルの出来事の間の因果関係の存在が表現されている点である．多次元 AR モデルは各チャンネルの間の因果関係のからみあいをとらえたモデルということができる．

式(6)はいくつもの単純な形の項の和になっていて，因果関係を解きほぐした形といってまちがいはない．もし，A_{kim}=0, m=1, 2, $\cdots$, M であれば，

i チャンネルから k チャンネルへの因果関係はないことになる．因果関係の有無を調べる問題は係数行列の要素が 0 であるか否かを調べる問題に帰着する．

みちくさ

因果関係の有無　係数が「統計的に 0」なのか「モデルの利用者の目的にとって 0」なのかが問題であるが，統計的に 0 であるか否かを情報量規準を利用して判定する方法がある．AR モデルの当てはめは最尤法，結局は最小 2 乗法によって可能であり，そのとき計算される最大対数尤度の値と推定したパラメータ数から AIC を計算してモデルの妥当性を評価できる．0 であるか否かを判定したいパラメータと 0 に固定したモデルとそうでないモデルの AIC を比較すればいいのであるが，ここではこれ以上立ち入らない．興味のある方は参考文献を参照されたい．

4　移動平均表現

ここでこれから何回か使うことになる算術的な道具を用意する．AR モデルの移動平均表現である．

$y_1=x_1$，$y_2=x_2$，$\cdots$，$y_M=x_M$，$\varepsilon_j=0$ として式(1)を使うと，x の初期値 $\{x_1,\cdots,x_M\}$ のみに依存する変動

$$y_j = \sum_{m=1}^{M} a_m y_{j-m}$$

が計算され，$z_1=0, z_2=0, \cdots, z_M=0$ とすると，雑音のみに依存する項

$$z_j = \sum_{m=1}^{M} a_m z_{j-m} + \varepsilon_j \tag{7}$$

が計算される．式(1)の線形性から，

$$x_j = y_j + z_j$$

が成立する．

係数 $\{a_m\}$ がある条件を満たすと，初期値によらずに $j\to\infty$ の極限で y_j が 0 に収束することが知られている．これは同じ雑音で駆動されている限り，どんな初期値から出発しても十分に長い時間が経過すれば $\{x_t\}$ と $\{z_t\}$ が実質的に同じになることを示している．

$$\varepsilon_t = \begin{cases} 0 & (t < 0) \\ 1 & (t = 0) \\ 0 & (t > 0) \end{cases}$$

としたときの $\{z_t\}$ を $\{h_t\}$ と書くことにすると一般の $\{\varepsilon_t\}$ に対する式(7)の値が

$$z_i = \sum_{n=1}^{\infty} h_n \varepsilon_{i-n} + \varepsilon_i$$

で計算されることはすぐわかる．ここでも線形性が威力を発揮している．

$\{x_t\}$ と $\{z_t\}$ を同じものと考えれば式(1)と

$$x_i = \sum_{n=1}^{\infty} h_n \varepsilon_{i-n} + \varepsilon_i \qquad (8)$$

は同じことの別な表現ということになる．式(8)を AR モデルの移動平均(moving average)表現という．

$\{h_1, h_2, \cdots\}$ を求める方法としては，式(7)を逐次的に何度も使う以外に

$$\frac{1}{1 - \sum_{m=1}^{M} a_m B^m}$$

の割算を形式的に行うことによって商として得られる無限多項式を

$$1 + \sum_{n=1}^{\infty} h_n B^n$$

と書き表したときの係数として求める方法もある．

みちくさ

定常性・特性方程式　初期値の影響が無限に尾を引かないことが移動平均表現が意味をもつために必要である．これは式(1)が「定常」であるための条件と等価である．AR モデルが定常であるためには M 次方程式

$$1-\sum_{m=1}^{M} a_m z^m = 0 \tag{9}$$

の根がすべて単位円の外にあることが必要十分であることが知られている．式(9)を AR モデルの特性方程式，その根を特性根という．

定常でない AR モデルでシミュレーションを行うと，たとえば，図5のような結果が得られる．

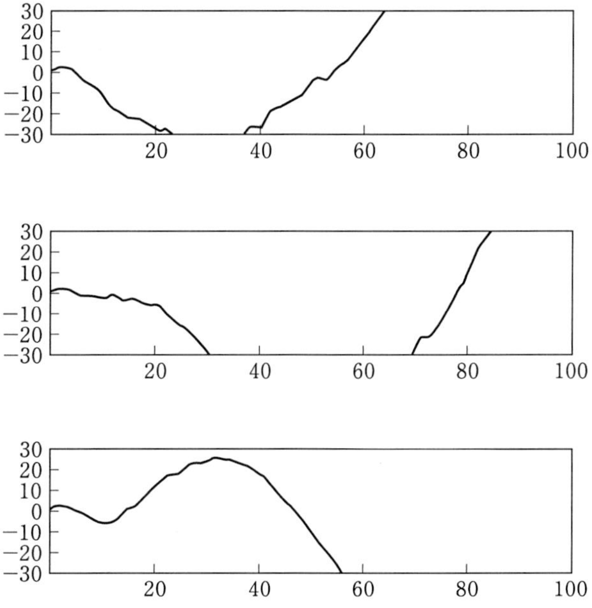

図 **5**　非定常 AR モデルのふるまい

5 線形システム表現

x_{kj} の変動を，他の変数からの影響による変動とこの変数独自の変動に分ける．

$$x_{kj} = \sum_{m=1}^{M} A_{kkm} x_{k(j-m)} + \sum_{i \neq k} \sum_{m=1}^{M} A_{kim} x_{i(j-m)} + \varepsilon_{kj}$$

と書き直すと入力系列 $\{w_j\}$ を出力系列 $\{z_{kj}\}$ に変換する線形フィルタ

$$z_{kj} = \sum_{m=1}^{M} A_{kkm} z_{k(j-m)} + w_j$$

に

$$w_j = \sum_{i \neq k} \sum_{m=1}^{M} A_{kim} x_{i(j-m)} + \varepsilon_{kj}$$

を入力したときの出力が $\{x_{kj}\}$ であることがわかる．フィルタが線形であるから $\{x_{kj}\}$ は，このフィルタに $\{\varepsilon_{kj}\}$ を入力したときの出力 $\{u_{kj}\}$ と

$$\sum_{i \neq k} \sum_{m=1}^{M} A_{kim} x_{i(j-m)}$$

が入力されたときの出力 $\{y_{kj}\}$ の和として

$$x_{kj} = y_{kj} + u_{kj}$$

と表現される．この式を以下のように変形する(つぎのみちくさで解説)．

$$\begin{aligned}
x_{kj} &= y_{kj} + u_{kj} \\
&= \sum_{n=0}^{\infty} h_{kn} \sum_{i \neq k} \sum_{m=1}^{M} A_{kim} x_{i(j-n-m)} + u_{kj} \\
&= \sum_{i \neq k} \sum_{n=0}^{\infty} \sum_{m=1}^{M} h_{kn} A_{kim} x_{i(j-n-m)} + u_{kj} \\
&= \sum_{i \neq k} \sum_{(n+m)=1}^{\infty} \sum_{n=0}^{n+m-1} h_{kn} A_{ki(n+m-n)} x_{i(j-n-m)} + u_{kj} \\
&= \sum_{i \neq k} \sum_{t=1}^{\infty} \sum_{n=0}^{t-1} h_{kn} A_{ki(t-n)} x_{i(j-t)} + u_{kj} \\
&= \sum_{i \neq k} \sum_{t=1}^{\infty} \alpha_{kit} x_{i(j-t)} + u_{kj} \qquad (10)
\end{aligned}$$

最後の右辺の最初の項は k チャンネルの変動への他のチャンネルからの影響，u_{kj} は

$$u_{kj} = \sum_{m=1}^{M} A_{kkm} u_{k(j-m)} + \varepsilon_{kj} \tag{11}$$

を満たす他のチャンネルの変動からの影響をすべて排除したときの $\{\varepsilon_{kj}\}$ にだけ依存する k チャンネル固有の変動である．α_{kit} は

$$\alpha_{kit} = \sum_{n=0}^{t-1} h_{kn} A_{ki(t-n)} \tag{12}$$

で定義される係数である．

線形システム表現を利用してシステム内部の因果関係を「可視化」することができる．たとえば，

$$u_{kt} = \begin{cases} 0 & (t < 0) \\ 1 & (t = 0) \\ 0 & (t > 0) \end{cases}$$

としてシミュレーションを行うと k チャンネルにインパルスが入ったときのシステムの挙動を見ることができる．

みちくさ

式(10)の展開の解説　2 行目への変形では，

$$y_{kj} = \sum_{m=1}^{M} A_{kkm} y_{k(j-m)} + \sum_{i \neq k} \sum_{m=1}^{M} A_{kim} x_{i(j-m)}$$

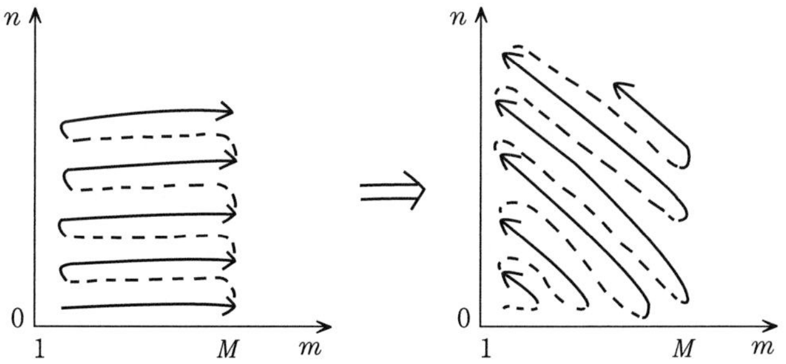

図 6　和をとる順序の変換

で定義される y_{kj} を移動平均表現で書き直している．

4行目への変形は，よくやる2重数列の和の順序の変更(図6)，5行目への変形は単に $(m+n)$ を t で書き直しただけである．

6行目への変形にあたっては α_{kit} の定義式(12)が持ち込まれている．

みちくさ

インパルス応答の計算　インパルス応答の計算にあたって $\{\alpha_{kit}\}$ の値は必要がないのがありがたいところである．

$$u_{kt} = \begin{cases} 0 & (t<0) \\ 1 & (t=0) \\ 0 & (t>0) \end{cases} \iff \varepsilon_{kt} = \begin{cases} 0 & (t<0) \\ 1 & (t=0) \\ -A_{kkt} & (t>0) \end{cases} \tag{13}$$

という対応を利用する．もとの式にこの形で定義される ε_{kt} を入力すればいいのである．

ステップ応答，周波数応答，などもこの表現を利用して容易に計算できる．

6　因果解析の実際／いろいろな因果関係

■人／自転車システムの解析

インパルス応答で見えてくるものを人／自転車システムの解析の例で示そう．

図7の5枚のパネルは上から順に，自転車のロール角，前輪方向，ハンドルトルク，サドルトルク，ペダルトルクである．最初の2変数が自転車の状態を代表する測定値，あとの3変数が乗り手の操縦を代表する測定値

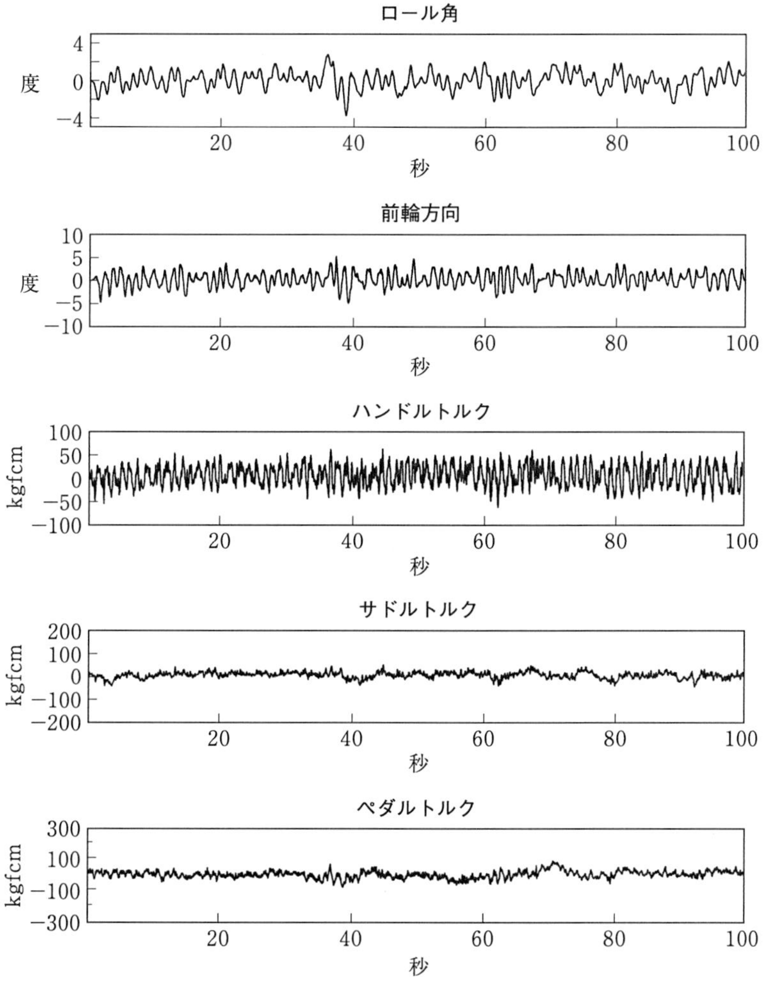

図 7 自転車データ

である．いずれも反時計回りの方向をプラスとした測定値である．データのサンプリング間隔は 0.05 秒．

このデータに 5 次元 AR モデルを当てはめた．AIC 最小化法で決定した次数は 12 次であった．このモデルがとらえたシステムの姿を見てみよう．

自転車が倒れずに進めるメカニズムとして考えられるのは，たとえば，左に傾いたときに，前輪を左に向けることによって，前後輪接地線を重心より左に移して右への復元力を生み出すというものである．これが本当なら前輪方向へのインパルス入力に対して，ロール角へはネガティブな応答が出るはずである(すべての測定値が反時計回り方向をプラスとしていることに注意)．

測定値の 1 番目がロール角，2 番目が前輪方向であるので，AR モデルの係数行列の対角成分と 1 行 2 列成分以外をすべて 0 としてハンドル角にインパルスを入れた計算結果を図 8 に示す．

見事にネガティブな応答である．重心より左への接地線移動によると解釈できる右への傾きが生ずることがデータによって証明された．

同じような方法でハンドルトルクから前輪方向へのインパルス応答を求めたのが図 9 である．

小さいけれどポジティブな応答が捕まっている．自転車は壊れていない．

ハンドルに左ねじりの力をかけると前輪が左に向き，前輪が左に向くと右向きの復元力が働くのだから，ロール角にインパルスが入ったときにハンドルトルクに正の応答が現れればつじつまが合うというものである．

図 10 を見るとたしかに，最初の部分にポジティブな応答が出る．「正しい応答」である．そのあと，インパルスから 0.5 秒後あたりに最大に達するネガティブ方向への振れは，おそらく，右方向へのロール角が生じはじめたことを受けてのハンドル操作である．このデータをとる実験では，被験者はバランスを保つだけでなく進行方向を維持するよう指示されていた．

ハンドル操作が自転車の操縦において重要なのは明らかである．ハンドルトルクの変動を他の変数の変動から切り離したときにどうなるかを見るには，係数行列の第 3 列のすべての要素，そして第 3 行のすべての要素を 0 にしてシミュレーションしてみればよい．結果を図 11 に示す．上段がもとのままの係数によるシミュレーション，下段がハンドルトルクを切り離したシミュレーションである．

ハンドル操作がないと自転車の左右の揺れの周期が長くなるつまり周波数が低くなるのがわかる．2 つの時系列のパワースペクトルを並べてみる

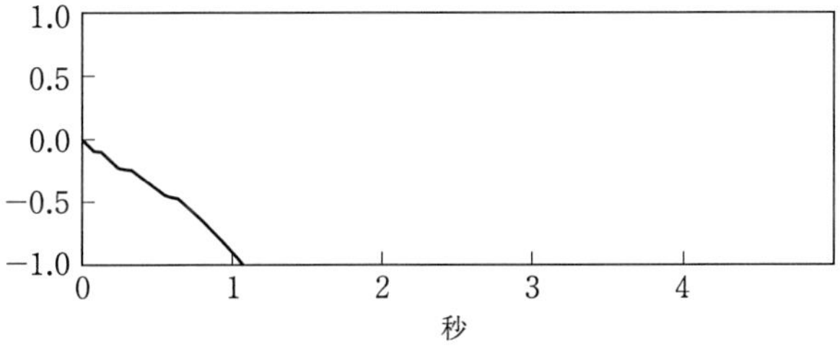

図 **8**　前輪方向へのインパルス入力に対するロール角の応答

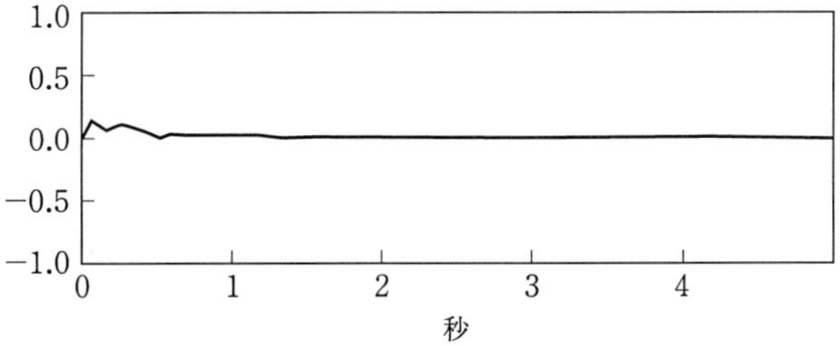

図 **9**　ハンドルトルクに対する前輪方向のインパルス応答

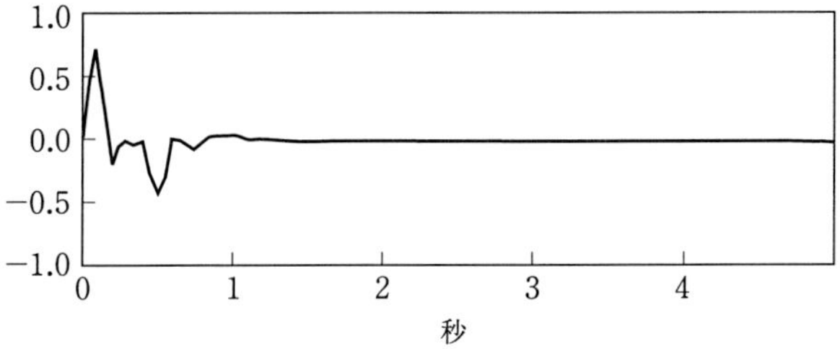

図 **10**　ロール角に対するハンドルトルクのインパルス応答

と目で見た印象をより定量的に確認することができる(図 12).

シミュレーションによれば，乗り方によってはハンドル操作がなくても自転車は倒れない．ご存知の人が多いと思うが，自転車は左に傾くと前輪が左を向くように作られている．それで手放し運転も可能なのである．ロール角から前輪方向へのインパルス応答を見てみると，われわれの「架空の自転車」もたしかにそうできている(図 13).

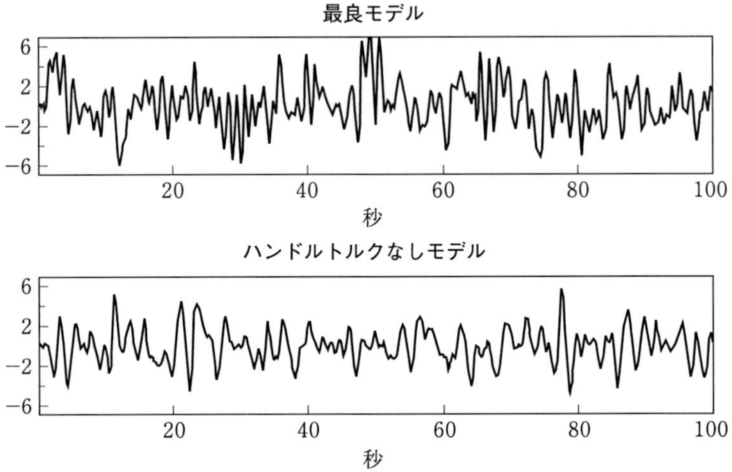

図 11　シミュレーションによるロール角変動

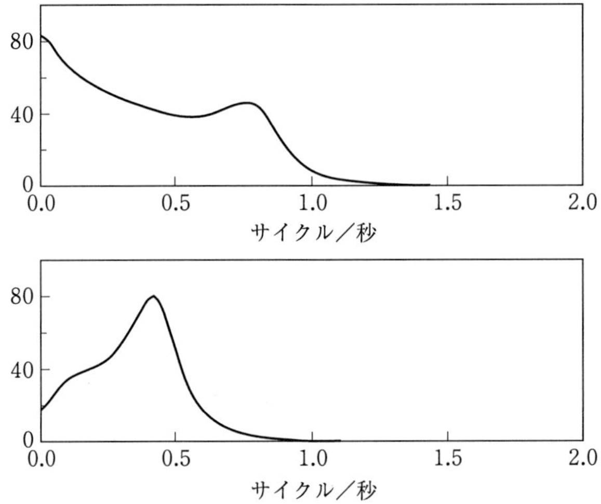

図 12　図 11 の時系列のパワースペクトル

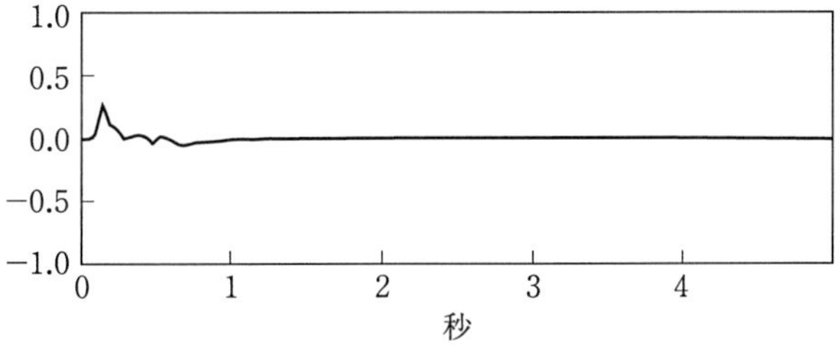

図 **13**　ロール角から前輪方向へのインパルス応答

みちくさ

パワースペクトルとは　時系列 $\{x_j\}$ が

$$x_j = \sum_f r(f)\cos(2\pi fj + q(f))$$

と書けるとき周波数 f の成分のパワーは $r^2(f)$ であるという．$\{x_j\}$ が確率過程であればパワーは確率変数になる．このとき周波数 $(f, f+\Delta f)$ の範囲のパワーの総計の期待値が $P_{xx}(f)\Delta f$ で与えられるとき $P_{xx}(f)$ を $\{x_j\}$ のパワー(密度)スペクトルという．

定常時系列の分散共分散関数

$$C_m = E\{x_j x_{j-m}\}$$

がわかればパワースペクトルは次の式で計算される．

$$P_{xx}(f) = \sum_{m=-\infty}^{\infty} C_m e^{i2\pi fm}$$

周波数応答関数 $g(f)$ で規定されるフィルタの入力系列 $\{\varepsilon_j\}$ と出力系列 $\{x_j\}$ のパワースペクトルに関して次の公式がある．

$$P_{xx}(f) = |g(f)|^2 P_{\varepsilon\varepsilon}(f)$$

この関係は一般の定常時系列に対して成り立つが，AR モデルにおいては $\{\varepsilon_j\}$ が白色雑音であり，

$$P_{\varepsilon\varepsilon}(f) = \sum_m C_m e^{i2\pi fm}$$
$$= C_0 = \sigma^2$$

であり，周波数応答関数は

$$g(f) = \left(1 - \sum_{m=1}^{M} a_m e^{-i2\pi fm}\right)^{-1}$$

で与えられる．計算は以下の通り．変形の解説は後述．

$$x_j = \sum_{m=1}^{M} a_m x_{j-m} + \varepsilon_j \tag{14}$$

$$g(f)e^{i2\pi fj} = \sum_{m=1}^{M} a_m g(f) e^{i2\pi f(j-m)} + e^{i2\pi fj} \tag{15}$$

$$g(f) = \sum_{m=1}^{M} a_m g(f) e^{-i2\pi fm} + 1$$

$$= \sum_{m=1}^{M} a_m e^{-i2\pi fm} g(f) + 1 \tag{16}$$

$$\left(1 - \sum_{m=1}^{M} a_m e^{-i2\pi fm}\right) g(f) = 1 \tag{17}$$

$$g(f) = \left(1 - \sum_{m=1}^{M} a_m e^{-i2\pi fm}\right)^{-1} \tag{18}$$

結局，

$$P_{xx}(f) = |g(f)|^2 \sigma^2 \tag{19}$$

となる．

多次元 AR モデルの場合には

$$G(f) = \left(1 - \sum_{m=1}^{M} A_m e^{-i2\pi fm}\right)^{-1}$$

とし，その共役転置行列を $G^*(f)$ として，

$$P_{xx}(f) = G(f)\Sigma G^*(f)$$

が対応する．行列 P_{xx} の対角成分が各測定値のパワースペクトルである．

周波数応答の計算　式(14)において

$$\varepsilon_j = e^{i2\pi fj}$$

$$x_j = g(f)\varepsilon_j$$

として式(15)を得る．$g(f)$ は周波数 f に依存する複素関数である．

共通要素 ε_j で両辺を割って式(16)を得る．

$g(f)$ の入った項を左辺に移して式(17)を得る．この式から式(18)が導かれるのは明らかだろう．

■陽気な因果関係

関係にもいろいろある．次の係数行列

$$A_1 = \begin{pmatrix} 0. & 0.85 \\ 1.0 & 0.0 \end{pmatrix}, \quad A_2 = \begin{pmatrix} 0. & -0.49 \\ 0.58 & 0.0 \end{pmatrix}$$

をもつ 2 次の 2 次元 AR モデルで，2 変数の関係を切った場合には図 14 の 1〜2 段目に示した変動を示し，2 変数が相互作用すると 3〜4 段目に示すように変動幅が大きくなる．互いに刺激しあうことによって振幅が増すのである．

■陰気な因果関係

次の係数行列

$$A_1 = \begin{pmatrix} 0.95 & 0.3 \\ -0.7 & -0.95 \end{pmatrix}$$

をもつ 1 次の 2 次元 AR モデルでは，2 変数の関係を切った場合には図 15 の 1〜2 段目に示した変動を示し，2 変数が相互作用すると 3〜4 段目に示すように変動幅が小さくなる.「波長が合わない」というのを絵に描いたような関係である．

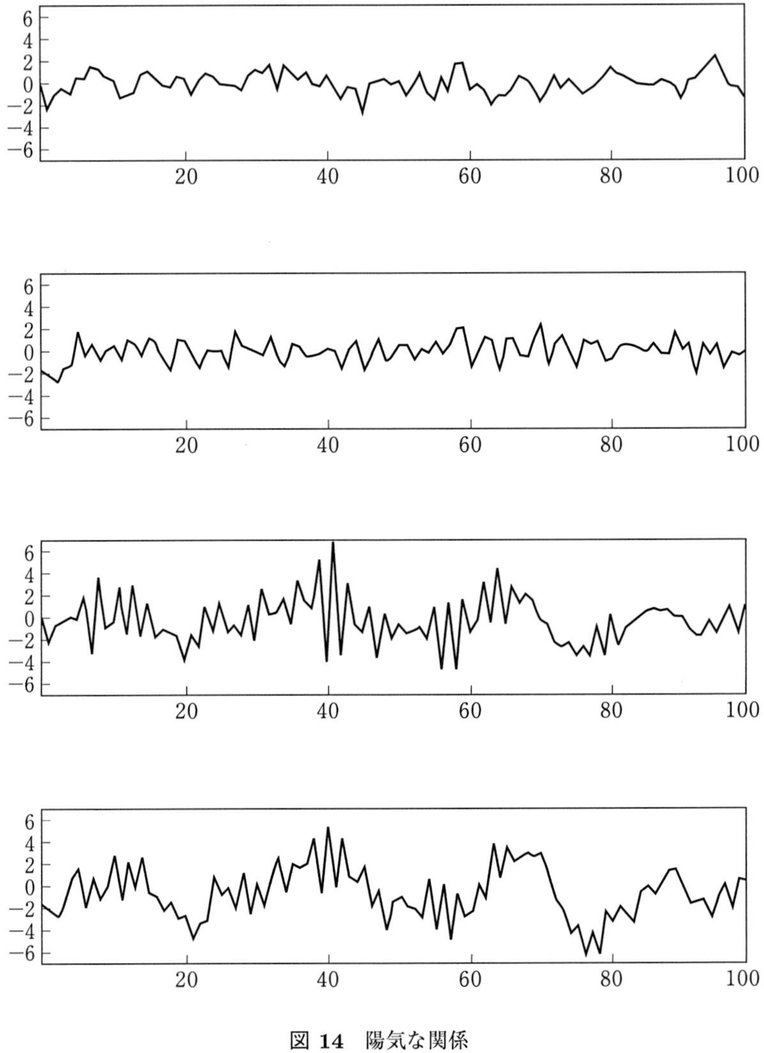

図 14 陽気な関係

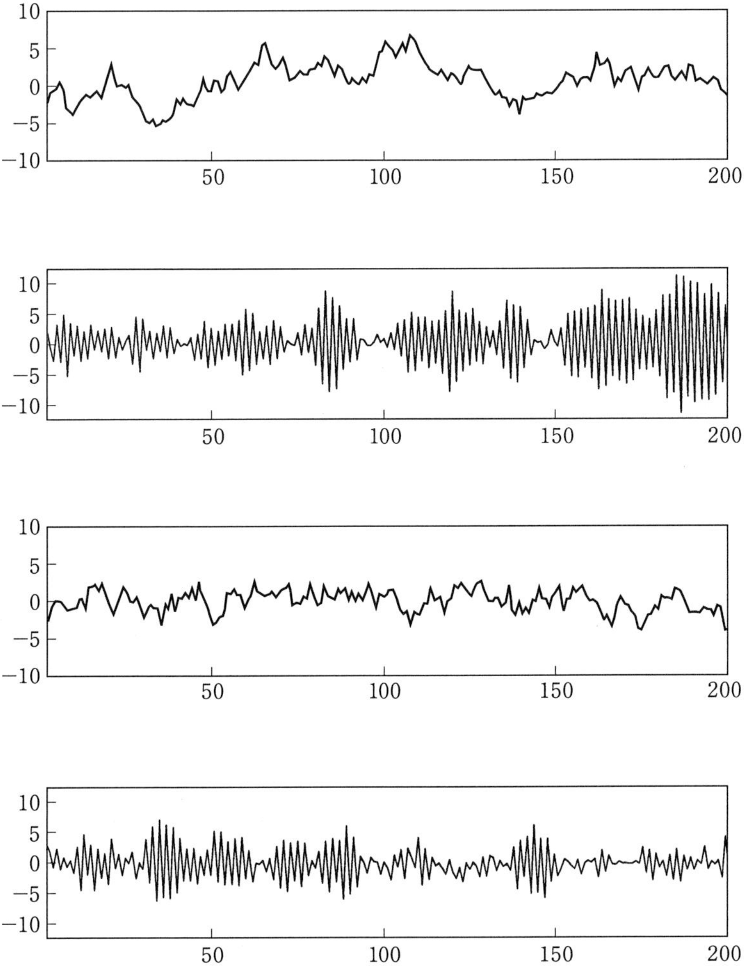

図 15　陰気な関係

7 AR モデルの位置づけ

AR モデルが表現する因果関係が線形因果関係であることに注意する必要がある．パラメータが $(x_{j-1}, x_{j-2}, \cdots, x_{j-M})$ の関数である確率密度関数

$$f(x_j|x_{j-1}, x_{j-2}, \cdots, x_{j-M}) \tag{20}$$

で x_j の分布が決まる系では $(x_{j-1}, x_{j-2}, \cdots, x_{j-M})$ と x_j の間に因果関係があるというのがわれわれの因果関係の定義である．一般に確率変数 x と「説明変数」y の間に $f(x|y)=\mu(y)+\varepsilon$($\varepsilon$ は y と独立な確率変数)という関係があるときに $f(x|y)$ を回帰モデルと呼び，(x を y に)回帰させるモデルと呼ぶ．AR モデルの式は回帰モデルの形をしている．x を自分自身の過去の値に回帰させるモデルなので自己回帰モデルなのである．AR モデルが表現する因果関係は，一般的な回帰モデルのクラスの一員ではあるが，きわめて限定されたものであることはあきらかである．

たとえば，式(20)の形のモデルで図 16 のような挙動を示す時系列を生成するものも作れるがこのような現象を，線形の関係しか扱うことができない AR モデルで扱うことはできない．

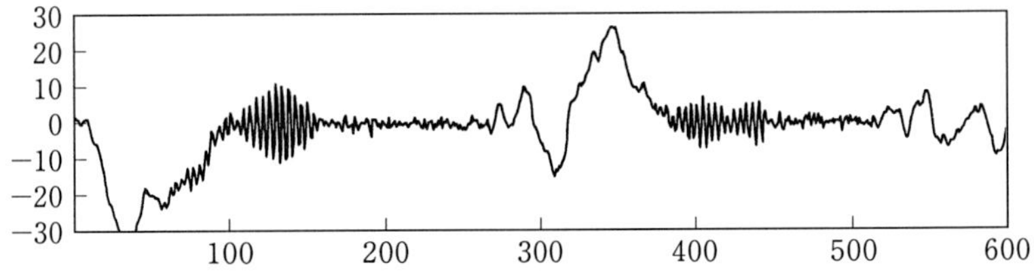

図 16 異なる周波数帯の変動の間に「因果関係」がある時系列

この限定によって得られるものがなければ意味はないが，われわれがモデルの意味を見るため，現象を理解するために利用した，インパルス応答やパワースペクトルが線形性を前提としたものであることは忘れてはならない．

駆け足で，ひとひとおりの役者を紹介しただけで終わってしまった．ここにあってしかるべきもので代表的なものに「ノイズ寄与率」がある．パワースペクトルの式まで出したのであとほんの少しなのだがそこまで書けなかった．かすりもしなかった話題もある．たとえばサンプリング間隔とエリアシングの問題，測定点の選択の問題など．

また，この稿で紹介した計算のためのソフトウェアである ARdock に関してもまったく触れられなかった．文中で使った絵をすべてこのソフトで描いたにもかかわらず，である．

なんとか「多次元 AR モデルを利用することによって与えられたシステムにおける因果関係の有無，形，役割，を調べることができる」というのがどんなことなのか，感じが伝えられていればいいのだが．

この稿で紹介した自転車のデータは明治大学名誉教授大矢多喜雄先生にいただいたものであり，解析結果の解釈も大矢先生のご教示によるものであることを記しておかなくてはならない．ありがとうございました．そもそもここで紹介したような AR モデルの利用法のかなりの部分が現役時代の大矢先生との雑談の結果であるという因果関係もあるのである．

参考文献

赤池弘次，中川東一郎(1972): ダイナミックシステムの統計的解析と制御．サイエンス社．

Ishiguro, M., Kato, H. and Akaike, H. (1999): ARdock, an Auto-Regressive model analyzer, Computer Science Monographs, No. 30, The Institute of Statistical Mathematics: Tokyo.

石黒真木夫(1989): 多次元 AR モデルによるシステム解析．OR 学会誌，**34**(10), 547–554.

Ishiguro, M.(1994): System Analysis and Seasonal Adjustment through Model Fitting. In H. Bozdogan (ed.): Proc. The First US/Japan Conference on the Frontiers of Statistical, Modeling: An Informational Approach, Kluwer: Netherland, pp. 79–91.

石黒真木夫(1988): 予測と AR モデル(第 6 章)，ARMA モデルとスペクトル(第 7 章)，統計的モデル構成と AIC(第 8 章)，ベイズモデル——非定常モデル(第 13 章)，尾崎統(編): 時系列論．日本放送出版協会，pp. 64–72.

石黒真木夫(1991): パワースペクトルと予測——時系列解析序論．統計，1991 年 6 月号，44–51.

石黒真木夫(1994): 統計的モデル評価と因果解析，統計数理，**41**(2), 223–232.

石黒真木夫・大矢多喜雄(1995): ARdock による「人—二輪車システム」の解析．赤池，北川(編): 時系列解析の実際 II．朝倉書店，pp. 19–39.

加藤比呂子，石黒真木夫(1997): 多変量時系列モデルによる経済システムの動的解析．統計数理，**45**(2), 301–318.

坂元慶行，石黒真木夫・北川源四郎(1983): 情報量統計学．共立出版．

索　引

タ　行

ナ　行

ハ　行

マ　行

ヤ　行

ラ　行

■岩波オンデマンドブックス■

統計科学のフロンティア 5
多変量解析の展開—隠れた構造と因果を推理する

2002年12月10日　第1刷発行
2009年 4月 6日　第6刷発行
2018年 4月10日　オンデマンド版発行

著　者　竹内 啓（たけうち けい）　甘利俊一（あまり しゅんいち）　狩野 裕（かの ゆたか）
　　　　佐藤俊哉（さとう としや）　松山 裕（まつやま ゆたか）　石黒真木夫（いしぐろ まきお）

発行者　岡本 厚

発行所　株式会社 岩波書店
〒101-8002 東京都千代田区一ツ橋2-5-5
電話案内 03-5210-4000
http://www.iwanami.co.jp/

印刷／製本・法令印刷

ISBN 978-4-00-730743-0　　Printed in Japan

ISBN978-4-00-730743-0

C3341 ¥5800E

9784007307430

定価(本体 5800 円 + 税)

1923341058006